"十三五"职业教育国家规划教材
江苏高校品牌专业建设工程·项目成果

钢结构焊接技术

主　编　刘　娟　王培兴
副主编　杨　梅　刘　辉　赵英刚
参　编　孙　韬　刘菁菁　赵　峥
　　　　曾范永　张　萍
主　审　戚　豹

南京大学出版社

内容摘要

本书力求体现高等职业教育教学改革的特点,通过对钢结构企业焊接工艺的调研,将课程的相关内容进行了合理的编组。教材突出了应用和实用的原则,注重与工程实际相结合。文字表述深入浅出,简明扼要,图文配合紧密。

本书共分八章,内容包括:钢结构焊接概述,焊接方法及工艺技术,焊接材料,焊接应力与变形,焊接工艺设计,焊接质量检验与验收,焊接安全,钢结构梁、柱焊接实例。

本书可作为高等职业院校、成人教育院校建筑钢结构工程技术、建筑工程技术等专业的教材,也可作为工程技术人员及其他相关专业学生的参考用书。

图书在版编目(CIP)数据

钢结构焊接技术 / 刘娟,王培兴主编. — 南京:
南京大学出版社,2017.7(2020.12重印)
ISBN 978-7-305-18946-3

Ⅰ. ①钢… Ⅱ. ①刘… ②王… Ⅲ. ①钢结构-焊接工艺-高等职业教育-教材 Ⅳ. ①TG457.11

中国版本图书馆 CIP 数据核字(2017)第 162771 号

出版发行　南京大学出版社
社　　址　南京市汉口路22号　　　邮　编　210093
出 版 人　金鑫荣

书　　名　**钢结构焊接技术**
主　　编　刘　娟　王培兴
责任编辑　姚　燕　刘　灿　　　编辑热线　025-83597482
照　　排　南京开卷文化传媒有限公司
印　　刷　常州市武进第三印刷有限公司
开　　本　787×1 092　1/16　印张 16.25　字数 392 千
版　　次　2017年7月第1版　2020年12月第2次印刷
ISBN　978-7-305-18946-3
定　　价　39.00元

网　　址:http://www.njupco.com
官方微博:http://weibo.com/njupco
官方微信号:njupress
销售咨询热线:(025)83594756

* 版权所有,侵权必究
* 凡购买南大版图书,如有印装质量问题,请与所购图书销售部门联系调换

编 委 会

主　任：袁洪志（常州工程职业技术学院）

副主任：陈年和（江苏建筑职业技术学院）
　　　　　汤金华（南通职业大学）
　　　　　张苏俊（扬州工业职业技术学院）

委　员：（按姓氏笔画为序）
　　　　　马庆华（连云港职业技术学院）
　　　　　玉小冰（湖南工程职业技术学院）
　　　　　刘如兵（泰州职业技术学院）
　　　　　刘　霁（湖南城建职业技术学院）
　　　　　汤　进（江苏商贸职业学院）
　　　　　李晟文（九州职业技术学院）
　　　　　杨建华（江苏城乡建设职业学院）
　　　　　何隆权（江西工业贸易职业技术学院）
　　　　　徐永红（常州工程职业技术学院）
　　　　　常爱萍（湖南交通职业技术学院）

前言

钢结构由于具有综合力学性能高、抗震性能优越、结构轻、施工周期短等优点,近年来在大型的公共建筑、桥梁及重型厂房建筑中得到了广泛的应用和发展。近年来我国钢产量年年超亿吨,恰逢国家倡导节能减排、绿色建筑的发展趋势,建筑钢结构必将迎来历史空前的发展好时期,逐步向轻型、高层、大跨度三个方向发展,伴随着新材料、新工艺、新方法的不断涌现,钢结构的应用会愈来愈广泛。

钢结构焊接制造是钢结构设计和生产中的重要内容,它包括钢结构焊接概述,焊接方法及工艺技术,焊接材料,焊接应力与变形,焊接工艺设计,焊接质量检验与验收,焊接安全,钢结构梁、柱焊接实例等内容。为了提高钢结构的生产质量,防止工程失效,就要全面、系统地掌握钢结构焊接工艺相关知识。

本书定位于培养高等技术应用型人才,在编写过程中,力求贴近当前高等职业教育专业发展的需要,注重体现高等职业教育教学改革的特点,突出实践技能的培养和应用,同时较好地处理了与相关课程知识点的衔接,具有较强的先进性和工程实用性。本书既系统地概括了钢结构焊接工艺基本理论、工艺技术、操作技能要点等基础知识,又结合工程实际、注重培养学生具体分析问题和解决问题的能力,同时对于机器人自动化焊接技术作了简明介绍,努力开拓学生视野。本书可作为工科高职高专院校、各类成人教育院校建筑钢结构工程技术、建筑工程技术等专业的教学用书,也可作为有关教师、工程技术人员的参考用书。

本书由江苏建筑职业技术学院刘娟、王培兴担任主编,江苏建筑职业技术学院杨梅、徐工集团工程机械股份有限公司铲运机械事业部刘辉、江苏建筑职业技术学院赵英刚担任副主编,江苏建筑职业技术学院孙韬、刘菁菁、赵峥、曾范永、张萍老师参编,由江苏建筑职业技术学院戚豹副教授担任主审。教材总参考课时为36学时左右,各院校可根据实际情况进行取舍。

本书在编写过程中,一直得到徐工集团工程机械股份有限公司铲运机械事业部的大力支持,同时承蒙技术部副主任工艺师刘辉、杨小坡、孙鹏程、张小燕等同志的热情指导,编者对审稿人以及给予支持的相关人员,在此一并表示感谢。

由于编者水平有限、经验不足,书中难免存在错误与不妥之处,欢迎广大读者批评指正,以便再版修订。

编　者

2017年6月

目 录

第1章　焊接技术概述 1
 1.1　焊接的概念 1
 1.2　焊接方法分类 2
 1.3　熔焊接头的类型 4
 1.4　焊缝符号 7

第2章　焊接方法及工艺技术 13
 2.1　手工电弧焊 13
 2.2　埋弧焊 34
 2.3　CO_2气体保护焊 48
 2.4　栓　焊 59
 2.5　机器人自动化焊接 66

第3章　焊接材料 76
 3.1　焊　条 76
 3.2　焊　丝 95
 3.3　焊　剂 103

第4章　焊接应力与变形 111
 4.1　概　述 111
 4.2　焊接应力与变形产生的原因 113
 4.3　焊接残余应力及分布 116
 4.4　减小和消除焊接残余应力的方法 123
 4.5　常见的焊接残余变形及产生原因 127
 4.6　防止和减少焊接残余变形的措施 136
 4.7　焊接变形的矫正 142

第5章　钢结构焊接生产工艺 148
 5.1　钢结构加工工艺的基本知识 148
 5.2　钢结构焊接工艺审查 150
 5.3　焊接工艺方案的设计 156
 5.4　焊接加工工艺规程 157

5.5 钢结构的焊接工艺评定 ·· 165

第6章 焊缝质量检验与验收 ·· 196
6.1 焊接检验的意义及依据 ·· 196
6.2 焊接检验方法分类 ·· 197
6.3 焊接缺欠 ·· 198
6.4 焊接质量要求及其缺欠分级 ·· 198
6.5 破坏性检验 ·· 205
6.6 非破坏性检验 ··· 208
6.7 常见无损探伤方法质量评定 ·· 210
6.8 钢结构焊接工程质量验收规范 ·· 215

第7章 钢结构的焊接生产安全 ··· 223
7.1 安全用电 ·· 223
7.2 焊接劳动卫生与防护 ··· 228

第8章 常见钢结构的焊接 ··· 241
8.1 概 述 ··· 241
8.2 梁的焊接 ·· 244
8.3 柱的焊接 ·· 246

参考文献 ·· 251

第1章　焊接技术概述

学习目标

理解焊接的概念，了解焊接方法的种类，掌握焊缝符号的表示方法。

"钢结构焊接技术"课程是高等职业技术学校建筑钢结构工程技术专业的一门主干专业课程，目的是使学生通过本课程的学习，了解焊接方法的特点和应用，掌握常用金属材料的焊接性及焊接工艺，培养学生分析焊接工艺缺欠及材料焊接性的基本能力，了解焊接试验研究的基本方法和焊接工艺评定规则。通过典型工程实例的学习和掌握，培养学生的实践能力，为今后从事钢结构工程施工工作，打下良好的基础。学习本课程，还必须积极参加实践和技能培训，通过理论与实践相结合的学习，进一步提高理论水平和实践操作技能。

1.1　焊接的概念

1.1.1　焊接概述

在现代工业生产中，焊接已经成为金属加工的重要手段之一，早已广泛应用于石油、化工、电力、机械、冶金、建筑、航空、航天、造船、桥梁、金属结构、海洋工程、核电工程、电子技术等工业部门。随着现代工业生产的需要和科学技术的蓬勃发展，焊接技术进步很快，到现在焊接方法已发展到数十种之多。为了能正确选择和使用各种焊接方法，须了解焊接的物理本质，焊接的分类、基本特点和适用范围。

1.1.1.1　焊接的定义及特点

焊接是通过加热或加压，或两者并用，并且用（或不用）填充材料，使两个（或以上）工件达到结合成为一体的一种方法。因此，焊接最本质的特点就是通过焊接使工件达到结合，从而将原来分开的物体构成一个整体，这是任何其他连接形式所不具备的。为了达到这种结合，焊接时必须对焊接区进行加热或加压。

上述特点决定了焊接具有以下优点：

（1）与铆接、螺栓连接相比，焊接可以节省金属材料，从而减轻了结构的重量；与粘接相比，焊接具有较高的强度，焊接接头的承载能力可以达到与焊件材料相同的水平。

（2）焊接工艺过程比较简单，生产率高，焊接既不需像铸造那样要进行制作木型、造砂型、熔炼、浇铸等一系列工序；也不需像铆接、螺栓连接那样要开孔，制造铆钉、螺栓并加热等，因而缩短了生产周期。

(3) 焊接质量高。焊接接头不仅强度高，而且其他性能如物理性能、耐热性能、耐腐蚀性能及密封性都能够与焊件材料相匹配。

(4) 焊接可以将材料化大为小，并能将不同材料连接成整体制造双金属结构，还可将不同种类的毛坯连成铸-焊、铸-锻-焊复合结构，从而充分发挥材料的潜力，提高设备利用率，用较小的设备制造出大型的产品。

(5) 焊接的劳动条件比铆接好，劳动强度小，噪声低。由于具备了上述优点，在锅炉压力容器、船体和桥式起重机制造中，焊接已全部取代了铆接。在工业发达国家，焊接结构所用钢材约占钢材总产量的 50%。

1.1.1.2 焊接过程的物理本质

焊接促使原子或分子之间产生结合和扩散的方法是加热或加压，或者两者并用。两材料原子之间不能产生结合和扩散的主要原因是材料的连接表面有氧化膜、水和油等吸附层以及两材料原子之间尚未达到产生结合力的距离，对金属而言该距离约为 3～5 Å（1 Å = 10^{-7} mm）。焊接时，加压可以破坏连接表面的氧化膜，产生塑性变形以增加接触面，使原子间达到产生结合力和扩散的条件；加热的目的是使接触面的氧化膜破坏，降低塑性变形阻力，增加原子振动能，加快再结晶、扩散、化学反应等过程。一般只需要加热达塑性状态或熔化状态。对金属材料，加热温度越高，焊接所需的压力越小，当达到熔化温度时，可以不需要加压。

1.1.2 焊接工艺的研究内容

焊接工艺是根据生产性质、图样和技术要求，结合现有条件，运用现代化焊接技术知识和先进生产经验，确定出的产品加工方法和程序，是焊接过程中的一整套技术规定。焊接工艺包括焊前准备、焊接材料、焊接方法、焊接顺序、焊接操作的最佳选择以及焊后处理等。制定焊接工艺是焊接生产的关键环节，其合理与否直接影响产品制造质量、劳动生产率和制造成本，而且是管理生产、设计焊接工装和焊接车间的主要依据。

焊接工艺的核心内容是焊接方法，其发展过程代表了焊接工艺的进展情况。从 1885 年俄罗斯人发明了碳弧焊以来到目前为止，许多新的焊接工艺大量用于焊接生产，极大地提高了焊接生产率和焊接质量。随着现代工业生产的需要和科学技术的蓬勃发展，焊接技术进步很快，到现在焊接方法已发展到数十种之多。为了能正确选择和使用各种焊接方法，必须了解焊接的物理本质、分类、基本特点和使用范围。

1.2 焊接方法分类

金属的焊接，按其工艺过程的特点分为熔焊、压焊和钎焊三大类，见表 1-1。熔焊在连接部位需加热至熔化状态，一般不加压；压焊必须施加压力，加热是为了加速实现焊接；钎焊时母材不熔化，只熔化起连接作用的填充材料（钎料）。

表1-1 焊接方法分类

焊接	熔焊	电弧焊	熔化极	焊条电弧焊
				埋弧焊
				氩弧焊(MIG)
				CO_2气体保护焊
				药芯焊丝电弧焊
			非熔化极	钨极氩弧焊(TIG)
				原子氢焊
				等离子弧焊
		气焊		氧-氢焊接
				氧-乙炔焊
				空气-乙炔焊
		电子束焊	电渣焊	激光束焊	铝热焊
	压焊	锻焊	摩擦焊	扩散焊
		冷压焊	电阻焊	超声波焊
		高频焊	螺柱焊	爆炸焊
	钎焊	火焰钎焊	烙铁钎焊	感应钎焊
		电阻钎焊	盐浴钎焊	炉中钎焊

注：常见的栓钉焊属于熔焊加压焊。

表1-2简要地介绍了常用金属焊接方法的原理、基本特点及使用范围。

表1-2 常用焊接方法的原理、基本特点与使用范围

焊接方法			原理	特点	使用范围
熔焊	电弧焊	焊条电弧焊	利用焊条与焊件间的电弧热熔化焊条和焊件进行手工焊接	机动、灵活、适应性强，可全位置焊接，设备简单耐用，维护费低，劳动强度大，焊接质量易受工人技术水平影响，不稳定	在单件、小批生产和修理中最适用，可焊3 mm以上的碳钢、低合金钢、不锈钢和铜、铝等有色金属，以及铸铁的焊补
		埋弧焊	利用焊丝与焊件间的电弧热熔化焊丝和焊件进行机械化焊接，电弧被焊剂覆盖而与外界隔离	焊丝的送进与移动依据机械进行，生产率高，焊接质量好且稳定，不能仰焊和立焊，劳动条件好	适用于大批量生产中长直或环行焊缝焊接，可焊碳钢、合金钢、某种铜合金等中厚板结构，只能平焊、横焊和水平角焊
		CO_2气体保护焊	用二氧化碳保护，用焊丝做电极的弧焊	热量较集中，热影响区小，变形小，成本低，生产效率高，易于操作。飞溅较大，焊缝成形不够美观，余高大，设备较复杂，须避风	适用于1.6 mm以上由低碳钢、低合金钢制造的各种金属结构

(续表)

焊接方法			原理	特点	使用范围
熔焊	电弧焊	气体保护 等离子弧焊	利用气体(多为氩气)和特殊装置压缩电弧获得高能量密度的等离子弧进行焊接,电极有钨极和熔化极两种	具有氩气弧焊的一些特点,但等离子弧温度高,能量集中,穿透能力强,可正面一次焊透双面成形,焊缝热影响区小,电弧稳定性好,抗干扰性强	一次焊透厚度在0.025～8 mm,低碳钢8 mm以内,也适用于焊接微小精密构件
	电渣焊		利用电流通过熔渣产生的电阻热熔化金属进行焊接,可熔化的金属电极有丝状和板状两种	直缝须立焊,对任何厚度不开坡口一次焊成,生产率高,但热影响区宽、晶粒粗大,易生成过热组织,焊后须正火处理改善接头组织和性能	适用于厚度25 mm以上的重大型机件的焊接,可焊低合金高强度钢和耐热钢
熔化加压焊	栓钉焊(也叫螺柱焊)		先将栓钉的尖端与钢结构接触,在螺柱和焊件之间引燃电弧,通过强大焊接电流使螺柱表面和焊件表面瞬间达到高温;焊枪中磁力提升栓钉、引弧、产生熔池;之后,立即释放磁力,利用弹簧使栓钉压入熔池,断电后冷却形成接头,栓钉提升高度在焊枪中提前调定	加热过程是稳定的电弧燃烧过程,为了防止空气侵入溶池、恶化接头质量,要采用陶瓷环保护。焊接质量稳定可靠、效率高、生产成本低、可焊异种金属、焊接机械化和自动化程度高	在钢-混凝土组合结构中,为了提高钢构件与混凝土间的结合力,多采用此焊接方法。也可焊接固定小器具的手柄、支脚用螺柱等。可成功焊接碳钢、高碳钢、低合金高强度钢、不锈钢和铝合金及铜合金等材料

1.3 熔焊接头的类型

焊接接头是指用焊接方法把金属材料连接起来的接头,简称接头。它是组成焊接结构的最基本要素,在某些情况下,它也是焊接结构的薄弱环节,掌握焊接接头的构造特点、工作性能,对正确设计、制造和使用焊接结构具有重要意义。

1.3.1 熔焊接头的基本类型

焊接结构上的接头,按被连接构件之间的相对位置及其组成的几何形状,可以归纳为图1-1中所示的五种类型。

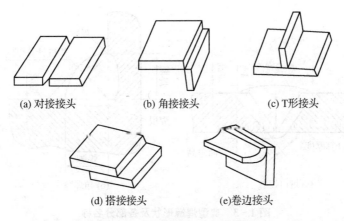

图 1-1 焊接接头的基本类型

1.3.2 熔焊接头的组成

经熔焊形成的各种接头,都是由焊缝、熔合区、热影响区及其邻近的母材组成,如图 1-2 所示。

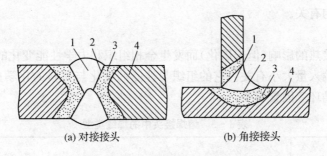

图 1-2 焊接接头的组成
1—焊缝；2—熔合线；3—热影响区；4—母材

1. 焊缝

焊缝起着连接金属和传递力的作用。它是在焊接过程中由填充金属(当使用时)和部分母材熔合后凝固而成。焊缝金属的性能决定于两者熔合后的成分和组织。

熔焊接头中的焊缝,按其焊前准备和工作特性可归纳成表 1-3 所示的坡口焊缝和角焊缝两大类。

(1) 坡口焊缝　根据设计或工艺需要,将焊件待焊部位加工并装配成一定几何形状的沟槽称坡口。在焊接过程中用填充金属填满坡口而形成的焊缝称坡口焊缝。合理设计坡口焊缝可以做到厚板熔透,改善(或简化)力的传递,节省填充金属和调节焊接变形等。

(2) 角焊缝　两焊件接合面所构成直交角或接近直交角,并用填充金属焊成的焊缝称角焊缝,又称贴角焊缝或填角焊缝。角焊缝焊前的准备工作最简单,不必作特殊加工,而且装配也较为容易。但它不是理想的传力焊缝,工作应力复杂,应力集中因素多。图 1-3 为坡口焊缝和角焊缝的典型形状及各部分名称。

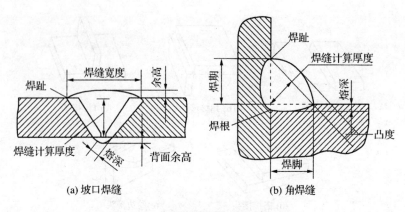

图 1-3 典型焊缝形状及各部分名称

2. 熔合区

是接头中焊缝与热影响区相互过渡的区域,是焊缝边界上固液两相交错地共存而又凝固的部分。此区很窄,低碳钢和低合金钢的熔合区约 0.1~0.5 mm。但却是接头中最薄弱地带,许多焊接结构破坏的事故,常因该处的某些缺欠引起,如冷裂纹、脆性相、再热裂纹、奥氏体不锈钢和刀状腐蚀等均源于此。这与该区经历热、冶金和结晶等过程,造成化学成分和物理性能极不均匀有关。

3. 热影响区

是母材受焊接热的影响(但未熔化)而发生金相组织和力学性能变化的区域。它的宽度与焊接方法及热输入量大小有关。它的组织与性能的变化与材料的化学成分、焊前热处理状态以及焊接热循环等因素有关。

表 1-3 熔焊接头中的焊缝类型

坡口焊接	对接接头	
	T形接头	
	角接头	

(续表)

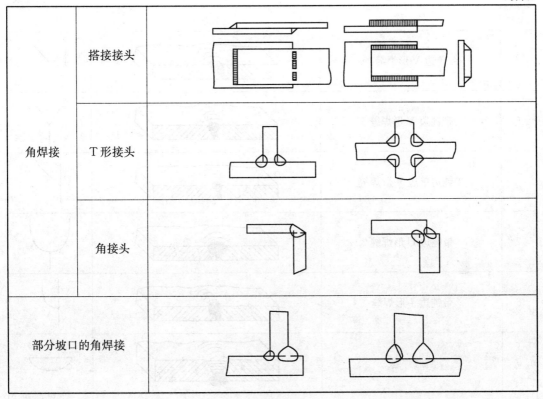

1.4 焊缝符号

1.4.1 基本符号

焊缝的基本符号是表示焊缝横截面的基本形式或特征的符号,具体见表1-4。

表1-4 焊缝的基本符号

序号	名 称	示意图	符 号
1	卷边焊缝(卷边完全熔化)		八
2	I形焊缝		‖
3	V形焊缝		V

（续表）

序号	名 称	示意图	符 号
4	单边 V 形焊缝		∨
5	带钝边 V 形焊缝		Y
6	带钝边单边 V 形焊缝		Y
7	带钝边 U 形焊缝		Y
8	带钝边 J 形焊缝		μ
9	封底焊缝		⌣
10	角焊缝		△
11	塞焊缝或槽焊缝		⊐
12	点焊缝		○
13	缝焊缝		⊖

注：不完全熔化的焊缝用 I 形焊缝表示，并加注焊缝有效厚度 S。

1.4.2 辅助符号

焊缝的辅助符号是表示焊缝表面形状特征的符号，见表 1-5。

表 1-5 焊缝的辅助符号

名　称	示意图	符　号	说　明
平面符号	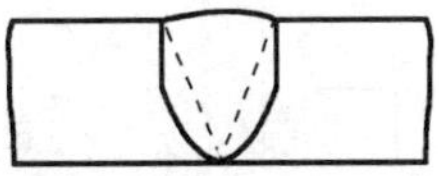	——	焊缝表面齐平（一般通过加工）
凹面符号	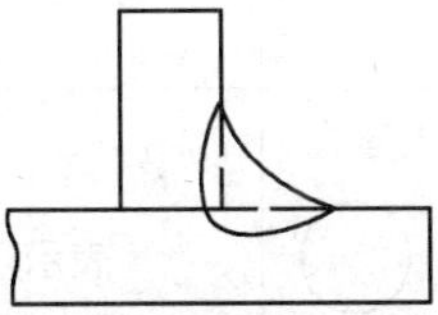	 ⌣	焊缝表面凹陷
凸面符号		 ⌢	焊缝表面凸起

不需要确切地说明焊缝的表面形状时,可以不用辅助符号。焊缝的辅助符号的应用见表 1-6。

表 1-6 焊缝的辅助符号的应用

名　称	示意图	符　号
平面 V 形对接焊缝		
凸面 X 形对接焊缝		
凹面角焊缝	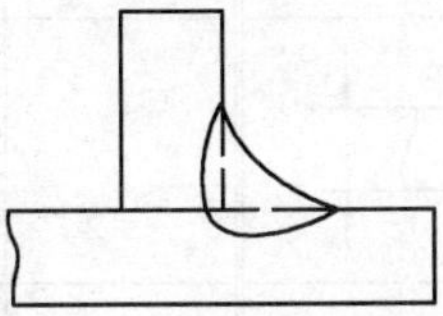	
平面封底 V 形焊缝		

1.4.3 补充符号

焊缝的补充符号是为了补充说明焊缝的某些特征而采用的符号,见表 1-7。

表 1-7 焊缝的补充符号

序号	名　称	示意图	符　号	说　明
1	带垫板符号	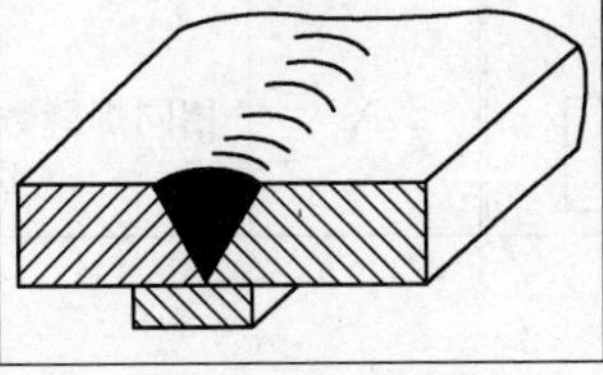	 ▭	表示焊缝底部有垫板

(续表)

序号	名称	示意图	符号	说明
2	三面焊缝符号	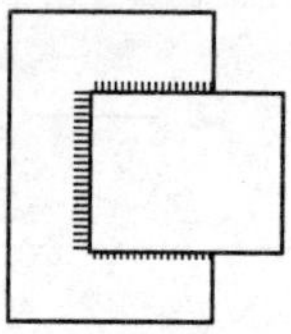	⊐	表示三面有焊缝
3	周围焊缝符号	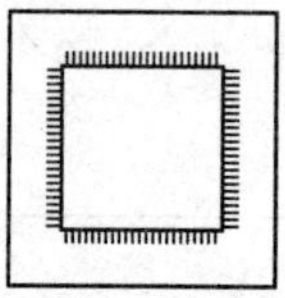	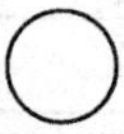 ○	表示环绕工件周围焊缝
4	现场符号		 ▸	表示在现场或工地上进行焊接
5	尾部符号		 <	可以参照 GB/T 5185—2005 标注焊接工艺方法等内容

1.4.4 焊缝尺寸符号

基本符号必要时可附带有尺寸符号及数据,这些尺寸符号见表1-8。

表1-8 焊缝尺寸符号

符号	名称	示意图	符号	名称	示意图
δ	工件厚度	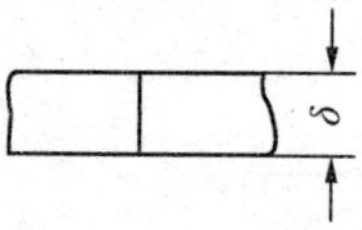	e	焊缝间距	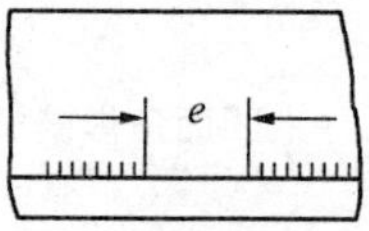
α	坡口角度	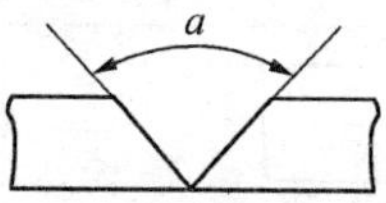	K	焊角尺寸	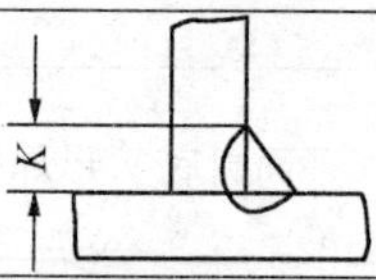
b	根部间隙	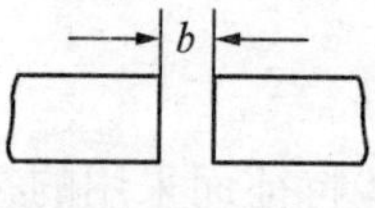	d	熔核直径	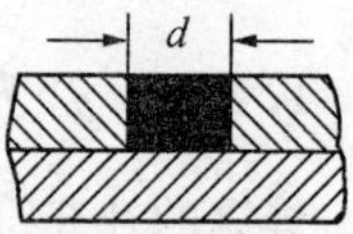
p	钝边高度	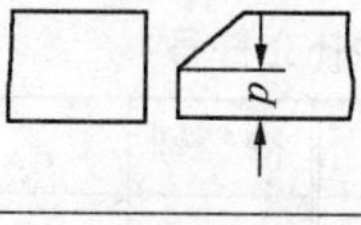	S	焊缝有效厚度	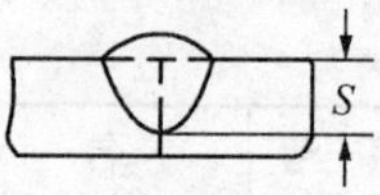
c	焊缝宽度	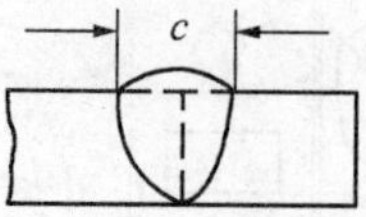	N	相同焊缝数量	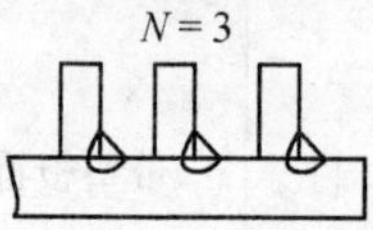

(续表)

符号	名称	示意图	符号	名称	示意图
R	根部半径		H	坡口深度	
l	焊缝长度		h	余高	
n	焊缝段数	$n=2$	β	坡口面角度	

注意:对焊缝尺寸符号,ISO 2553标准未做规定

1.4.5 指引线及说明(见表1-9)

表1-9 指引线及说明

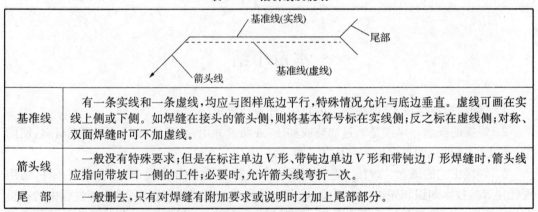

基准线	有一条实线和一条虚线,均应与图样底边平行,特殊情况允许与底边垂直。虚线可画在实线上侧或下侧。如焊缝在接头的箭头侧,则将基本符号标在实线侧;反之标在虚线侧;对称、双面焊缝时可不加虚线。
箭头线	一般没有特殊要求;但是在标注单边V形、带钝边单边V形和带钝边J形焊缝时,箭头线应指向带坡口一侧的工件;必要时,允许箭头线弯折一次。
尾部	一般删去,只有对焊缝有附加要求或说明时才加上尾部部分。

1.4.6 焊缝符号标注的原则和方法(见表1-10)

表1-10 焊缝符号标注的原则和方法

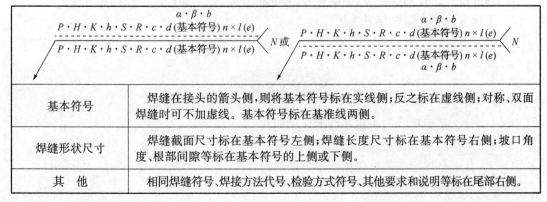

基本符号	焊缝在接头的箭头侧,则将基本符号标在实线侧;反之标在虚线侧;对称、双面焊缝时可不加虚线。基本符号标在基准线两侧。
焊缝形状尺寸	焊缝截面尺寸标在基本符号左侧;焊缝长度尺寸标在基本符号右侧;坡口角度、根部间隙等标在基本符号的上侧或下侧。
其他	相同焊缝符号、焊接方法代号、检验方式符号、其他要求和说明等标在尾部右侧。

1.4.7　常见金属焊接方法代号(见表1-11)

表1-11　常见金属焊接方法代号

代　号	焊接方法	代　号	焊接方法
1	电弧焊	12	埋弧焊
11	无气体保护电弧焊	135	MIG焊(包括CO_2气体保护焊)
111	手弧焊	72	电渣焊
114	药芯焊丝电弧焊	78	栓钉焊(又叫螺柱焊)

注意:摘自GB/T 5185—2005 金属焊接及钎焊方法在图样上的表示代号。

1.4.8　焊缝符号标注示例(见表1-12)

表1-12　焊缝符号标注示例

标注例子	含　义	标注例子	含　义
	两面对称的角焊缝,焊角尺寸$K=5$ mm,在工地上用焊条电弧焊施焊		带钝边V形焊缝,先用CO_2气保焊打底,后用埋弧焊盖面

本章小结

1. "钢结构焊接技术"课程学习的目的、任务及要求。

2. 焊接的概念。焊接是通过加热或加压,或两者并用,并且用(或不用)填充材料,使两个(或以上)工件达到结合成为一体的一种方法。

3. 焊接工艺的概念。焊接工艺是根据生产性质、图样和技术要求,结合现有条件,运用现代化焊接技术知识和先进生产经验,确定出的产品加工方法和程序,是焊接过程中的一整套技术规定。焊接工艺包括焊前准备、焊接材料、焊接方法、焊接顺序、焊接操作的最佳选择以及焊后处理等。

4. 焊接方法分类。金属的焊接,按其工艺过程的特点分有熔焊、压焊和钎焊三大类。

5. 焊缝符号。有基本符号、辅助符号、补充符号等,要掌握标注的原则和方法。

6. 了解常见的金属焊接方法代号。

学习思考题

1-1　什么是焊接?与机械连接的区别何在?

1-2　焊接的基本特点是什么?适用于哪些生产?

1-3　什么是焊接工艺?包括哪些方面的内容?

1-4　焊缝符号怎样表示?

第2章　焊接方法及工艺技术

学习目标

了解手工电弧焊的定义、特点及应用范围,理解手工电弧焊的工作原理,掌握手工电弧焊的常用设备及其使用,熟悉手工电弧焊的工艺技术;了解埋弧焊的定义、特点及应用范围,理解埋弧焊的工作原理,掌握埋弧焊的常用设备及其使用,熟悉埋弧焊的工艺技术;了解CO_2气体保护焊的定义、特点及应用范围,理解CO_2气体保护焊的工作原理,掌握CO_2气体保护焊的常用设备及其使用,熟悉CO_2气体保护焊的工艺技术。

2.1　手工电弧焊

2.1.1　手工电弧焊的定义、特点及应用范围

2.1.1.1　手工电弧焊的定义

手工电弧焊是利用焊条与焊件间产生的电弧,将焊条和焊件局部加热到熔化状态而进行焊接的一种手工操作方法,也称为焊条电弧焊。

2.1.1.2　手工电弧焊的特点

手工电弧焊的主要特点如下:

(1) 工艺技术操作灵活,可达性好、适合在空间任意位置的焊缝。凡是焊条操作能够达到的地方都能进行焊接。

(2) 设备简单,使用方便。无论采用交流弧焊机还是直流弧焊机,焊工都能很容易地掌握,而且使用方便、简单,投资少,易于维修。

(3) 应用范围广。选择合适的焊条可以适用于各种金属材料、各种厚度、各种结构形状及位置的焊接。

(4) 焊接质量不够稳定。焊接的质量受焊工的操作技术、经验、情绪的影响,对焊工的操作技术水平和经验要求很高。

(5) 劳动条件差。焊工不仅劳动强度大,还要受到弧光辐射、烟尘、臭氧、氮氧化合物、氟化物等有毒物质的危害。

(6) 生产效率低。受焊工体能的影响,焊接工艺参数中的焊接电流受到限制,加之辅助时间较长,因此生产效率低。

(7) 与气体保护焊、埋弧焊等焊接方法相比,生产成本较低。

2.1.1.3　手工电弧焊的应用范围

手工电弧焊在国民经济各行业中得到了广泛应用,可用来焊接低碳钢、低合金钢、不锈

钢、耐热钢、铸铁及有色金属材料等,见表 2-1。

表 2-1 手工电弧焊的应用范围

焊件材料	适用厚度(mm)	主要接头形式
低碳钢、低合金钢	2~50	对接、T形接、搭接、端接、堆焊
铝,铝合金	≥3	对接
不锈钢、耐热钢	≥2	对接、搭接、端接
纯铜、青铜	≥2	对接、堆焊、端接
铸铁	≥2	对接、堆焊、补焊
硬质合金	≥2	对接、堆焊

2.1.2 手工电弧焊的工作原理

手工电弧焊是利用焊条和焊件之间产生的焊接电弧来加热并熔化待焊处的母材金属和焊条以形成焊缝的,如图 2-1 所示。

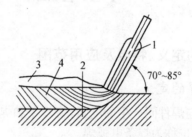

图 2-1 焊条电弧焊示意图
1—焊条;2—焊件;3—熔渣;4—焊缝金属

2.1.2.1 焊接电弧

1. 焊接电弧的产生

焊接电弧并不是一般的燃烧现象,它是在一定条件下,电荷通过两电极间气体空间的一种导电过程,或者说是一种气体放电现象。焊接电弧的产生必须同时具备下列三个条件:

(1) 空载电压。
(2) 导电粒子。
(3) 短路。

2. 焊接电弧的组成

焊接电弧由阴极区、阳极区和弧柱三个部分组成。

(1) 阴极区。电弧紧靠负电极的区域称为阴极区,阴极区的区域很窄(约为 $10^{-5} \sim 10^{-6}$ cm)。在阴极区的阴极表面有一个明显的光亮斑点,它是电弧放电时,负电极表面上集中发射电子的微小区域,称为**阴极辉点**。阴极区的温度为 2 400~3 500 K,放出热量约占整个焊接电弧放出热量的 33%,该热量用于加热焊件或焊条。

(2) 阳极区。电弧紧靠正电极的区域称为阳极区,阳极区的区域较阴极区宽(约为 $10^{-3} \sim 10^{-4}$ cm)。在阳极区的阳极表面也有光亮的斑点,它是电弧放电时,正电极表面上集中接收电子的微小区域,称为**阳极辉点**,阳极区的温度为 2 600～4 200 K,放出的热量约占整个焊接电弧放出热量的 43%,该热量用于加热焊件或焊条。

(3) 弧柱。电弧阳极区和阴极区之间的部分称为弧柱。由于阴极区和阳极区都很窄,因此弧柱的长度基本上等于电弧的长度。弧柱区中心的温度为 6 000～8 000 K,放出的热量约占整个焊接电弧放出热量的 21%,该热量大部分散失,仅有少部分用于加热焊件或焊条。

3. 焊接电弧的特性

(1) 电弧温度分布。焊接电弧的三个组成区域中,阴极区和阳极区的温度较低,弧柱区的温度较高,焊接时熔化母材和填充金属的热量主要来自于阴极区和阳极区,弧柱辐射的热量居次要地位。

(2) 电弧的偏吹。在焊接时,会发生电弧不能保持在焊条轴线方向,而偏向一边,这种现象称为电弧的偏吹。电弧偏吹使电弧燃烧不稳定,影响焊缝成形和焊接质量。

① 引起电弧偏吹的原因:

a. 焊条偏心;

b. 焊条药皮局部脱落;

c. 电弧周围气流的影响;

d. 焊接电流磁场引起的磁偏吹。

② 防止电弧偏吹的措施。手工电弧焊时,为了抵消电弧磁偏吹的影响,操作时可将焊条向磁偏吹的方向倾斜,同时压低电弧进行焊接就可减小磁偏吹。此外,采用分段焊、短弧焊都能减小电弧磁偏吹。

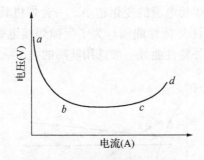

图 2-2 电弧的静特性曲线

(3) 电弧的静特性。在电极材料、气体介质和弧长一定的情况下,电弧稳定燃烧时,焊接电流与电弧电压变化的关系称为**电弧静特性**,一般也称伏-安特性。表示它们关系的曲线称为电弧的静特性曲线,如图 2-2 所示。

2.1.2.2 焊接冶金反应

焊接冶金反应实质是焊接填充金属和母材金属的再冶炼过程,在金属熔化过程中,将在金属-熔渣-气体之间发生复杂的化学反应和物理反应。焊接冶金过程是分区域连续进行的。焊条电弧焊过程中有三个反应区,即熔滴反应区、药皮反应区和熔池反应区。

(1) 熔滴反应区。在熔滴反应区内,从熔滴的形成、长大直至过渡到熔池的过程中具有温度高、温度变化大、反应时间短、熔滴金属与气体、熔渣的反应接触面积大等特点。在熔滴反应区内主要进行的物理化学反应包括金属的蒸发、气体的分解和熔解、金属的氧化还原以及合金化等。

(2) 药皮反应区。在药皮反应区内,焊条药皮被加热,在固态下焊条药皮的各种组成物之间会发生水分的蒸发、某些物质的分解和铁合金的氧化等物理化学反应,对整个焊接化学冶金过程有一定的影响。

(3) 熔池反应区。在熔池反应区内,熔池的平均温度比较低(约1 600~1 900℃);熔池的体积小,质量一般在5 g以下;冷却速度大,平均冷却速度为4~100℃/s。因此,熔池的冶金反应时间非常短,冶金反应不充分。

由于散热和导热的作用,金属熔池的温度分布极不均匀,同一熔池的前后部分往往发生相反的反应。在熔池前部的高温区发生金属的熔化和气体的吸收以及硅、锰的还原反应;在熔池的后半部则发生金属的凝固和气体的析出,以及硅、锰的氧化反应。

手工电弧焊时,随着电弧的前移,熔池后方的液体金属温度逐渐下降,熔融金属开始凝固结晶,形成焊缝。

2.1.3 手工电弧焊常用设备

2.1.3.1 电源设备

1. 手工电弧焊电源设备的要求

为满足手工电弧焊焊接的要求,对手工电弧焊的电源提出下列要求:

(1) 具有陡降的外特性。弧焊电源的外特性是指焊接电源输出的焊接电流与输出的电压之间的关系,用曲线表示,如图2-3所示。

由图2-3可知,虽然随着焊接电弧弧长的变化,电弧电压也随之变化,而从外特性曲线可以看出,外特性曲线越陡,焊接电流的变化越小。一台焊机具有无数条外特性曲线,调节焊接电流实际上就是调节电源外特性曲线。为了保障焊接电弧稳定燃烧和形成良好的焊缝,在实际焊接过程中,电源外特性曲线一般选用陡降的。

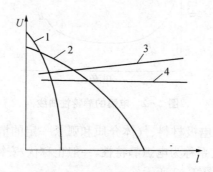

图2-3 电源外特性曲线
1—陡降外特性曲线;2—缓降外特性曲线;3—上升特性曲线;4—平特性曲线

(2) 具有适当的空载电压。为满足焊接过程中不断引弧的要求,焊接电源应保持一定的空载电压。我国有关标准中规定:弧焊整流器空载电压一般在90 V以下;弧焊变压器的空载电压一般在80 V以下。

(3) 具有适当的短路电流。电弧焊过程中,由于引弧及熔滴过渡等原因会造成焊接回路的短路现象。若短路电流过大,不但会导致焊条过热、药皮脱落、焊接飞溅增大,还会使弧焊电源因过载而烧坏。若短路电流过小,则会导致焊接引弧和熔滴过渡发生困难,甚至使焊接过程难以进行。所以,焊接电源应具有适当的短路电流,通常规定短路电流等于焊接电流的 1.25~1.5 倍。

(4) 具有良好的动特性。弧焊电源适应焊接电弧变化的特性称为动特性,用来表示弧焊电源对负载瞬变的快速反应能力。动特性良好的弧焊电源,焊接过程中电弧柔软、平静、富有弹性,容易引弧,焊接过程稳定、飞溅小。

(5) 具有良好的调节特性。焊接过程中,需要选择不同的焊接电流,因此,要求弧焊电源的焊接电流必须能在较宽的范围内均匀灵活地调节。一般电弧焊电源的电流调节范围,为弧焊电源额定焊接电流的 0.25~1.2 倍。

2. 手工电弧焊电源设备的种类、型号与铭牌

根据电流产生的种类,可将手工电弧焊电源分为交流电源和直流电源两类。具体内容见表 2-2。

表 2-2 手工电弧焊电源的种类

电源类别		内容介绍
交流电源	弧焊变压器	弧焊变压器是一种具有下降外特性的特殊降压变压器,在焊接行业里又称为交流弧焊电源,获得下降外特性的方法是在焊接回路里增加电抗(在回路里串联电感和增加变压器的自身漏磁)
直流电源	弧焊整流器	弧焊整流器是一种用硅二极管作为整流装置,把交流电经过电压、整流后,供给电弧负载的直流电源
	直流弧焊发电机	直流弧焊发电机是一种电动机和特种直流发电机的组合体,因焊接过程噪声大,耗能大,焊机重量大,现在很少使用
	弧焊逆变器	弧焊逆变器是一种新型、高效、节能直流焊接电源,该焊机具有极高的综合指标,它作为直流焊接电源的更新换代产品,已经普遍受到各个国家的重视

3. 手工电弧焊电源设备的选择

弧焊电源在焊接设备(焊机)中是决定电气性能的关键部分。不同类型的弧焊电源,在结构、电气性能和主要技术参数等方面各有不同,且交流弧焊电源与直流弧焊电源的特点和经济性有很大区别,具体见表 2-3。因而在应用时只有合理的选择,才能确保焊接过程的顺利进行,获得良好的焊接效果。一般应根据如下几个方面来选择弧焊电源:

(1) 根据焊条药皮分类及电流种类选择焊机,例如若用酸性焊条焊接应选用 BX3-300、BX3-500 等交流弧焊机;若用碱性焊条焊接应选用 ZX2-250、ZX3-400 等直流弧焊机。

(2) 根据母材材质及焊接结构选择焊机,如果资金紧张,设备数量有限而焊接材料的种类又较多,可选用通用性较强的交、直流两用焊机或多用途的焊接设备。

(3) 根据焊接现场有无外接电源选择焊机。当焊接现场用电方便时,可以根据焊件的材质及其重要程度选择交流弧焊变压器或各类弧焊整流器;当焊接现场用电不方便时,应选用柴油机驱动直流弧焊发电机或越野汽车焊接工程车。

(4) 根据焊机的主要功能选择焊机。若长期用酸性焊条焊接焊件,则应首选弧焊变压器;如使用低氢钠型焊条焊接焊件时,就应准备弧焊发电机或弧焊整流器供焊接生产使用。

表 2-3 交、直流弧焊电源的特点比较

项 目	交 流	直 流
电弧的稳定性	低	高
极性可换性	无	有
磁偏吹影响	很小	较大
空载电压	较高	较低
触电危险	较大	较小
构造和维修	较简	较繁
噪音	不大	发电机大、整流器小、逆变器更小
成本	低	高
供电	一般单相	一般三相
质量	较轻	较重、逆变器最轻

4. 手工电弧焊电源设备的安装

(1) 弧焊整流器、弧焊逆变器电源

① 安装前的检查

a. 新的长期未使用的电源,在安装前必须检查绝缘情况,可用 500 V 绝缘电阻表测定。但在测定前,应先用导线将整流器或硅整流元件、大功率晶体管组短路,以防止硅元件或晶体管被过电压击穿。

b. 在安装前检查其内部是否有因运输而损坏或接头松动的情况。

② 安装时注意事项

a. 电网电源功率是否符合弧焊电源额定容量的要求;开关、熔断器和电缆的选择是否正确;电缆的绝缘是否良好。

b. 动力线和焊接电缆线的导线截面积的长度要合适,以保证在额定负载时动力线电压降不大于电网电压的 5%,焊接回路电缆线总压降不大于 4 V。

③ 外壳接地和接零。若电网电源为三相四线制,应把外壳接到中性线上。若前者为不接地的三相制,则应把机壳接地。

④ 注意采取防潮措施。

⑤ 安装在通风良好的干燥场所。

(2) 弧焊变压器

接线时注意出厂铭牌上所标的一次电压值。一次电压有 380 V、220 V 或两用的。多台安装时,应分别接在三相电网上,以尽量求得三相负载平衡。其余事项与弧焊整流器相同。

(3) 直流弧焊发电机

除上述有关事项之外还要注意:

① 若电网容量足够大,可直接启动,若电网容量不足,则应采用降压启动设备。

② 对于容量大的弧焊电源,为保证网路电压不受其他大容量电器设备的影响,或避免

影响其他用电设备的工作,应安装专用的线路。

5. 手工电弧焊电源设备的使用

正确地使用和维护弧焊电源,不仅能保持工作性能正常,而且还能延长弧焊电源的使用寿命。

(1) 使用和维护常识

① 使用前必须按产品说明书或有关国家标准对弧焊电源进行检查,并尽可能详细地了解基本原理,为正确使用建立一定的知识基础。

② 焊前要仔细检查各部分的接线是否正确,特别是焊接电缆的接头是否拧紧,以防过热或烧损。

③ 弧焊电源接入电网后或进行焊接时,不得随意移动或打开机壳的顶盖。

④ 空载运转时,首先听其声音是否正常,再检查冷却风扇是否正常鼓风,旋转方向是否正确。

⑤ 机内要保持清洁,定期用压缩空气吹净灰尘,定期通电和检查维修。

⑥ 要建立必要的严格管理、使用制度。

(2) 弧焊电源的并联使用

当一台弧焊电源的焊接电流不够时,可把多台弧焊电源并联起来使用,但要注意均衡电流、极性等问题。

(3) 弧焊变压器的电流调节分为粗调和细调,粗调节时,为防止触电,应在切断电源的情况下进行,且调节前,应将各链接螺栓拧紧,防止接触电阻过大而引起发热、烧损连接螺栓和连接板;电流细调节通过弧焊变压器侧面的旋转手柄来进行。

2.1.3.2 焊钳与焊接电缆

1. 焊钳

焊条电弧焊时,用以夹持焊条进行焊接的工具即焊钳,俗称电焊把。除起夹持焊条作用外,还起传导焊接电流的作用。对焊钳的要求是导电性能好、外壳应绝缘、重量轻、装换焊条方便、夹持牢固和安全耐用等。

(1) 常用焊钳的型号与规格。焊钳分160型、300型、500型等,它们能安全通过的额定焊接电流分别为160 A、300 A、500 A,见表2-4。

表2-4 常用焊钳的型号与规格

型 号	160 A 型		300 A 型		500 A 型	
额定焊接电流(A)	160		300		500	
负载持续率(%)	60	35	60	35	60	30
焊接电流(A)	160	220	300	400	500	560
适用焊条直径(mm)	1.6~4		2~5		3.2~8	
连接电缆截面积(mm²)	25~35		35~50		70~95	
手柄温度(℃)①	≤40		≤40		≤40	

(续表)

型　号	160 A 型	300 A 型	500 A 型
外形尺寸 ($A \times B \times C$, mm)	220×70×30	235×80×36	258×86×38
质量(kg)	0.24	0.35	0.40
参考价格(元)	6.10	7.40	8.40

注：1. 小于最小截面积时，必须用导电性能良好的材料填充到最小截面积内。
　　2. 按 IEC 26、29 号文规定的标准要求做实验。

(2) 焊钳的选择。焊接过程中，对焊钳的选择应符合下列要求：
① 焊钳必须有良好的绝缘性，焊接过程中不易发热烫手。
② 焊钳钳口材料要有高的导电性和一定的力学性能，故用纯铜制造。焊钳能夹住焊条，焊条在焊钳夹持端，能根据焊接的需要变换多种角度；焊钳的质量要轻，便于操作。
③ 焊钳与焊接电缆的连接应简便可靠，接触电阻小。
注：电接触不良和超负荷使用是焊钳发热的原因，绝对不允许用浸水的方法去冷却焊钳。

2. 焊接电缆
(1) 焊接电缆的作用是传导焊接电流，常用焊接电缆的型号与规格见表 2-5。
(2) 焊接电缆的选择。焊接过程中，对焊接电缆的选择应符合下列要求：
① 焊接电缆的截面积应根据焊接电流和导线长度来选。
② 焊接电缆外皮必须完好、柔软、绝缘性好。
③ 焊接电缆线长度一般不宜超过 20～30 m，确实需要加长时，可将焊接电缆线分为两节导线，连接焊钳的一节用细电缆，另一节按长度及使用的焊接电流选择粗一点的电缆，两节之间用电缆快速接头连接。

表 2-5　常用焊接电缆的型号与规格

电缆型号	截面 (mm²)	线芯直径 (mm)	电缆外径 (mm)	电缆质量 (kg/km)	额定电流 (A)
YHH 型 焊接用 橡胶电缆	16	6.23	11.5	282	120
	25	7.50	12.6	397	150
	35	9.23	15.5	557	200
	50	10.50	17.0	737	300
	70	12.95	20.6	990	450
	95	14.70	22.8	1339	600
	120	17.15	25.6	—	—
	150	18.90	27.3	—	—

(续表)

电缆型号	截面（mm²）	线芯直径（mm）	电缆外径（mm）	电缆质量（kg/km）	额定电流（A）
YHHR型焊接用橡胶软电缆	6	3.96	8.5	—	35
	10	34.89	9.0	—	60
	16	6.15	10.8	282	100
	25	8.00	13.0	397	150
	35	9.00	14.5	557	200
	50	10.60	16.5	737	300
	70	12.95	20	990	450
	95	14.70	22	1339	600

3. 电缆快速接头

电缆快速接头用于电缆与电缆及电缆与弧焊电源的连接，电缆快速接头的型号及有关数据见表2-6。

表2-6 电缆快速接头的型号及有关数据

型号	额定电流（A）	备注
DKJ—16	≤160	该产品由插头、插座两部分组成，能快速地将电缆连接在弧焊电源的两端
DKJ—35	≤250	
DKJ—50	≤315	
DKJ—70	≤400	
DKJ—95	≤630	
DKJ—120	≤800	

2.1.3.3 面罩和护目镜

面罩是为防止焊接时的飞溅、弧光及其他辐射对焊工面部及颈部造成损伤的一种遮盖工具，面罩有两种形式：头盔式（戴在头顶上工作）和手持式。对面罩的要求是质轻、坚韧、绝缘性和耐热性好。

面罩正面安装有护目镜滤光片，即护目镜，起减弱弧光强度，过滤红外线和紫外线以保护焊工眼睛的作用。有各种颜色，随着色号的增加，颜色深度增加。从人眼对颜色的适应性的角度，以墨绿色、蓝绿色和黄褐色为好。颜色有深浅之分，应根据焊接电流大小和焊接方法以及焊工的年龄与视力情况选用。焊接电流较小应选择颜色号小的滤光玻璃。对于相同的焊接电流，视力好的焊工选择的滤光玻璃颜色号较大，一般电弧焊选择8～10号滤光玻璃，其常用规格见表2-7。

表 2-7　滤光玻璃常用规格

颜色号	7～8	9～10	11～12
颜色深度	较浅	中等	较深
适用焊接电流范围(A)	<100	100～350	≥350
玻璃尺寸(厚×宽×长,mm)	2×50×107	2×50×107	2×50×107

现已发展一种光电式镜片,它是利用光电转换原理制成的新型护目滤光片。起弧前是透明的,起弧后迅速变黑,起滤光作用。这样可以观察焊接操作全过程,防止电弧"打眼"和消除因盲目引弧而产生的焊接缺欠。

护目滤光片的质量要符合《职业眼面部防护　焊接防护　第一部分:焊接防护具》(GB/T 3609.1—2008)的规定。

2.1.3.4　焊条烘干、保温设备

焊条烘干设备主要用于焊条在焊接前的烘干与保温。

焊条保温筒是装载已烘干的焊条,且能保持一定温度以防止焊条受潮的一种筒形容器。有立式和卧式两种,内装焊条 2.5～5.0 kg。焊工可随身携带到现场,随用随取。

2.1.3.5　坡口加工机

在进行焊接时,为了满足焊缝的熔透要求,需要在待焊处开坡口,坡口加工机是一种高效节能的焊接专用辅助设备,在待焊处加工出各种形式的坡口。具有加工坡口质量好、尺寸准确、表面光洁等优点。适用于加工 Q235、16Mn、16 MnQ、不锈钢、铜、铝等金属板材的焊接坡口。

2.1.3.6　气动清渣工具及高速角向砂轮机

气动清渣工具及高速角向砂轮机主要用于焊后清渣、焊缝修整及焊接接头的坡口准备与修整等。

2.1.3.7　自动循环喷砂机、抛丸机

自动循环喷砂机以压缩空气为动力喷射砂料对工件表面进行冲击和切削,使工件表面获得一定的清洁度和不同的粗糙度,使工件表面的机械性能得到改善,因此提高了工件的抗疲劳性。

抛丸机利用抛丸器将抛出的钢丸高速抛落在工件表面,达到清理或强化工件表面粘砂及氧化皮的作用。

2.1.3.8　焊缝检验尺

焊缝检验尺是用以测量焊接接头的坡口角度、间隙、错边以及焊缝的宽度、余高、角焊缝厚度等尺寸的工具,焊缝检验尺由探尺、直尺和角度规等组成。焊缝检验尺的测量范围见表 2-8。

表 2-8 焊缝检验尺的测量范围

角度样板的角度(°)	坡口角度(°)	钢直尺的规格(mm)	间隙(mm)	错边(mm)	焊缝宽度(mm)	焊缝余高(mm)	角焊缝的厚度(mm)	角焊缝的余高(mm)
15 20 45 60 92	≤150	40	1~5	1~20	≤40	≤20	1~20	≤20

2.1.3.9 焊接衬垫与引出板

1. 焊接衬垫

背面施焊有困难而又要求焊透的接头,可采用焊接衬垫。使用焊接衬垫是为了避免在施焊第一层熔敷金属时,该层熔化金属从接头根部穿漏。同理,对于带坡口的焊件,当装配间隙过大时,为了防止烧穿也常采用衬垫。

常用的衬垫有衬条、铜衬垫、打底焊缝和非金属衬垫等。

(1) 衬条

衬条是放在接头背面的金属条,见图 2-4。衬条须采用与母材和焊条在冶金上相匹配的材料制成,焊前衬条应和坡口表面一样洁净,以免在焊缝中产生气孔和夹渣。衬条的装配要正确,与母材紧贴。否则熔化金属可能从接头根部流到衬条和母材之间的任何间隙内。

图 2-4 利用衬条作焊接衬垫

如果衬条不妨碍接头的使用性能,则可保留在原位置上;否则,衬条用后必须拆除掉。若从背面无法拆除,则须采用其他方法来焊接根部焊道,如采用单面焊背面成形焊接工艺。

(2) 铜衬垫

用铜作焊接衬垫是利用它的高热传导率,可防止焊缝金属与衬垫熔合。这样,铜衬垫可以作为一种工具反复使用。但铜衬垫的体积应足够大,足以防止熔敷第一条焊道时发生熔化。批量生产中,可在衬垫中通水,以散走连续焊接所积累的热量。铜衬垫可加工出沟槽,以控制焊缝背面的形状和余高。在任何情况下不允许电弧接触铜衬垫,因为铜—熔化焊缝金属即被污染。

(3) 非金属衬垫

非金属衬垫最常用的是颗粒状焊剂,亦有用难熔材料制成的非金属衬垫。焊剂的作用主要是支托焊缝金属和使焊缝根部成形,其用法与埋弧焊的焊剂垫相同。难熔衬垫是一种专门制作的可伸缩的成形件,用夹具或粘贴带贴在接头的背面,其使用方法和焊接工艺参数须按衬垫制造厂的使用说明确定。

2. 引出板

结构上重要的焊缝最好使用引出板,它是为了填满焊缝两端的坡口须使用的金属附件,实际上引出板的作用是使坡口延长到焊件接缝以外,见图2-5。引出板的材料最好与母材相同,这样不会引起焊缝成分的变化,引出板用后须拆除掉。使用引出板,就可以把引弧和收弧时最易产生的缺欠引到引出板上,从而保证了焊缝两端的质量。

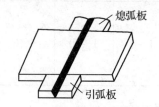

图 2-5 焊条电弧焊用引出板

2.1.4 装配与定位焊

2.1.4.1 装配

接头焊前的装配主要是使焊件定位对中,以及达到规定的坡口形状和尺寸。装配工作中,两焊件之间的距离称间隙,它的大小和沿接头长度上的均匀程度对焊接质量、生产率及制造成本影响很大。

接头设计采用间隙是为了使焊条很好地接近母材及接头根部。带坡口的接头,为了熔透根部,必须注意坡口角度和间隙的关系。减少坡口角度时,必须增加间隙。坡口角度一定时,若间隙过小,熔透根部比较困难,容易出现根部未焊透和夹渣缺欠,会加大背面清根工作量;如果采用较小的焊条,就得减慢焊接过程;若间隙过大,则容易烧穿,难以保证焊接质量,并需要较多的焊缝填充金属,这就会增加焊接成本和焊件变形。如果沿接缝根部间隙不均匀,则在接头各部位的焊缝金属量就会变化,收缩和由此引起的变形也就不均匀,使变形难以控制。沿焊缝根部的错边可能在某些区域引起未焊透或焊根表面成形不良,或两者同时产生。

所以,焊件坡口加工质量与精度以及装配工作中的质量,直接影响到焊接质量、产量和制造成本,须引起重视。

2.1.4.2 定位焊

经装配各焊件的位置确定之后,可以用夹具或定位焊缝把它们固定起来,然后进行正式焊接。定位焊的质量直接影响焊缝的质量,它是正式焊缝的组成部分。又因它焊道短,冷却快,比较容易产生焊接缺欠,若缺欠被正式焊缝所掩盖而未被发现,将造成隐患。对定位焊有如下要求:

1. 焊条

定位焊用的焊条应和正式焊接用的相同,焊前同样进行烘干,不许使用废焊条或不知型号的焊条。

2) 定位焊的位置

双面焊且背面须清根的焊缝,定位焊缝最好布置在背面;形状对称的构件,定位焊缝也应对称布置;有交叉焊缝的地方不设定位焊缝,至少离开交叉点50 mm。

3. 焊接工艺

施焊条件应和正式焊缝的焊接相同,由于焊道短,冷却快,焊接电流应比正常焊接的电流大15%~20%。对于刚度大或有淬火倾向的焊件,应适当预热,以防止定位焊缝开裂;收弧时注意填满弧坑,防止弧坑处开裂。在允许的条件下,可选用塑性和抗裂性较好而强度略低的条件进行定位焊。

4. 焊缝尺寸

定位焊缝的尺寸视结构的刚性大小而定,原则是:在满足装配强度要求的前提下,尽可能小一些。从减小变形和填充金属考虑,可缩小定位焊的间距,以减少定位焊缝的尺寸。表2-9给出了一般金属结构定位焊缝的参考尺寸。

表2-9 一般金属结构定位焊缝参考尺寸　　　　　　　　　　(单位:mm)

焊件厚度	焊缝高度	焊缝长度	间距
≤4	<4	5~10	50~100
4~12	3~6	10~20	100~200
>12	>6	15~30	100~300

2.1.5　手工电弧焊焊接工艺

2.1.5.1　焊前准备

1. 焊条烘干

焊前对焊条烘干的目的是去除受潮焊条中的水分,减少熔池和焊缝中的氢,以防止产生气孔和冷裂纹。不同药皮类型的焊条,其烘干工艺不同,须遵照焊条产品使用说明书中指定的工艺进行。

2. 焊前清理

是指焊前对接头坡口及其附近(约20mm内)的表面被油、锈、漆和水等污染物的清除。用碱性焊条焊接时,清理要求严格和彻底,否则极易产生气孔和延迟裂纹。酸性焊条对锈不很敏感,若锈得较轻,而且对焊缝质量要求不高时,可以不清除。

3. 预热

是指焊前对焊件整体或局部进行适当加热的工艺措施,其主要目的是减小接头焊后的冷却速度,避免产生淬硬组织和减小焊接应力与变形。它是防止产生焊接裂纹的有效办法。是否需要预热和预热温度的高低,取决于母材特性、所用的焊条和接头的拘束度。对于刚性不大的低碳钢和强度级别较低的低合金高强度钢,一般不需预热。但对刚性较大的或焊接性差而容易产生裂纹的结构,焊前须预热。

2.1.5.2　焊接工艺参数

焊接工艺参数,是指焊接过程中,为保证焊接质量而选定的各个物理量参数。焊接参数选择合适,对提高焊接质量和生产效率都是十分重要的。焊条电弧焊的工艺参数包括:焊条直径、焊接电流、电弧电压、焊接速度、热输入等。

1. 电流种类

焊条电弧焊既可用交流电也可用直流电,用直流电焊接的最大特点是电弧稳定、柔顺、飞溅少,容易获得优质焊缝。此外直流电弧有极性和明显磁偏吹现象。因此,在下列情况常采用直流电进行焊条电弧焊:

(1) 使用低氢钠型焊条时,因这种焊条稳弧性差;
(2) 薄板焊接时,因用的焊接电流小,电弧不稳;
(3) 进行立焊、仰焊及短弧焊,而又没有适于全位置焊接的焊条时;
(4) 有极性要求时,如为了加大焊条熔化速度用正接(工件接正极);为了加大熔深用反接(工件接负极);需要减熔深则用正接;使用碱性焊条时,为了焊接电弧稳定和减少气孔,要求用直流反接等(直流正、反接示意图见图2-6)。

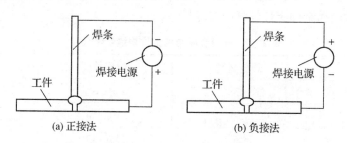

图2-6 直流正、反接示意图

用交流电进行焊条电弧焊时电弧稳定性差,特别是在小电流焊接时对焊工操作技术要求高,但交流电焊接有两大优点:一是电源成本低,二是电弧磁偏吹不明显。因此,除上述的特殊情况外,一般都选用直流电进行焊条电弧焊。

2. 焊条直径

焊条直径的大小对焊接质量和生产效率影响很大,通常是在保证焊接质量的前提下,尽可能选用较大直径的焊条以提高生产率。如果从保证焊接质量的角度来选焊条直径时,则须综合考虑焊件厚度、焊接位置、接头形式、焊接层数和允许的线能量等因素。

(1) 焊件厚度。焊条直径的选择,主要应考虑焊件的厚度。当焊件的厚度较大时,为了减少焊接层次,提高焊接生产效率,宜采用直径较大的焊条;当焊件厚度较薄时,为了防止焊缝烧穿,宜采用直径较小的焊条。焊条直径与焊件厚度之间的关系见表2-10。

表2-10 焊条直径与焊件厚度之间的关系　　　　　　　　(mm)

板厚	≤4	4~12	>12
焊条直径	≤1.5	3.2~4	≥4

(2) 焊接层次。带斜坡口需多层焊的接头,第一层焊缝应选用小直径焊条,这样,在接头根部容易操作,有利于控制熔透和焊波形状,以后各层可用大直径焊条以加大熔深和提高熔敷率,可快速填满坡口。

(3) 焊接位置。在横焊、立焊和仰焊等位置焊接时,由于重力作用,熔化金属易从接头中流出,应选用小直径焊条,因为小的焊接熔池便于控制。在船形位置上焊接角焊缝时,焊条直径不应大于角焊缝的尺寸。对某些金属材料要求严格控制焊接线能量时,只能选用小直径的焊条。

3. 焊接电流

焊接电流是焊接过程中流经焊接回路的电流,它直接影响焊接质量和生产率,是电弧焊的主要工艺参数。总的原则是在保证焊接质量的前提下,尽量用较大的焊接电流以提高焊接生产率。具体焊接生产中,确定焊接电流的大小应根据焊条类型、焊条直径、焊件厚度、接头形式、焊缝位置、钢材性质和施焊环境等因素进行综合考虑,其中最主要的是焊条直径和焊接位置。

(1) 焊条直径。焊条直径越大,焊条熔化所需要的热量越大,为此,必须增大焊接电流。一般碳钢焊接的焊条直径与焊接电流的关系见如下经验公式:

$$I = k \cdot d$$

式中:I—焊接电流(A)

d—焊条(即焊芯)直径(mm)

k—经验系数,可按下表确定:

表 2-11 焊条直径与焊接电流的关系经验值

焊条直径/mm	ϕ1.6	ϕ2~ϕ2.5	ϕ3.2	ϕ4~ϕ6
k	20~25	25~30	30~40	40~50

(2) 焊接位置。在平焊位置焊接时,可选择大一些的焊接电流。在立焊、横焊和仰焊位置焊接时,为了防止熔化金属从熔池中流出,须减小熔池面积以便于控制焊缝成形,须采用较小一些的焊接电流,一般比平焊位置要小10%~20%。

(3) 焊接层数。通常焊接打底焊道时,为保证打底层既能焊透,又不会发生根部烧穿现象,所选的焊接电流应小些;焊接填充焊道时,为提高效率,保证熔合效果好,宜采用较大的焊接电流;焊接盖面焊道时,为防止咬边和保证焊道成形美观,使用的电流应稍小些。

4. 电弧长度

电弧电压是指焊接电弧两端(两电极)之间的电压,它不是电弧焊的重要工艺参数,一般不需确定。但是电弧电压的大小是由电弧长度来决定,电弧长,则电弧电压高;反之则低。

电弧长度是焊条芯的熔化端到焊接熔池表面的距离。它的长短控制主要决定于焊工的知识、经验、视力和手工技巧。在焊接过程中,电弧长短直接影响着焊缝的质量和成形。如果电弧太长,会导致电弧漂摆,燃烧不稳定、飞溅增加、熔深减少、熔宽加大,熔敷速度下降,而且外部空气易侵入,造成气孔和焊缝金属被氧或氮污染,焊缝质量下降。若弧长太短,熔滴过渡时可能经常发生短路,使操作困难。正常的弧长是小于或等于焊条直径,即所谓短弧焊。超过焊条直径的弧长为长弧焊,在使用酸性焊条时,为了预热待焊部位或降低熔池的温度和加大熔宽,有时将电弧稍微拉长进行焊接。碱性低氢型焊条,应采用短弧焊以减少气孔等缺欠。

5. 焊接速度

焊接速度是指焊接过程中沿焊接方向移动的速度,即单位时间内完成的焊缝长度。焊接速度过快会造成焊缝变窄,严重凹凸不平,容易产生咬边及焊缝波形变尖;焊接速度过慢会使焊缝变宽,余高增加,功效降低。焊接速度还直接决定着焊接线能量的大小,一般根据钢材的淬硬倾向来选择。

手工电弧焊时,在保证焊缝具有所要求的尺寸和外形及良好熔合的原则下,焊接速度由焊工根据具体情况灵活掌握。

6. 焊缝层数

厚板焊接时,一般要开坡口并采用多层焊或多层多道焊,如图2-7所示。层数增加对提高焊缝的塑性和韧性有利,因为后焊道对前焊道有回火作用,使热影响区显微组织变细,尤其对易淬火钢效果明显。但随着层数增多,生产效率下降,往往焊接变形也随之增加。层数过少,每层焊缝厚度过大,接头易过热引起晶粒粗化,反而不利。一般每层厚度以不大于4～5 mm为好。

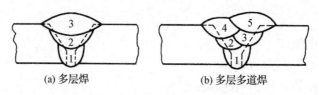

(a) 多层焊　　　　　　(b) 多层多道焊

图 2-7　多层焊与多层多道焊

1～5—焊道顺序编号

2.1.5.3　手工电弧焊操作技术

手工电弧焊的基本操作技术大体包括引弧、运条、接头和收弧。焊接操作过程中,运用好这四种操作技术,是保证焊缝质量的关键。

1. 引弧

引弧是指电弧焊开始时引燃焊接电弧的过程。引弧是电弧焊操作中最基本的动作,如果引弧方法不当会产生气孔、夹渣等焊接缺欠。电弧焊施工过程中,引弧的方法有轻击法和划擦法两种。

轻击法和划擦法引弧的比较,见表 2-12。

表 2-12　引弧方法比较

方　法	示意图	操作方法	特　点
划擦法		将焊条端在焊件表面划一下即可,类似于划火柴的动作。划擦必须在坡口内进行,引弧点最好选在离焊缝起点10 mm左右的待焊部位上,引燃后立即提起并移至焊缝的起点,再沿焊缝方向进行正常焊接,焊接经过原来引燃点而重熔,从而消除该点可能残留下的弧疤或球滴状焊缝金属。	划擦法操作不当易损伤焊件表面,不如轻击法好
轻击法		使焊条垂直于焊件上的起弧点,端部与起弧点轻轻碰击并立即提起。引燃后的操作方法同划擦法。碰击力不宜过猛,否则造成药皮成块脱落,导致电弧不稳,影响焊接质量。	轻击法容易使焊条粘住焊件,若用力过猛还会造成药皮脱落,应熟练掌握操作技术

焊接过程中电弧一旦熄灭,须再引弧。再引弧最好在焊条端部冷却之前立即再次碰击焊件,这样有利于再引燃,因为热的药皮往往成为导电体,特别是含大量金属粉末的焊条。再引弧的引弧点应在弧坑上或紧靠弧坑的待焊部位。更换焊条也须再引弧,起弧点应选在前段焊缝弧坑上或它的前方,引燃后把电弧移回填满弧坑后再继续向前焊接。

不许在非焊部位引弧,否则将在引弧处留下坑疤、焊瘤或龟裂等缺欠。

2. 运条

焊接过程中,焊条相对焊缝所做的各种运动的总称叫运条。通过正确运条可以控制焊接熔池的形状和尺寸,从而获得良好的熔合和焊缝成形。运条过程有三个基本动作,即前进动作、横摆动作和送进动作。

(1) 前进动作,是使焊条端沿焊缝轴线方向向前移动的动作,它的快慢代表着焊接速度,能影响焊接热输入和焊缝金属的横截面积。

(2) 横摆动作,是使焊条端在垂直前进方向上作横向摆动,摆动的方式、幅度和快慢直接影响焊缝的宽度和熔深,以及坡口两侧的熔合情况。

(3) 送进动作,是使焊条沿自身轴线向熔池不断送进的动作。若焊条送进速度和它的熔化速度相同,则弧长稳定;若送进速度慢于熔化速度,则弧长变长,使熔深变浅,熔宽增加、电弧漂动不稳,保护效果变差,飞溅大等。故一般情况下宜使送进速度等于或略大于熔池熔化速度,让弧长在等于或小于焊条直径的条件下焊接。

表 2-13 列出了常用的运条方法及其适用范围。

表 2-13 常用运条方法及其适用范围

运条方法	示意图	操作方法	适用范围
直线形运条法		直线形运条法要求在焊接时保持一定的弧长,沿着焊接方向不作横向摆动的前移,由于焊条不作横向摆动,所以电弧较稳定,熔深大,焊道窄。对于怕过热的焊件及薄板的焊接有利,但焊缝比较窄。	这种方法适用于板厚为 3~5 mm 的不开坡口对接平焊、多层焊的第一层和多层多道焊。
直线往返形运条法		直线往返形运条法是指焊条末端沿焊缝方向作来回地直线摆动,在实际操作中,电弧的长度是变化的。焊接时应保持较短的电弧;焊接一小段后,电弧较长,向前挑动,待熔池稍凝,又回到熔池继续焊接。	这种方法速度快、焊缝窄、散热快,适用于薄板和对接间隙较大的多层焊底层焊缝。
锯齿形运条法		锯齿形运条法是指在焊条末端向前移动的同时作锯齿形的连续摆动,并在两旁稍加停顿,停顿时间与工件厚度、电流的大小、焊缝宽度及焊接位置有关,这样做主要是保证两侧熔化良好,且不产生咬边。左右摆动是为了控制熔化金属的成形及得到所需要的焊缝宽度。	这种运条方法操作容易,在实际操作中运用较广,多用于厚板的焊接,如平焊、立焊、仰焊位置的对接及角接。

(续表)

运条方法	示意图	操作方法	适用范围
月牙形运条法		月牙形运条法操作方法与锯齿形相似,只是焊条末端摆动的形状为月牙形,为了使焊缝两侧熔合良好,且避免咬边,要注意月牙两尖端的停留时间。	月牙形运条法应用广泛,尤其适用于盖面焊,但不适用于宽度较小的立焊缝。
三角形运条法		三角形运条法是指焊条末端在前移的同时作连续的三角形运动,根据适用场合的不同,可分为斜三角形与正三角形两种。	正三角形适用于开坡口的立焊和填角焊,而斜三角形运条法适用于平焊、仰焊位置的角焊缝和开坡口横焊。
圆圈形运条法		圆圈形运条法是指焊条末端在前移的同时作圆圈形运动,根据焊缝位置的不同,有正圆圈形和斜圆圈形两种。	正圆圈形运条法适合于较厚工件的平焊缝。它的优点是熔池高温时间停留长,使熔池中的气体和熔渣都易于排出。斜圆圈形运条法适用于平焊、仰焊位置的角焊缝和开坡口横焊。
8字形运条法		焊条末端作8字形运动,使焊缝增宽,焊缝纹波美观。	适用于厚板对接的盖面焊缝。

3. 接头

(1) 接头操作法。电弧焊时,根据施焊焊缝接头操作方法的不同,焊缝接头方法有冷接头和热接头两种操作方法。

① 冷接头操作方法。在施焊前,应使用砂轮机或机械方法将焊缝被连接处打磨出斜坡形过滤带,在接头前方 10 mm 处引弧,电弧引燃后稍微拉长一些,然后移到接头处,并稍作停留,待形成熔池后再继续向前焊接。

冷接头操作方法可以使接头得到必要的预热,保证熔池中气体的逸出,防止在接头处产生气孔。

② 热接头操作方法。热接头是指熔池处在高温红热状态下的接头连接,其操作方法可分为正常接头法和快速接头法两种。

a. 正常接头法。正常接头法是指在熔池前方 5 mm 左右处引弧后,将电弧迅速拉回熔池,按照熔池的形状摆动焊条后正常焊接的接头方法。

b. 快速接头法。快速接头法是指在熔池熔渣尚未完全凝固的状态下,将焊条端头与熔渣接触,在高温热电离的作用下重新引燃电弧后的接头方法。这种方法适用于厚板的大电流焊接,要求焊工更换焊条的动作要特别迅速而准确。

(2) 接头操作要求。

① 接头要快。接头是否平整除与焊工操作技术水平有关外,还与接头处的温度有关。温度越高,接头处熔合越好,填充金属合适,接头平整。因此,中间接头时,要求熄弧时间越短越好,换焊条越快越好。

② 接头要相互错开。进行多层多道焊时,每层焊道和不同层的焊道的接头必须错开一段距离,不允许出现接头相互重叠或在一条线上等现象,否则影响接头的强度和其他性能。

③ 要处理好接头处的先焊焊缝。为了保证接头质量,接头处的先焊焊缝必须处理好,接头区呈斜坡状。如果发现先焊焊缝太高,或有缺欠,应先将缺欠清除,并打磨成斜面。

4. 收弧

收弧指焊缝结束时的收尾,是焊接过程中的关键动作。在焊接结束时,若立即断弧则会在焊缝终端形成弧坑,使该处焊缝工作截面减少,从而降低接头强度,导致产生弧坑裂纹,还引起应力集中。因此,必须是填满弧坑后收弧,手工电弧焊施工常用的收弧方法及其适用范围见表 2-14。

表 2-14 收弧常用方法及其适用范围

常用方法	操作方法	适用范围
划圈收弧法	当电弧移至焊缝终端时,焊条端部作圆圈运动,直到填满弧坑再拉断电弧	适用于厚板焊接收弧,对薄板有烧穿的危险
反复熄弧收弧法	当焊接进行到焊缝终点时,在弧坑处反复熄弧和再引弧数次,直到填满弧坑为止	适用于薄板和大电流焊接时的收弧
回焊收弧法	电弧移至焊缝终端处时稍作停留,改变焊条角度并向与焊接方向相反的方向回焊一小段距离,然后立即拉断电弧	适用于碱性焊条收弧
转移收弧法	当电弧移至焊缝终点时,在弧坑处稍作停留,将电弧慢慢抬高,引到焊缝边缘的母材坡口内,这时熔池会逐渐缩小,凝固后一般不出现缺欠	适用于换焊条或临时停弧时的收弧

5. 各种位置手工电弧焊操作技术

无论在何种位置施焊,最关键的是能控制住焊接熔池的形状和大小。熔池形状和尺寸主要与熔池的温度分布有关,而熔池的温度分布又直接受电弧的热量输入影响。因此,通过调整焊条的倾斜角度以及前述三个运条基本动作的相互配合,就可以调整熔池的温度分布,从而达到控制熔池形状和大小的目的。

(1) 平焊

基本特点:焊缝处于水平位置。焊接时熔滴主要依靠重力向熔池过渡;操作容易,便于观察;可以使用较大直径焊条和较高的焊接电流,生产率高,容易获得优质焊缝。因此,应尽可能使焊件处在平焊位置焊接。

操作要点:

① 正确控制焊条角度,使熔渣与液态金属分离,防止熔渣前流,尽量采用短弧焊接。焊接时焊条与焊件成 40°~90°的夹角;

② 根据板厚选用直径较粗的焊条和较大的焊接电流;

③ 对于不同厚度的 T 形、角接、搭接的平焊接头,在焊接时应适当调整焊条角度,使电弧偏向工件较厚的一侧,保证两侧受热均匀。对于多层多道焊应注意焊接层次及焊接顺序;

④ 选择正确的运条方法。

a. 板厚在 6 mm 以下，I 形坡口对接平焊可采用直线形运条方法，熔深应大于厚度的三分之二，运条速度要快。

b. 板厚在 6 mm 以上，开其他坡口（如 V 形、X 形、Y 形等）对接平焊，可采用多层焊和多层多道焊，打底焊宜用直线形运条焊接。多层焊缝的填充层及盖面层焊缝，应根据具体情况分别选用直线形、月牙形、锯齿形运条。多层多道焊时，宜采用直线形运条。

c. 当 T 形接头的焊脚尺寸较小时，可选用单层焊，用直线形、斜环形或锯齿形运条方法；当焊脚尺寸较大时，宜采用多层焊或多层多道焊，打底焊都采用直线形运条方法，其后各层的焊接可选用斜锯齿形、斜环形运条方法。多层多道焊宜选用直线形运条方法焊接。

d. 搭接、角接平焊时，运条操作与 T 形接头平角焊运条相似。

e. 把焊件上的角焊缝处在船形焊位置施焊，可避免产生咬边、下垂等缺欠。操作方便，焊缝成形美观，可用大直径焊条，大焊接电流，一次能焊成较大断面的焊缝，大大提高生产率。操作要点同开 V 形坡口对接接头平焊方法焊接。

(2) 立焊

基本特点：立焊是对在垂直平面上垂直方向的焊缝的焊接，立焊时，由于熔渣和熔化金属受重力作用容易下淌，使焊缝成形困难。当熔池温度过高时，铁水易下流形成焊瘤；对于 T 形接头的立焊，焊缝根部容易产生焊不透的缺欠。有两种立焊方式，一种是由下而上施焊，即立向上焊法，是生产中应用最广的操作方法，因为易掌握焊透情况。另一种是由上向下施焊，即立向下焊法。

操作要点：

① 保证正确的焊条角度，一般应使焊条角度向下倾斜 60°～80°。

② 用较小直径的焊条和较小的焊接电流，比一般平焊小 10%～15%，以减小熔滴体积，使之受自重的影响减小，有利于熔滴过渡。

③ 采用短弧焊，缩短熔滴过渡到熔池的距离，以形成短路过渡。

④ 根据接头形式、坡口形状、熔池温度等情况，选择合适的运条方法。

a. 对于不开坡口的对接立焊，由下向上焊，可采用直线形、锯齿形、月牙形及跳弧法；

b. 开坡口的对接立焊常采用多层或多层多道焊，厚板可用小三角形运条法在每个转角处稍作停留；中等厚板或稍薄的板，采用小月牙形或跳弧运条法。最好的焊缝成形是两侧熔合，焊缝表面较平坦，且焊后要彻底清渣，否则焊第二层时易未焊透或产生夹渣等缺欠。焊第二层以上的焊缝宜用锯齿形运条法，焊条直径不大于 4 mm。最后一层运条速度要均匀一致，电弧在两侧要短且稍微停留。

c. T 形接头立焊最容易产生根部未焊透和焊缝两侧咬边。因此，施焊时注意焊条角度和运条方法，电弧尽可能短，摆幅不大于所要求的焊脚尺寸，摆至两侧时稍微停留以防止咬边和未熔合。

(3) 横焊

基本特点：横焊是在垂直面上焊接水平焊缝的一种操作方法。焊接时，由于熔化金属受重力作用容易下淌而产生咬边、焊瘤及未焊透等缺欠。因此，宜采用较小直径的焊条，短弧焊接。

操作要点：

① 尽量选用小直径焊条、小焊接电流、短弧操作，以更好地控制熔化金属流淌。

② 厚板横焊时打底焊缝以外的焊缝，易采用多层多道焊法施焊。

③ 多层多道焊时，要特别注意控制焊道间的重叠距离。为防止焊缝产生凹凸不平等缺欠，进行每道叠焊时，应在前一道焊缝的 1/3 处开始焊接。

④ 根据具体情况保持适当的焊条角度。

⑤ 采用正确的运条方法。

a. 不开坡口的对接横焊时，正面焊缝采用往复直线形运条方法较好，以利用焊条前移机会使熔池获得冷却，不致熔滴下淌和烧穿；稍厚件宜选用短弧直线形或斜圆圈形运条方法，以得到适当的熔深。焊速应稍快而均匀，避免过多地熔化在一点上，以防止形成焊瘤和焊缝上部咬边。封底焊缝用 $\phi 3.2$ 的焊条，对于稍大的焊接电流用直线形运条方法焊接。

b. 开坡口对接横焊，一般采用 V 形或 K 形坡口多层横焊，坡口主要开在上板上，下板不开坡口或少开坡口，这样有利于焊缝成形。焊第一层时，焊条直径一般为 3.2 mm，间隙较小时，可采用直线形运条方法；间隙较大时，可采用往复直线形运条方法，其后各层用直径 3.2 mm 或 4 mm 的焊条，采用斜圆圈形运条方法，均采用短弧焊。

(4) 仰焊

基本特点：焊工仰头向上施焊的水平焊缝。最大的困难是焊接熔池倒悬在焊件下面，熔化金属因自重易下坠滴落，熔滴过渡和焊缝成形困难且不美观；不易控制熔池形状和大小，易出现未焊透、凹陷等缺欠；熔池尺寸较大，温度较高，清渣困难，有时易产生层间夹渣。

操作要点：

① 采用短弧焊，小直径焊条，小电流，一般焊接电流在平焊与立焊之间。

② 为便于熔滴过渡，焊接过程中应采用最短的弧长施焊。

③ 打底层焊应采用小直径和小焊接电流施焊，以免焊缝两侧产生凹陷和夹渣。

④ 为了保证坡口两侧熔合良好和避免焊道太厚，坡口角度应略大于平焊，以保证操作方便。

⑤ 根据具体情况，选用正确的运条方法。

a. 不开坡口的对接仰焊时，用直径为 3.2 mm 焊条，其焊条角度与焊接方向成 70°～80°，左右位置为 90°。用短弧焊，间隙小时焊接宜采用直线形运条法，较大间隙时宜采用往复直线形运条法。

b. 开坡口的对接多层仰焊时，打底层焊接用直径为 3.2 mm 焊条，选用直线形或往复直线形运条方法；其后各层可选用锯齿或月牙形运条方法，每层熔敷量不宜过多，焊条位置根据每一层焊缝位置作相应调整，以利于熔滴过渡和焊缝成形。

c. T 形接头仰焊时，焊脚尺寸在 6 mm 以下宜采用单层焊，焊条直径宜用 3.2 mm 或 4 mm，采用直线形或往复直线形运条方法；超过 6 mm 时用多层焊或多层多道焊施焊，第一层宜采用直线形运条方法，其后各层可选用斜三角形或斜环形运条方法。

2.2 埋弧焊

2.2.1 埋弧焊的定义、原理

2.2.1.1 埋弧焊的定义

埋弧焊是以裸金属焊丝与焊件(母材)间所形成的电弧为热源,并以覆盖在电弧周围的颗粒状焊剂及其熔渣作为保护的一种电弧焊方法。埋弧焊,又称为焊剂层下自动电弧焊。图2-8为最常见的埋弧焊接装置的示意图。各组成部分的工作是:焊剂漏斗在焊接区前方不断输送焊剂于焊件的表面上;送丝机构由电动机带动压轮,保证焊丝不断地向焊接区输送;焊丝经导电嘴而带电,保证焊丝与工件之间形成电弧;通常焊剂漏斗、送丝机构、导电嘴等安装在一个焊接机头或小车上,通过机头或小车上的行走机构以一定的焊接速度向前移动,控制盒(箱)对送丝速度和机头行走速度以及焊接工艺参数等进行控制与调节,小型的控制盒常设在小车上,大的控制箱则作为配套部件而独立设置。电源向电弧不断提供能量。

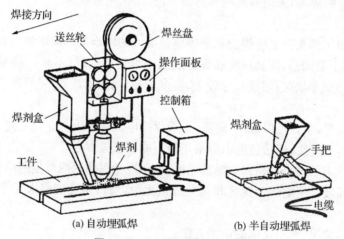

图2-8 埋弧焊接装置示意图

2.2.1.2 埋弧焊的工作原理

埋弧焊的基本原理如图2-9所示。其焊接过程是:焊接电弧3是在焊剂1层下的焊丝2与母材7之间产生,电弧热使其周围的母材、焊丝和焊剂熔化以致部分蒸发,金属和焊剂的蒸发气体形成一个气泡,电弧就在这个气泡内燃烧。气泡的上部被一层熔化了的焊剂——熔渣5构成的外膜所包围,这层外膜以及覆盖在上面的未熔化焊剂共同对焊接起隔离空气、绝热和屏蔽光辐射作用。焊丝熔化的熔滴落下与已局部熔化的母材混合而构成金属熔池4,部分熔渣因密度小而浮在熔池表面。随着焊丝向前移动,电弧力将熔池中熔化金属推向熔池后方,在随后的冷却过程中,这部分熔化金属凝固成焊缝6,熔渣凝固成渣壳8,覆盖在焊缝金属表面上。在焊接过程中,熔渣除了对熔池和焊缝金属起机械保护作用外,还与熔化金属发生冶金反应(如脱氧、去杂质、渗合金等),从而调整焊缝金属的化学成分,改善焊缝金属的力学性能。

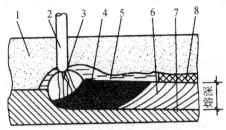

图 2-9 埋弧焊工作原理

1—焊剂；2—焊丝；3—电弧；4—金属熔池；
5—熔渣；6—焊缝；7—母材；8—渣壳

2.2.2 埋弧焊的特点、分类及应用范围

埋弧焊是在自动或半自动下完成焊接的,与焊条电弧焊或其他焊接方法比较有如下优缺点:

2.2.2.1 埋弧焊的优点。

1. 生产效率高

由于焊丝导电嘴伸出长度较短,则可以采用较大的焊接电流,一般可提高 4～5 倍,因此,熔透能力和焊丝熔敷率大大提高;另一方面,由于焊剂和熔渣的隔热作用,电弧热散失少,飞溅少,故热效率高,可提高焊接速度。厚度 8～10 mm 的钢板对接,单丝埋弧焊速度可达 30～50 m/h,而焊条电弧焊不超过 6～8 m/h。

2. 焊接质量好

埋弧焊无飞溅,焊缝外观成形好。埋弧焊的焊剂和熔渣不仅起到保护熔池的作用,而且可以有效防止空气侵入熔池而免受污染,还可以降低焊缝冷却速度,从而可以提高接头的力学性能;液体金属与熔化的焊剂间进行充分的冶金反应,有利于冶金反应中产生的气体逸出,减少了焊缝中产生气孔、裂纹等缺欠的可能性。同时通过冶金反应,还可以向焊缝金属过渡合金元素,提高焊缝的力学性能。

3. 节省焊接材料和能源

埋弧焊因熔深较大,一般不开坡口或只开小坡口就能熔透,从而减少了焊缝中焊丝的填充量,也节省了开坡口和填充坡口所需能源和时间;熔渣的保护作用避免了金属元素的烧损和飞溅损失;不像焊条电弧焊那样,有焊条头的损耗。

4. 保护效果好

在有风的环境中焊接时,埋弧焊的保护效果比其他焊接方法好。

5. 自动调节

埋弧焊的焊接参数可以通过自动调节系统保持稳定,与焊条电弧焊相比,焊接质量对焊工技艺水平的依赖程度较低。

6. 劳动条件好

由于焊接过程的机械化和自动化,焊工劳动强度大大降低;没有弧光对焊工的有害作用;焊接时放出的烟尘和有害气体少,改善了焊工的劳动条件。

2.2.2.2 埋弧焊的缺点

(1) 由于埋弧焊采用颗粒状焊剂保护,这种工艺方法只适用于平焊(即俯焊)位置的焊接。

（2）埋弧焊不能直接观察电弧与坡口的相对位置，如果没有采用自动跟踪装置或焊接过程中不随时检查，容易焊偏。

（3）埋弧焊最适于长焊缝的焊接。其适应性和灵活性不如焊条电弧焊，特别是对于短焊缝、小直径环缝及狭窄位置的焊接受到一定的限制。

（4）埋弧焊焊接时用的辅助装置较多。如焊剂的输送和回收装置，焊接衬垫、引弧板和引出板；焊丝的去污锈和缠绕装置等。

2.2.2.3 分类

（1）埋弧焊按焊接过程机械化程度分为自动埋弧焊和半自动埋弧焊。前者从引弧、送丝、焊丝移动、保持焊接工艺参数稳定，到停止送丝、熄弧等过程全部实现机械化；后者仅焊丝向前移动由焊工通过焊枪来操作，其余均由机械操作。

（2）按焊丝的数目分为单丝埋弧焊和多丝埋弧焊。前者只使用一根焊丝，在生产中应用最普遍；后者则采用双丝、三丝和更多焊丝，目的是为了提高生产率和改善焊缝成形。大多数情况是一根焊丝由一个电源来供电。有些是沿着同一焊道多根焊丝以纵向前后排列，一次完成一条焊缝。有些是横向平行排列，同时一次完成多条焊缝的焊接。

（3）按送丝方式分为等速送丝埋弧焊和变速送丝埋弧焊两大类，前者焊接过程焊丝送进速度恒定，它适用于细焊丝、高电流密度焊接的场合；后者焊接过程焊丝送进速度随弧压变化而变化，它适用于粗焊丝低电流密度焊接场合。

（4）按电极形状分为丝极埋弧焊和带极埋弧焊，后者作为电极的填充材料为卷状的金属带，它主要用于耐磨、耐蚀合金表面堆焊。

2.2.2.4 埋弧焊的应用范围

埋弧焊是最常采用的高效焊接方法之一。由于埋弧焊熔深大、生产效率高、机械化操作程度高，因而适合于焊接中厚板结构的长焊缝。在造船、锅炉钢结构、桥梁、起重机械、铁路车辆、工程机械、重型机械、冶金机械、管道工程、核电站结构、海洋平台和武器制造等部门有着广泛应用。

近年来，埋弧焊作为一种高效、优质的焊接方法，除了用于金属结构中的构件焊接外，还可用于基体金属表面的堆焊耐磨层或防腐层的焊接。另外，埋弧焊的应用已经从单纯的碳素结构钢焊接发展到低合金结构钢、不锈钢、耐热钢以及某些有色金属等的焊接，如镍基合金、钛合金和铜合金等。

2.2.3 埋弧焊常用设备

2.2.3.1 埋弧焊电源

埋弧焊接用的电源须按电流类型、送丝方式和焊接电流大小等进行选用。关于电流类型，在埋弧焊时，使用交流电源或直流电源都能获得满意的结果，但在具体应用中各有优缺点，选定时取决于焊接电流大小、焊丝数目、焊接速度和焊剂的类型等因素。

1. 单丝埋弧焊

单丝埋弧焊常用的电流类型可参照表2-14选定。

表 2‑14 单丝埋弧焊常用的电流类型

埋弧焊方法	焊接电流/A	焊接速度(cm/min)	电源类型
半自动埋弧焊	300～500		直流
自动埋弧焊	300～500	>100	直流
	600～900	3.8～75	交流、直流
	交流	1 000 以上	12.5～38

注：1 cm/min=0.6 m/h

2. 多丝埋弧焊

为了加大熔深和提高生产率，多丝自动埋弧焊在工业中应用越来越多。目前应用最多的是双丝，其次是三丝。多丝焊的电源可用直流、交流，也可交、直流联用。使用交流电源时，可将焊丝之间的磁偏吹减到最小。

2.2.3.2 埋弧焊机

1. 分类

埋弧焊机分为自动埋弧焊机和半自动埋弧焊机两种。

（1）自动埋弧焊机。完整的自动埋弧焊机一般包括弧焊电源、送丝机构、行走机构、控制箱(盒)、焊(枪)头调整机构和易损件机辅助装置等组成。适用于长直焊缝的焊接，并要求具有较大的施焊空间。按前述的埋弧焊分类，就有相应类型的埋弧焊机：

① 根据送丝形式不同，自动埋弧焊机分为等速送丝和变速送丝两种。

等速送进式焊机的焊丝送进速度与电弧电压无关，焊丝送进速度与熔化速度之间的平衡只依靠电弧自身的调节作用就能保证弧长及电弧燃烧的稳定性。

变速送进式焊机又称为等压送进式焊机，其焊丝送进速度由电弧电压反馈控制，依靠电弧电压对送丝速度的反馈调节和电弧自身调节的综合作用，保证弧长及电弧燃烧的稳定性。

② 根据焊丝的数目，自动埋弧焊机分为单丝式、双丝式和多丝式三种，目前应用最广泛的为单丝式。

③ 根据电极的形状，自动埋弧焊机分为丝极式和带极式两种。

（2）半自动埋弧焊机。半自动埋弧焊机主要由送丝机构、控制箱、带软管的焊接把手及焊接电源组成，适用于短段曲线焊缝的狭小空间的焊接。

2. 埋弧焊机的组成

（1）焊接电源。埋弧焊用焊接电源须根据电流类型、送丝方式和焊接电流的大小进行选用，见表 2‑15。

表 2‑15 埋弧焊焊接电源的选用

序号	项 目	电源选择
1	单丝埋弧焊	一般直流电源用于小电流范围、快速引弧高速焊接、所用焊剂的稳弧性较差以及对焊接工艺参数稳定性有较高要求的场合。采用交流电源焊接，焊丝的熔敷效率和熔深介乎于直流正接和直流反接之间，而电弧的偏吹小。因此交流电源多用于大电流和用直流电源焊接时磁偏吹严重的场合

(续表)

序号	项 目	电源选择
2	多丝埋弧焊	多丝焊的电源可用直流或交流,也可交、直流联用
3	电源外特性	对于变速丝式的埋弧焊机需配用具有陡降外特性的焊接电源;对于等速丝式的埋弧焊机需配用具有缓降或平的外特性的焊接电源

（2）控制系统。通常小车式自动埋弧焊机的控制系统包括电源外特性控制、送丝控制、小车行走控制、引弧和熄弧控制,悬臂式和龙门式焊车还包括横臂收缩、主机旋转以及焊剂回收控制系统等。

一般自动埋弧焊机都安装有用于控制操作的控制箱,但是实际上控制系统还有一部分元件安装在电源箱和小车控制盒内,通过调整控制小车控制盒上的开关或旋钮来调整焊接电流、电弧电压和焊接速度等。

（3）埋弧焊机小车。埋弧焊机小车包括传动机构、行走轮、离合器、机头调节系统、导电嘴以及焊剂漏斗等。

2.2.3.3 焊接操作架

焊接操作架又称焊接操作机,其作用是将焊接机头准确地送到待焊部位,使焊接按照一定的焊接速度沿规定的轨迹移动焊接机头进行。焊接操作架的基本形式有平台式、悬臂式、龙门式、伸缩式等。

2.2.3.4 焊件变位机

焊件变位机的作用是灵活地旋转、倾斜、翻转工作,使焊缝处于最佳焊接位置,以达到改善焊接质量、提高劳动生产率、优化劳动条件的目的。焊件变位机主要用于容器、梁、柱、框架等焊件的焊接。

2.2.3.5 焊缝成形装置

进行自动化埋弧焊时,为防止熔渣和烧穿的熔池金属流失,保证接头根部焊透和焊缝背面成形,可沿接头背面预置一种衬托装置,称为焊接衬垫。埋弧焊接用的衬垫有可拆的和永久的,前者属于临时性衬垫,焊后须拆除掉;后者与接头焊成一体,焊后不拆除。

1. 永久衬垫

是用与母材相同的材料制成的板条或钢带,简称垫板。在装配间隙过大时,如安装现场,最后合拢的接缝间隙不易控制情况下,可采用这种衬垫,目的是为了防止焊时烧穿,附带作用是便于装配;在单面焊时,焊后无法从背面拆除衬垫的情况下也可采用。垫板的厚度视母板厚度而定,一般在 3~10 mm,其宽度在 20~50 mm。为了固定垫板,须采用短的断续定位焊;垫板与母材板边须紧贴,否则根部易产生夹渣。

永久衬垫成为接头的组成部分使接头应力分布复杂化,主要在根部存在应力集中。垫板与母材之间存在缝隙,易积垢纳污引起腐蚀,重要的结构一般不用。

2. 可拆衬垫

根据用途和焊接工艺而采用各种形式的可拆衬垫,平板对接时应用最多的是焊剂垫和焊剂-铜垫,其次是移动式水冷铜衬垫和热固化焊剂垫。

(1) 焊剂垫

双面埋弧焊焊接正面第一道焊缝时,在其背面常使用焊剂垫以防止烧穿和泄漏,图2-10是其中两种结构形式,适用于批量较大,厚度在14 mm以上的钢板对接。单件小批生产时,可使用较为简易的临时性工艺垫(如薄钢带、石棉绳、石棉板等),进行反面焊时须把临时工艺垫去掉。

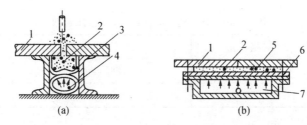

图2-10 焊剂垫
1—焊件;2—焊剂;3—帆布;4—充气软管;5—橡皮膜;6—气槽压板;7—气槽

单面焊用的焊剂垫必须既要防止焊接时烧穿,还要保证背面焊道强制成形。这就要求焊剂垫上托力适当且沿焊缝分布均匀,否则会出现相应的焊接缺欠。

(2) 焊剂-铜垫

焊剂-铜垫是单面焊背面成形埋弧焊工艺常使用的衬垫之一,是在铜垫表面上撒上一层约3~8 mm焊剂的装置,铜垫应带沟槽,其形状和尺寸见表2-16。沟槽起强制焊缝背面成形作用,而焊剂起保护铜垫作用,其颗粒宜细些。这种装置对焊剂上托力不均匀与否不甚敏感。

表2-16 铜衬垫的尺寸

焊件厚度(mm)	槽宽 b(mm)	槽深 h(mm)	槽的曲率半径 r(mm)
4~6	10	2.5	7.0
6~8	12	3.0	7.5
8~10	14	3.5	9.5
12~14	18	4.0	12

(3) 水冷铜块

铜热导率较高,直接用作衬垫有利于防止焊缝金属与衬垫熔合。铜衬垫应具有较大的体积,以散走较多热量防止熔敷第一焊道时发生熔化,在批量生产中应做成能通冷却水的铜衬垫,以排除在连续焊接时积累的热量。也可以在铜衬垫上开成形槽以控制焊缝背面的形状和余高。这种装置适于焊接6~20 mm板厚的平对接接头。优点是一次焊双面成形,生产效率高,缺点是铜衬垫磨损较大,填充金属消耗多。

(4) 热固化焊剂垫

热固化焊剂垫实际上就是在一般焊剂中加入一定比例的热固化物质做成具有一定刚性但可挠曲的板条。适用于具有曲面的板对接焊,使用时把它紧贴在接缝的底面,焊接时一般不熔化,故对熔池起着承托作用并帮助焊缝成形。每一条衬垫长约600 mm,利用磁铁夹具固定于焊件的底部。这种衬垫的预柔性大,贴合性好,安全方便,利于保管。

此外,还有利用陶瓷焊垫,既不熔入熔池,也不与焊缝金属发生反应。

2.2.3.6 焊剂回收装置

焊剂回收装置用来在焊接过程中自动回收焊剂。常用的焊剂回收装置为 XF-50 焊剂回收机,该机利用真空负压原理自动回收焊剂,在回收过程中微粒粉尘能自动与焊剂分离。其主要技术参数见表 2-17。

表 2-17 XF-500 焊剂回收机的技术参数

输入电源(V)	三相、380	回收管长度(m)	7
额定容量(kW)	1.5	质量(kg)	110
回收容量(kg)	50	外形尺寸(mm)$A \times B \times C$	$900 \times 400 \times 1250$

2.2.4 自动埋弧焊常规工艺与技术

2.2.4.1 埋弧焊焊接工艺参数

埋弧焊接的工艺参数主要是焊接电流,电弧电压,焊接速度,焊丝直径、倾角与伸出长度,焊件倾斜,焊剂层厚度与焊剂粗细,焊接电源的极性以及结构因素等。

1. 焊接电流

焊接电流对埋弧焊的熔池深度起决定性作用,其余焊接参数不变的前提下,焊接电流增大时,焊缝的熔深和余高都增加。焊接电流对焊缝形状及尺寸的影响如图 2-11 所示。增大焊接电流能提高生产率,但在一定焊速下,焊接电流过大会使热影响区过大并产生焊瘤及焊件被烧穿等缺欠;焊接电流过小,则熔深不足,产生熔合不好、未焊透、夹渣等缺欠。

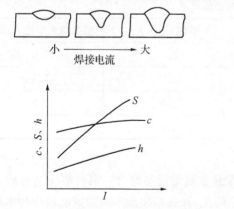

图 2-11 焊接电流对焊缝成形的影响

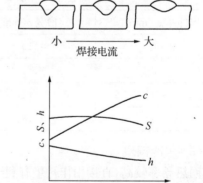

图 2-12 电弧电压对焊缝成形的影响

c-熔宽;S-熔深;h-余高

2. 电弧电压

电弧电压是决定熔宽的主要因素。在其他条件不变的情况下,电弧电压对焊缝形状及尺寸的影响如图 2-12 所示。电弧电压与电弧长度成正比关系,埋弧焊接过程中为了电弧燃烧稳定要求保持一定的电弧长度,若弧长比稳定的弧长偏短,意味着电弧电压相对于焊接电流偏低,这时焊缝变窄而余高增加;若弧长过长,即电弧电压偏高,这时电弧出现不稳定,缝宽变大,余高变小,甚至出现咬边。在实际生产中焊接电流增加时,电弧电压也相应增加。

3. 焊接速度

在其他焊接参数不变的情况下,焊接速度对焊缝成形及尺寸的影响如图2-13所示。提高焊接速度则单位长度焊缝上的热输入量减小,加入的填充金属量也减少,于是熔深减小、余高降低和焊道变窄。过快的焊接速度减弱了填充金属与母材之间的熔合并加剧咬边、电弧偏吹、气孔和焊道形状不规则的倾向。较慢的焊速使气体有足够时间从正在凝固的熔化金属中逸出,从而减少气孔倾向。但过低的焊速又会形成易裂的凹形焊道,在电弧周围流动着大的熔池,引起焊道波纹粗糙和夹渣。实际生产中为了提高生产率,在提高焊接速度的同时必须加大电弧的功率(即同时加大焊接电流和电弧电压保持恒定的热输入量),才能保证稳定的熔深和熔宽。

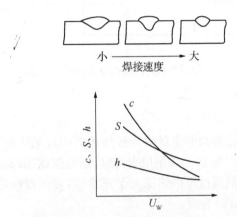

图2-13 焊接速度对焊缝成形的影响

4. 焊丝直径、倾角与伸出长度

(1)在其他焊接参数不变的情况下,焊丝直径影响焊缝成形及尺寸。如果减小焊丝直径,意味着焊接电流的密度增大,电弧变窄因而焊缝熔深增加,宽深比减小。

(2)焊丝倾角也能对焊缝的形状产生影响。通常认为焊丝垂直水平面的焊接为正常状态,如果焊丝在焊接方向上具有前倾和后倾,其焊缝形状也不同,后倾焊熔深减小,熔宽增加,余高减少,前倾恰相反,见图2-14。

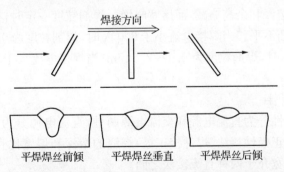

图2-14 焊丝倾角对焊缝形状及尺寸的影响

(3)焊丝伸出长度对焊缝的影响。焊丝伸出长度增加,焊丝上产生的电阻热增加,电弧电压变大,熔深减小,熔宽增加,余高减小。如果焊丝伸出长度过长,电弧不稳定,甚至造成停弧。

5. 焊件倾斜

焊件倾斜时形成上坡焊和下坡焊两种情况,见图 2-15。

(1) 上坡焊时,由于重力作用,熔池向后流动,母材的边缘熔化并流向中间,使熔深和余高增大,焊缝宽度减小,如果倾角过大(为 6°～12°),会造成余高过大,两侧咬边。

(2) 下坡焊时,则熔深和余高减小,熔宽增大。

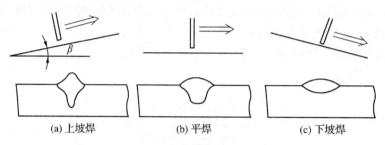

图 2-15 焊件倾斜对焊缝形状及尺寸的影响

6. 焊剂层厚度与焊剂粗细

(1) 焊剂层厚度

在正常焊接条件下,被熔化焊剂的重量约与被熔化的焊丝的重量相等。焊剂层的厚度对焊缝外形与熔深的影响见图 2-16。焊剂层太薄时,则电弧露出,保护不良,焊缝熔深浅,易产生气孔和裂纹等缺欠;焊剂层过厚则熔深大于正常值,且出现峰形焊道。实际生产中,焊剂层厚度保持在 20～30 mm 时为宜。

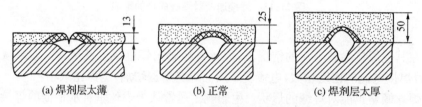

图 2-16 焊剂层厚度对焊缝形状的影响

(2) 焊剂粒度

焊剂粒度增大,熔深和余高略减,而熔宽略增。焊剂粒度一定时,如电流过大,会造成电弧不稳,焊道边缘凹凸不平。当焊接电流小于 600 A 时,焊剂粒度为 0.25～1.6 mm;当焊接电流在 600～1 200 A 时,焊剂粒度为 0.4～2.5 mm;当焊接电流大于 1 200 A 时,焊剂粒度为 1.6～3.0 mm。

7. 焊接电源的极性

埋弧焊电源的极性分为直流电源和交流电源两种,直流电源分为直流正极性接法和直流反极性接法。直流正极性接法(焊件接正极)焊缝的熔深和熔宽比直流反极性接法小,交流电的焊缝熔深和熔宽介于两种直流接法之间。

8. 结构因素

结构因素主要指接头形式、坡口形状、装配间隙和工件厚度等对焊缝的形状和尺寸有影响的因素,表 2-18 列出了其他焊接条件相同情况下坡口形状和装配间隙对接头焊缝形状的影响。

(1) 通常是增大坡口深度和宽度时,或增大装配间隙时,则相当于焊缝位置下沉,其熔深略增,熔宽略减,余高和熔合比则明显减小。因此可以通过改变坡口的形状、尺寸和装配间隙来调整焊缝金属成分和控制焊缝余高。

(2) 适当增大装配间隙,有益于增大熔深,但当间隙过大时容易焊漏。

(3) 当采用 V 形坡口时,由于焊丝不能直接在坡口根部引弧,造成熔深减小;而 U 形坡口,焊丝能直接在坡口根部引弧,熔深较大。

(4) 对 T 形接头和搭接接头的角焊缝,若处在船形位置平焊,其焊缝形状就相当于开 90°角的 V 形坡口对接焊缝的形状。若水平横焊,角焊缝的形状还要受到焊条运条的角度、速度和方式的影响。

(5) 工件厚度 t 和散热条件对焊缝形状也有影响,当熔深 $H \leqslant (0.7 \sim 0.8)t$ 时,板厚与工件散热条件对熔深影响很小,但散热条件对熔宽及余高有明显影响。用同样的工艺参数在冷态厚板上施焊时,所得的焊缝比在中等厚度板上施焊时的熔宽较小而余高较大。当熔深接近板厚时,底部散热条件及板厚的变化对熔深的影响变得明显。焊缝根部出现热饱和现象而使熔深增大。

表 2-18 接头的坡口形状与装配间隙对焊缝形状的影响

坡口名称	表面堆焊	I 形坡口		V 形坡口		
结构状况	平面	无间隙	小间隙	大间隙	小坡口角	大坡口角
焊缝形状						

2.2.4.2 埋弧焊操作技术

熔深大是自动埋弧焊接的基本特点,若不开坡口不留间隙对接单面焊,一次能熔透 14 mm 以下的焊件,若留 5~6 mm 间隙就可熔透 20 mm 以下的焊件。因此,可按焊件厚度和对焊透的要求来决定采用单面焊还是双面焊,是否需要开坡口。

1. 对接焊缝单面焊

当焊件翻转有困难或背面不可达而无法进行施工的情况下须作单面焊。无须焊透的焊接工艺最为简单,可通过调节焊接工艺参数、坡口形状与尺寸以及装配间隙大小来控制所需的熔深,是否使用焊接衬垫则由装配间隙大小来决定。要求焊透的单面焊必须使用焊接衬垫。

2. 对接焊缝双面焊

工件厚度超过 12~14 mm 的对接接头,通常采用双面埋弧焊,不开坡口可焊到厚 20 mm 左右,若预留间隙,厚度可达 50 mm。

焊接第一面时,所用的埋弧焊工艺和技术与前述单面焊不要求焊透的相似,有悬空焊、在焊剂垫上焊和在临时工艺垫上焊等方法。

(1) 悬空焊。悬空焊一般用于无坡口、无间隙或留不大于 1 mm 间隙的对接焊缝的焊接,悬空焊不使用任何衬垫,但对装配间隙要求非常严格。为了保证焊透,正面焊时要求熔深达到焊件厚度的 40%~50%,反面焊接时要求熔深达到焊件厚度的 60%~70%,以保证焊透。在实际操作中一般很难测出熔深,经常是通过焊接时观察熔池背面颜色进行估计,所以对焊工的工作经验要求很高。

（2）在焊剂垫上焊。焊接第一面时，采用预留间隙不开坡口的方法最经济，应尽量采用，并应保证第一面的熔深超过焊件厚度的60%～70%，待翻转焊件反面焊缝时，采用同样的焊接工艺参数即能保证完全焊透。

（3）在临时工艺垫上焊。通常是单件或小批生产，且不开坡口预留间隙对接双面焊时使用临时性工艺垫。若正反面采用相同焊接工艺参数，为了保证焊透则要求每一面焊接时熔深达板厚的60%～70%。反面焊之前应清除间隙内的焊剂或焊渣。

表 2-19 对接焊缝单面弧焊工艺方法

基本要求	工艺措施		基本特点	适用范围
	方案	示意图		
无须熔透	悬空焊		背面不必加焊接衬垫，装配必须良好，间隙小于1 mm	所需熔深不超过板厚的2/3的场合
无须熔透	用焊剂垫		背面使用焊剂垫是防止焊剂、铁液或熔渣漏淌和避免烧穿对焊接垫的承托力要求不高	适于大批量生产
	用临时工艺垫		背面用临时性工艺垫，材料可为厚3～4 mm 宽30～50 mm 的薄钢或石棉板等，起防烧穿和防漏淌作用，焊后须拆掉	适用于单件小批量生产
须焊透	保留衬垫 用带锁边坡口		开 V 形锁边的坡口，可不留钝边	两板厚度均较大（>10 mm）但不相等，背面不可达的场合
	用永久衬垫		用与母材材质相同的板条作衬垫，预先用断续焊接固定，务必与母材贴紧。焊后与接头结成整体	板厚相同（在10 mm以下）背面不可达的场合
	背面强制成形 用打底焊道		在焊正式埋弧焊前，用焊条电弧焊、TIG焊或等离子弧焊等方法，采用单面焊背面一次成形的工艺完成打底焊道	厚度较大，背面不可达的重要焊接结构，如容器、管道等
	用焊剂垫		背面用焊剂垫，其承托压力沿缝要均匀可靠	焊件背面可达，但翻转有困难的焊件

(续表)

基本要求	工艺措施		基本特点	适用范围
	方案	示意图		
须焊透	背面强制成形	用焊剂-铜垫	用带沟槽铜垫,上面敷撒一层厚3~8 mm熔剂。铜散热快,沟槽强制焊缝背面成形	焊件背面可达,但翻转有困难的焊件
		热固化焊剂垫	背面使用热固化焊剂垫,用后须拆除掉	适于平面和曲面对接如船体甲板等
		用冷铜块作垫	背面用水冷铜块作垫,铜垫上带沟槽,强制焊缝金属冷却与成形,间隙较大。铜垫可设计成移动式的	焊件背面可达但翻转不便

(4) 手工电弧焊封底埋弧自动焊。对于无法使用衬垫的焊缝,可先行用手工焊进行封底,然后再采用埋弧焊。

(5) 多层埋弧焊。对于较厚钢板,一次不能焊完的,可采用多层焊。焊第一层时,层厚不要太大,既要保证焊透,又要避免产生裂纹等缺欠。每层焊缝的接头要错开,不可重叠。

3. 角焊缝的埋弧焊接工艺

焊接T形接头、搭接接头和角接接头组成的角焊缝时,最理想的焊接方法是船形焊,其次是平角焊,参考规范见表2-20。

(1) 船形焊。是把角焊缝处于平焊位置进行焊接的方法,相当于开90°V形坡口平对焊,通常采用左右对称的平焊(角焊缝两边与垂线各成45°),适用于焊脚尺寸大于8 mm的角焊缝的埋弧焊接。一般间隙不超过1~1.5 mm,否则必须采取添加衬垫以防烧穿或铁水和熔渣流失的措施。

(2) 平角横焊。焊脚尺寸小于8 mm时可采用平角焊或者当焊件的角焊缝不可能或不便于采用船形焊时,也可采用平角焊。这种焊接方法有装配间隙也不会引起铁水或熔渣的流淌,但焊丝的位置对角焊缝成形和尺寸有很大影响。一般偏角 a 在30°~40°之间,每一道平角焊缝截面积一般不超过40~50mm^2,相当于焊脚尺寸不超过8 mm×8 mm,否则将会产生金属溢流和咬边等缺欠。

表 2-20 角接焊缝埋弧焊规范

焊接方法	焊脚长度(mm)	焊丝直径(mm)	焊接电流(A)	电弧电压(V)	焊接速度(cm/min)	备注
船形焊 α=45° (配用交流焊机)	6	2	450~475	34~36	67	装配间隙小于1~1.5 mm,否则要采取防液态金属流失措施
	8	3	550~600	34~36	50	
		4	575~625	34~36	50	
	10	3	600~650	34~36	38	
		4	650~700	34~36	38	
	12	3	600~650	34~36	25	
		4	725~775	36~38	33	
		5	775~825	36~38	30	
平角焊 α=30°~40°	3	2	200~220	25~28	100	直流焊机
	4	2	280~300	28~30	92	
		3	350	28~30	92	
	5	2	375~400	30~32	92	使用细颗粒HJ431焊剂,配用交流焊机
		3	450	28~30	92	
		4	450	28~30	100	
	7	2	375~400	30~32	47	
		3	500	30~32	80	
		4	675	32~35	83	

4. 筒体对接环焊缝

圆形筒体的对接环焊缝常采用自动埋弧焊来完成,一般都要求焊透。如果需要双面焊,则先焊内环缝后焊外环缝。焊内环缝时需将焊剂垫放在下面筒体外壁焊缝处,将焊接小车固定在悬臂架上,伸到筒体内焊下平焊,见图 2-17,焊丝应处于偏移中心线下坡焊位置上。在焊接外环缝之前,必须对已焊内环缝清根,以清除残渣和根部缺欠。外环缝的焊接时机头在筒体外面上方进行,不需焊接衬垫,为了保证内外环缝成形良好和焊透,使焊接熔池和熔渣有足够的凝固时间,焊接时,焊丝应根据筒体直径大小,在逆筒体旋转方向偏离其形心垂线一个距离 e,见图 2-18。

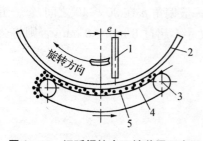

图 2-17 埋弧焊接内环缝装置示意图

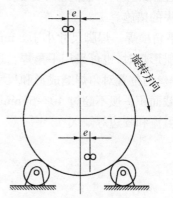

图 2-18 环缝埋弧焊焊丝偏移位置 e 示意图

2.2.5 高效埋弧焊接工艺与技术

2.2.5.1 多丝埋弧焊

同时使用两根以上焊丝完成同一条焊缝的埋弧焊称为多丝埋弧焊。它既能保证获得合理的焊缝成形和良好的焊缝质量,又可大幅度地提高焊接生产率。目前工业上应用最多的是双丝和三丝埋弧焊,在特殊情况下可用到十几根焊丝的埋弧焊。

以双丝埋弧焊为例,它的两根焊丝之间的排列有横式和纵列式两种,如图2-19所示。横列式是一根焊丝位于另一根焊丝的一侧沿着焊接方向移动,它可以焊出较宽的焊缝,这对于装配不良的接头焊接或表面堆焊很有利;纵列式是沿着焊接方向一前一后向前移动,当两焊丝靠近(一般在10~30 mm)时,两电弧共形成一个大熔池,其体积大,存在时间长,冶金反应充分,有利于气体逸出,冷凝过程不易产生气孔等缺欠。当前后焊丝远离(一般大于100 mm)时,两熔池则分离,见图2-20,后随电弧不是作用在基本金属上,而是作用在前导电弧已熔化而又凝固的焊道上。同时后随电弧必须冲开已被前一电弧熔化而尚未凝固的熔渣层,若前后焊丝使用不同的焊接电流和电压,就可以控制焊缝成形。通常使前导电弧获得足够大的熔深,使后随电弧获得所需的缝宽。这种方法很适合水平位置平板拼接的单面焊背面成形工艺,对于厚板大熔深的焊接也十分有利。

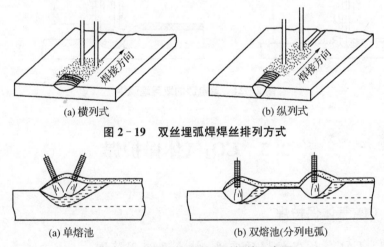

图2-19 双丝埋弧焊焊丝排列方式

图2-20 纵列式双丝埋弧焊的示意图

双丝埋弧焊可以由一个电源同时供给两根焊丝用电,这种情况通常采用较小直径的焊丝,从一个共用导电嘴送出。两根焊丝靠的较近,形成一个长方形熔池,以改善熔池的形状特征,在保持适当的焊道外形的情况下可以加快焊接速度。这种焊接工艺可以进行角焊缝的横焊和船形焊,以及对接坡口焊缝焊,其熔敷率比一般单丝埋弧焊高40%以上,其焊接速度对薄件比单丝埋弧焊快25%以上,比厚件快50%~70%;由于焊接热输入小,可以减小焊接变形,对热影响区韧性要求高且对热敏感的高强钢焊接很有利。

双丝埋弧焊两根焊丝对于只用一个电源供电的连接,有并联、串联两种连接方法,如图2-21所示。并联连接的双丝是从各自的焊丝盘通过单一的焊接机头送出,而串联连接的两根焊丝既可以分别由两个送丝机构送进,也可以由同一个送丝机使两焊丝同步进出,焊接电源输出的两电缆分别接到每根焊丝上。焊接时,电流从一根焊丝通过焊接熔池流到另一根焊丝。焊件与电源之间并不连接，几乎所有焊接能量都用于熔化焊丝，而很少进入工件中。因此，这种连接很适于在母材上熔敷具有很小稀释率的堆焊层。

每一根焊丝对应都有一台焊接电源供电的多丝埋弧焊属多电源连接，这时每根焊丝有各自的送丝机构、电压控制机构和焊丝导电嘴。这样的焊接系统，可调节的参量多，如焊丝排列方式与相互位置、电弧电压、焊接电流和电流类型等都可以根据需要进行调节，因而可以获得最理想的焊缝形状和最好的焊接速度。电流类型可以是直流或交流，或者交、直流联用。

用不同的焊接电流和电压，就可以控制焊缝成形。通常使前导电弧获得足够大的熔深，使后随电弧获得所需的缝宽，对于厚板大熔深的焊接十分有利。

总之，多丝埋弧焊可以通过调节焊丝之间的排列方式与间距、各焊丝的倾角和电弧功率等，就可以获得所需焊缝形状和尺寸。焊接生产率随焊丝的增加而提高。

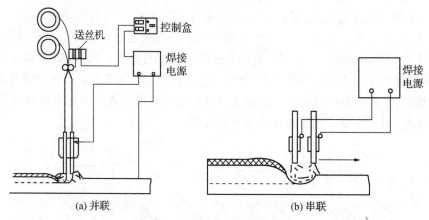

图 2-21 单电源的双丝埋弧焊

2.3 CO_2 气体保护焊

2.3.1 CO_2 气体保护焊

2.3.1.1 CO_2 气体保护焊的定义、特点及应用范围

1. CO_2 气体保护焊的定义

CO_2 气体保护焊是利用外加 CO_2 气体作为电弧介质并保护电弧与焊接区的电弧焊方法，简称 CO_2 焊。CO_2 气体保护焊属于一种熔化极气体保护焊，是目前焊接黑色金属材料重要的熔焊方法之一，在许多金属结构的生产中已逐渐取代了焊条电弧焊和埋弧焊，其焊接装置示意图见图 2-22。

2. CO_2 气体保护焊的特点

CO_2 气体保护焊是一种高效率的焊接方法，采用焊丝自动送进，熔敷金属量大，生产效率高，质量稳定。与其他电弧焊相比有以下特点：

(1) CO_2 气体保护焊的优点

① 生产效率高。CO_2 气体保护焊可采用较高的焊接电流强度，一般可达 100～

第2章 焊接方法及工艺技术

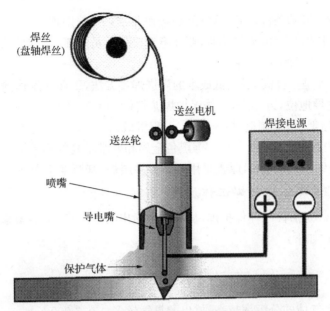

图 2-22 CO_2 气体保护焊接装置示意图

300 A/mm²,电弧热量集中,穿透力强,焊丝熔敷效率高,母材熔深大,焊后熔渣少,焊接速度快,而且可以进行连续施焊,生产效率可比手工电弧焊高 3 倍。

② 敏感性低。CO_2 气体保护焊的焊接熔池与大气隔绝,对油、锈的敏感性较低,减少了焊件与焊丝的锈蚀缺欠。

③ 焊接成本低。CO_2 气体及 CO_2 焊焊丝价格便宜,对于焊前的生产准备要求不高,焊后清理和校正工时少,CO_2 气体保护焊的成本只有埋弧焊与手工电弧焊成本的 40%~50%。

④ 电弧可见性好。CO_2 气体保护焊是一种明弧焊接方法,电弧可见性良好,焊接时便于监视和控制电弧和熔池,有利于实现焊接过程的机械化和自动化。

⑤ 焊接位置适应性强。不论何种位置都可以进行 CO_2 气体保护焊,而且既可用于薄板的焊接又可用于厚板的焊接。薄板可焊到 1 mm,最厚几乎不受限制(采用多层焊)。另外,CO_2 气体保护焊电弧穿透能力强,熔深较大,对焊件可减少焊接层数。对厚 10 mm 左右的钢板可以开 I 形坡口一次焊透,也可适当减小角焊缝的焊脚尺寸。

⑥ 焊缝质量好。CO_2 气体具有较强的冷却作用,使焊件受热面积小,而且焊接速度快、变形小、焊缝不易烧穿,焊缝质量好。

⑦ 便于实现自动化。CO_2 气体保护焊是明弧焊,明弧焊接熔池可见度高,引弧操作便于监视和控制,有利于实现焊接过程机械化和自动化。

(2) CO_2 气体保护焊的缺点

① 与手工电弧焊相比焊接设备较复杂,易出现故障,需要有专业队伍负责维修。

② CO_2 焊机的价格比焊条电弧焊机高。

③ 大电流焊接时,焊缝表面成形不如埋弧焊和氩弧焊的平滑,飞溅较多,形成焊缝外形较粗糙、不美观。

④ CO_2 焊时气流对焊缝有冷却作用,熔池冷却快,熔池金属内部的气体很难从熔池中充分逸出,易导致焊缝形成气孔缺欠。

⑤ 抗风能力差,劳动条件较差,给室外焊接作业带来一定困难。
⑥ 弧光较强,特别是大电流焊接时,要注意对操作人员防弧光辐射保护。

3. CO_2 气体保护焊的应用范围

CO_2 气体保护焊是一种高效率、低成本的先进焊接方法,工业化发达国家 CO_2 焊占据了整个焊接生产的主导地位,近年来,气体保护焊尤其是 CO_2 气体保护焊正逐步取代手工电弧焊,被广泛应用于造船、桥梁制造、机车制造、工程机械、石油化工、农业机械等部门。

(1) 适用于焊接低碳钢及低合金钢等黑色金属和要求不高的不锈钢及铸铁焊补。

(2) 薄板可焊到 1 mm 左右,厚板采用开坡口多层焊,其厚度不受限制。

2.3.1.2 CO_2 气体保护焊工作原理

CO_2 气体保护焊是活性气体保护焊,从喷嘴中喷出的 CO_2 气体,在高温下分解为 CO 并放出氧气,其反应式如下:

$$CO_2 \rightleftharpoons CO + \frac{1}{2}O_2 (-283.24 \text{ kJ})$$

温度越高,CO_2 气体的分解率越高,放出的氧气越多。在 3 000 K 时,三种气体的体积分数分别为:CO_2 43%;CO 38%;O_2 19%。在焊接条件下,CO_2 和 O_2 会使铁及其他合金元素氧化烧损或造成气孔和飞溅。因此,在进行 CO_2 气体保护焊时,必须采取措施,防止母材和焊丝中的合金元素的烧损。

2.3.1.3 CO_2 气体保护焊常用设备

1. CO_2 气体保护焊设备组成

CO_2 焊设备主要由焊接电源、供气系统、送丝系统、焊枪和控制系统组成。

(1) 焊接电源。CO_2 气体保护焊为直流电源,一般采用反接,且应满足下列性能要求。

① 对焊接电源外特性要求。由于 CO_2 电弧的静特性是上升的,所以平和下降外特性电源可以满足电源电弧系统和稳定条件。弧压反馈送丝焊机配用下降外特性电源,等速送丝焊机配用平或缓降外特性电源。

② 对电源动特性要求。CO_2 焊多采用短路过渡的形式焊接,为了提高焊接过程的稳定性和减少飞溅,对电源动特性有较高的要求。

(2) 供气系统。CO_2 气体保护焊设备的供气系统由气瓶、预热器、干燥器、减压器、气体流量计及气阀等组成,其功能是将钢瓶内的液态 CO_2 变成合乎要求的、具有一定流量的气态 CO_2,并及时地输送到焊枪。

① 气瓶。用作贮存液体 CO_2 的装置,外形与氧气瓶相似,外涂黑色标记,满瓶时可达 5~7 MPa 压力。

② 预热器。预热器结构简单,一般采用电热式,通以 36 V 交流电,功率约为 100 W,用于 CO_2 由液态转化为气态时的热量供给。

③ 干燥器。用作吸收 CO_2 气体中的水分和杂质,以避免焊缝出现气孔。

④ 减压流量计。用作高压 CO_2 气体减压及气体流量的标示,目前常用的是 301-1 型浮标式流量计。

⑤ 气阀。用作控制保护气体通断的一种机构,常用电磁气阀。

(3) 送丝系统。送丝系统分为半自动焊送丝系统和自动焊送丝系统两类,半自动焊送丝类型较多。以半自动焊送丝系统为例,由送丝机构、送丝软管(导丝管)、焊丝盘等组成。根据送丝方式不同,半自动焊的送丝系统包括推丝式、拉丝式和推拉式三种基本送丝方式,见表2-21。

表2-21 三种送丝方式使用情况比较

送丝方式	最长送丝距离(m)	使用特点
推丝式	5	焊枪结构简单,操作方便,但送丝距离较短
拉丝式	15	焊枪较重,劳动强度较高,仅适用于细丝焊
推拉式	30	送丝距离长,但两动力须同步,结构较复杂

目前,CO_2气体保护焊生产中应用最广泛的为推拉式送丝,该系统包括送丝机构、调速器、送丝软管及焊丝盘等。

① 送丝机构。送丝机构一般有手提式、小车式和悬挂式三种,由电动机、减速装置、送丝轮及压紧装置等组成,如图2-23所示。

② 调速器。一般采用改变送丝电动机电枢电压的方法来实现无级调整。目前使用最普遍的是可控硅整流器调整方式。

③ 送丝软管。送丝软管是引导焊丝的通道,应具有良好的使用性能,一是要有一定的刚度以保证送丝顺利,二是软管应具有较好的柔性以便于焊工操作。其结构如图2-24所示。

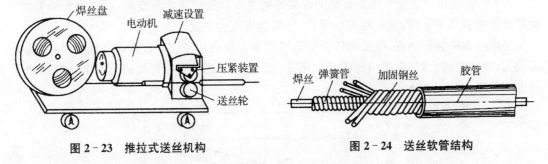

图2-23 推拉式送丝机构　　　　图2-24 送丝软管结构

④ 焊丝盘。根据送丝方式不同,焊丝盘分为大盘和小盘两种,一般推丝式、推拉式为大盘,拉丝式为小盘。

(5) 焊枪。焊枪用于传导焊接电流,导送焊丝和CO_2保护气体。其主要零件有喷嘴和导电嘴。

① 喷嘴。喷嘴一般由紫铜材料制造,是导气部分的主件,分为圆柱形和圆锥形两种,孔径一般在12~25 mm之间。

② 导电嘴。导电嘴一般由紫铜、磷青铜或铬锆铜等材料制造,是导电部分的主件,导电嘴的孔径应根据焊丝直径选择,见表2-22。

表2-22 导电嘴孔径与焊丝直径的关系

焊丝直径(mm)	导电嘴孔径(mm)
<1.6	焊丝直径+(0.1~0.3)
>1.6	焊丝直径+(0.4~0.6)

(6) 控制系统。CO_2气体保护焊时,控制系统的功能是对焊接电源、供气系统、送丝系统实现程序控制。机械化焊接施工时,还对焊车的行走及工件的转动进行控制,因此CO_2焊设备的控制系统应具备以下功能:

① 空载时,可手工调节下列参数:焊接电流、电弧电压、焊接速度、保护气体流量以及焊丝的送进与回抽等。

② 焊接时,实现程序自动控制,即提前送气、滞后停气;自动送进焊丝进行引弧与焊接;焊接结束时,先停丝后断电。

2.3.1.4 CO_2气体保护焊工艺技术

1. CO_2气体保护焊工艺参数

CO_2气体保护焊通常采用短路过渡及细颗粒过渡工艺,工艺参数主要有焊接电流、电弧电压、焊接速度、焊丝伸长度、气体流量、焊枪角度及焊接方向等。

(1) 焊接电流。焊接电流是影响焊接质量的重要参数,它的大小主要取决于送丝速度、焊丝伸长、焊丝直径及气体成分等因素。

① 送丝速度增加,焊接电流也随之增大。

② 每种直径的焊丝都有一个合适的焊接电流范围,只有在这个范围内焊接过程才能稳定进行。通常直径 0.8～1.6 mm 的焊丝,短路过渡的焊接电流在 40～230 A 范围内。

③ 细颗粒过渡的焊接电流在 250～500 A 范围内。

(2) 电弧电压。电弧电压是重要的焊接参数之一。送丝速度不变时,调节电源外特性,此时焊接电流几乎不变,弧长将发生变化,电弧电压也会变化。

为保证焊缝成形良好,电弧电压必须与焊接电流配合适当。通常焊接电流小时,电弧电压较低;焊接电流大时,电弧电压较高。图 2-25 给出了四种直径焊丝适用的电弧电压和焊接电流范围。

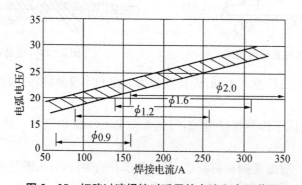

图 2-25 短路过渡焊接时适用的电流和电压范围

(3) 焊丝伸出长度。焊丝伸出长度是指从导电嘴端部到工件的距离,伸出长度越大,焊丝的预热作用越强,反之亦然。

当送丝速度不变时,若焊丝伸出过长,该段焊丝的电阻热大,易引起成段熔断,且喷嘴至工件距离增大,气体保护效果差,飞溅严重,焊接过程不稳定,熔深浅和气孔增多;相反,若焊丝伸出长度过小,则喷嘴至工件距离减小,喷嘴挡着视线,看不见坡口和熔池状态;飞溅的金属易引起喷嘴堵塞,从而增加导电嘴和喷嘴的消耗。故一般焊丝伸出长度,约在 10～20 mm 范围内。

(4) 气体流量。CO_2 气体流量一般应根据对焊接的保护效果来选取。通常细丝焊接时，流量为 5~15 L/min；粗丝焊接时，流量约为 10~20 L/min。如果焊接电流较大，焊接速度较快，焊丝伸出长度较长或在室外作业，气体流量应适当加大。但是，气体流量过大，会引起外界空气卷入焊接区，反而降低保护效果。在室外作业时，风速一般不应超过 1.5~2.0 m/s。

(5) 焊接速度。焊接速度是影响焊缝质量的重要参数，通常半自动焊时，熟练焊工的焊接速度为 30~60 cm/min；自动焊时，焊接速度为 250 cm/min。

(7) 焊枪角度。焊枪的倾角是影响焊缝质量的重要因素。当焊枪倾角小于 10°时，不论是前倾还是后倾，对焊接过程及焊缝成形都没有明显影响；但倾角过大（例如前倾角大于 25°）时，将增加熔宽并减小熔深，还会增加飞溅。

(8) 焊接方向。左焊法时焊枪的后倾角度应保持 10°~20°，倾角过大时，焊缝宽度增大而熔深变浅，而且容易产生大量飞溅；右焊法时，焊枪前倾 10°~20°，过大时余高增大，易产生咬边。

2. CO_2 气体保护焊操作技术

(1) 引弧

CO_2 气体保护焊引弧的方法主要是碰撞引弧，具体操作步骤如下：

① 引弧前先按遥控盒上的点动开关或按焊枪上的控制开关，点动送出一段焊丝，送出焊丝伸出长度小于喷嘴与焊件间应保持的距离，超长部分应剪去。若焊丝的端部出现球状时，必须预先剪去，否则引弧困难。

② 将焊枪按合适的倾角或喷嘴高度放在引弧处。注意此时焊丝端部与焊件未接触。喷嘴高度由焊接电流决定。

③ 按焊枪上的控制开关，焊机自动提前送气，延时接通电源，保持高电压，慢送丝，当焊丝碰撞焊件短路后，自动引燃电弧。

(2) 焊接

① 定位焊

装配过程中进行定位焊时，可参照图 2-26 所示的尺寸进行。板愈厚，定位焊缝可短些，间距可密些。

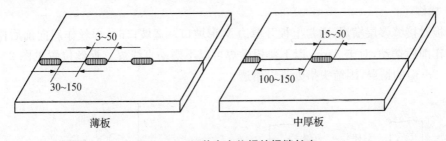

图 2-26 组装中定位焊的焊缝长度

② 平焊

平板的对接缝和 T 形接的角缝在平焊位置上进行操作有前倾焊法和后倾焊法两种，其中，前倾焊法和后倾焊法具备的特征和运用范围见表 2-23 所示。

表 2-23 前倾焊和后倾焊的特征与运用范围

焊接方法		熔深	焊道形状	工艺性	熔池保护效果	视野	适用范围
后倾焊		浅	平	不大好	好	焊时易见坡口	① 焊薄板 ② 中板无坡口两面焊一道 ③ 角缝船形位置焊一道
前倾焊		深	凸	良好	不太好	焊时易见坡口形状	中板和厚板带坡口

无垫板对接焊缝的根部焊道或打底焊道运条方法如图 2-27 所示,作月牙形摆动焊丝,通过间隙时快些,达两侧时,稍作停留(约 0.5～1 s),使两侧之间形成金属过桥。要使反面成形好,装配精度要求高,工艺参数应控制严格。

终焊时填满弧坑的处理方法可参照图 2-27 所示的几种方法。

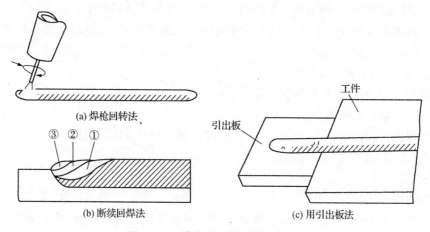

图 2-27 填满弧坑的几种处理方法

③ 横焊

厚板对接缝多层横焊,通常上板开单边 V 形坡口。宽坡口时,焊丝作斜向前后摆动,窄坡口时作前后摆动,对于 3 mm 以下薄板横焊可以不摆动直线焊。焊丝位置见图 2-28,避免图 2-28(a)的情况,因箭头指处难以熔透。

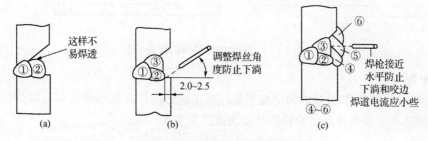

图 2-28 多层横焊操作要领

④ 立焊

有立向上和立向下两种焊法。一般 6 mm 以下的薄板用立向下焊,厚板用立向上焊。立向下焊时焊缝外观好,但易未焊透,应尽量避免摆动。若电流过大,电弧电压过高,或焊接速度过慢,就会发生图 2-29(a)所示缺欠。合适的工艺参数和焊丝位置应如图 2-29(b)所示。

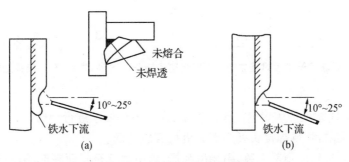

图 2-29 立向下焊操作要领

立向上焊的焊丝摆动方法如图 2-30(a)所示,单道焊的焊脚尺寸最大为 12 mm。注意焊丝摆动位置,图中圆点"·"表示焊丝到此位置略停留 0.5~1.0 s。若停点在弧坑内,则焊道成圆形(凸起);正常应停在弧坑与母材交界处,见图 2-30(b)。若弧坑是水平的($l_1 \approx l_2$),焊道呈圆形;正常的应该是 $l_1 < l_2$。

立向上焊开坡口无垫板的对接焊缝,其根部焊道的摆动如图 2-31 所示。摆动速度要比平焊摆动快 2~2.5 倍。

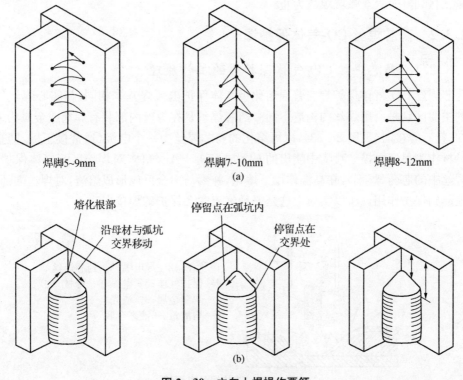

图 2-30 立向上焊操作要领

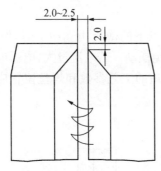
图 2-31 开坡口无垫板对接立向上根部焊道的操作

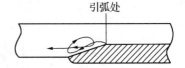
图 2-32 接头处的引弧操作

（3）接头

为保证 CO_2 气体保护焊焊缝接头的质量，应按下列要求进行操作：

① 焊接接头前，将待焊接头处用磨光机打磨成斜面。

② 在焊缝接头斜面顶部引弧，引燃电弧后，将电弧移至斜面底部，转一圈返回引弧处后再继续向左焊接，如图 2-32 所示。

③ 引燃电弧后向斜面底部移动时，应特别注意观察熔孔，若未形成熔孔则接头处背面焊不透；若熔孔太小，则接头处背面产生缩颈；若熔孔太大，则背面焊缝太宽或焊漏。

（4）收弧

① 焊机有弧坑控制电路时，焊枪应在收弧处停止前进，同时将此电路接头、焊接电流与电弧电压自动变小，待熔池填满时断电。

② 焊机无弧坑控制电路时，焊枪应在收弧处停止前进，并在熔池未固定时，反复进行几次断弧、引弧操作，直至弧坑填满为止。

2.3.2 药芯焊丝 CO_2 气体保护焊

2.3.2.1 药芯焊丝 CO_2 气体保护焊的工作原理

药芯焊丝 CO_2 气体保护焊与普通熔化极气体保护电弧焊基本相同，与实心焊丝气体保护焊的主要区别是所用焊丝的构造不同。药芯焊丝是在焊丝内部装有焊剂或金属粉末混合物（称芯料），焊接时（见图 2-33），以可熔化的药芯焊丝为一个电极（通常接正极，即直流反接），母材作为另一电极。喷嘴中喷出的 CO_2 或 $CO_2 + Ar$ 气体，对焊接区起气体保护作用。同时焊丝中的芯药（焊剂），在高温作用下熔化，并参与冶金反应形成熔渣，对焊丝端部、熔滴和熔池起到保护作用。所以实质上这是一种气渣联合保护的焊接方法。

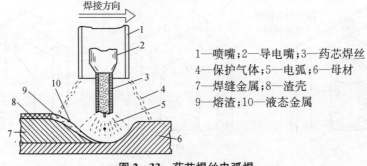

图 2-33 药芯焊丝电弧焊

2.3.2.2 药芯焊丝CO_2气体保护焊的特点

药芯焊丝CO_2气体保护焊综合了焊条电弧焊和CO_2焊的工艺特点,有如下特点:

1. 优点

① 采用气渣联合保护,焊缝美观,电弧稳定性好,飞溅少,且颗粒细小,容易清除。

② 焊丝熔敷速度快,焊丝伸出长度较短。熔敷效率(约为85%～90%)和生产率都较高(生产效率比焊条电弧焊高了3～5倍)。

③ 适应性强:通过粉剂成分的调节,可达到要求的焊缝金属化学成分,改善焊缝机械性能,适用于各种钢材的焊接。

④ 由于熔接熔池受到CO_2气体、熔渣的保护,因此抗气孔能力比实芯焊丝CO_2气体保护焊强。

⑤ 对焊接电源无特殊要求。交流和直流焊机都可以使用,采用直流电源焊接时,要用反接法焊接。选用电源时,也不受平特性或陡降特性的限制。

2. 缺点

焊丝制造比较复杂,送丝困难,焊丝外表容易锈蚀,芯料容易吸潮,须对药芯焊丝严加保存和管理。

2.3.2.3 药芯焊丝CO_2气体保护焊工艺技术

1. 药芯焊丝CO_2气体保护焊工艺参数

药芯焊丝CO_2气体保护焊工艺参数及其选择见表2-24。

表2-24 药芯焊丝CO_2气体保护焊工艺参数及其选择

序号	焊接工艺参数	参数的选择
1	焊接电流与电弧电压	药芯焊丝中的焊剂改变了电弧性质,稳弧性得到改善,所以可以采用交流、直流、平特性、降特性电源,但大多数还是用直流平特性电源。焊接电流的数值与送丝速度成正比。电弧电压与焊接电流相配合,焊接电流增加,电弧电压相应提高
2	焊接速度	其他因素不变时,低焊速的熔深比高焊速的大,大电流焊时低焊速可能引起焊缝金属过热;焊速过快将引起焊缝外观不规则,一般焊速控制在30～76 cm/min之间。
3	焊丝伸出长度	送丝速度确定之后,焊丝伸出长度随焊接电流增大而减小。一般在19～38 mm之间,过长则飞溅增加,电弧稳定性变坏。太短则飞溅物易堵塞喷嘴,造成保护不良,引起气孔等缺欠
4	焊丝位置	平焊时焊丝行走角在20°～15°之间,太大会降低保护效果;角焊时焊丝的工作角在40°～50°之间
5	保护气体流量	保护气体的流量与普通CO_2气体保护焊相同

2. 药芯焊丝CO_2气体保护焊操作技术

(1) 平焊

① 平对接焊。平对接焊的操作要点如下:

a. 焊枪与焊件的夹角为75°～80°。坡口角度及间隙小时,采用直线式右焊法;坡口角度大及间隙大时,采用小幅摆动左焊法。

b. 焊枪与焊件的夹角不能过小,否则保护效果不好,易出气孔。

c. 焊接厚板时,为得到一定的焊缝宽度,焊枪可做适当的横向摆动,但焊丝不应插入对缝的间隙内。

d. 焊盖面焊之前,应使焊道表面平坦,焊道平面低于工件表面 1.5～2.5 mm 以保证盖面焊道质量。

② T 形接头平角焊。T 形接头平角焊的操作要点如下:

a. 单道焊时最大焊脚为 8 mm。一般焊接电流应小于 350～360 A,技术不熟练者应小于 300 A。

b. 若采用长弧焊,焊枪与垂直板成 35°～50°(一般为 45°)的角度;焊丝轴线对准水平板处距角缝顶端 1～2 mm。

c. 若采用短弧焊,可直接将焊枪对准两板的交点,焊枪与垂直板的角度大约为 45°。

③ T 形接头多层焊。

a. T 形接头多层焊焊脚为 8～12 mm 时,采用两层焊,第一层使用较大电流,焊枪与垂直板夹角减小,并指向距根部 2～3 mm 处,第二层焊道应以小电流施焊,焊枪指向第一层焊道的凹陷处,采用左焊法即得到表面平滑的等焊脚角焊缝。

b. 焊脚超过 12 mm 时,采用三层以上的焊道,这时焊枪角度与指向应保证最后得到等焊脚和光滑均匀的焊道。

(2) 立焊

① 当用细焊丝短路过渡焊接时,应自上而下焊接,焊枪上部略向下倾斜。电弧要始终对准熔池前方,气体流量比平焊稍大。主要运条方式是直线式和小幅摆动法,但对开坡口的对接焊缝和角接焊缝应尽量避免摆动。

② 当使用 $\phi 1.6$ 焊丝的颗粒状过渡(长弧焊)方式进行焊接时,仍和焊条电弧焊相似,采用自下而上焊接,电流取下限值,以防止熔化金属下淌。

③ 角接焊缝向上立焊时,如果要求很大的焊脚,第一层也可采用三角形摆动,三角点都要停留 0.5～1 s,要均匀向上移动,以后各层可采用月牙形摆动。

(3) 横焊

① 横焊时选用的焊接参数与立焊相同。

② 为防止温度过高,熔池金属下淌,焊枪可做小幅度的前后直线往复摆动。

③ 焊枪与焊缝水平线的夹角为 55°～65°,焊枪与焊缝间的夹角为 5°～15°。

④ 厚板对接横焊和角焊时,均需采用多层焊。第一层焊道应尽量焊成等焊脚焊道,从下往上排列焊道,每层焊完都应尽量得到平坦的焊缝表面,随着焊道层次的增加,逐步减少每道焊道的熔敷金属量,并增加焊道数。

(4) 仰焊

① 应适当减小焊接电流,焊枪可做小幅度直线往复摆动,防止熔化金属下淌。

② 气体流量应稍大些。

③ 焊枪与竖板夹角及向焊接方向倾斜的角度分别为 40°～45°和 5°～10°。

④ 厚板多层焊时,第一层类似于单面焊,第二、三层都以均匀摆动焊枪的方式进行焊接,但在坡口面交界处应做短暂停留。

2.4 栓 焊

2.4.1 栓焊定义

栓焊(又称栓钉焊)是将栓钉焊接在金属结构表面的焊接方法。包括直接将栓钉焊在钢结构构件表面的非穿透焊和将栓钉通过电弧燃烧,穿过覆盖于构件上的薄钢板(一般为厚度小于 1.6 mm 的楼承钢板)焊在构件表面上的穿透焊接。栓钉又称焊钉,是指在各类结构工程中应用的抗剪件、埋设件和锚固件。瓷环是在栓焊过程中起到电弧保护、减少飞溅并参与焊缝成形作用的陶瓷护圈。

栓焊包括电弧栓焊和储能栓焊两种。

(1) 电弧栓焊。它是将栓钉端头置于陶瓷保护罩内与母材接触并通以直流电,以使栓钉与母材之间激发电弧,电弧产生的热量使栓钉和母材熔化,维持一定的电弧燃烧时间后将栓钉压入母材局部熔化区内。电弧栓焊还可分为直接接触方式与引弧结(帽)方式两种。直接接触方式是在通电激发电弧的同时向上提升栓钉,使电流由小到大,完成加热过程。引弧结(帽)方式是在栓钉端头镶嵌铝制帽,通电以后不需要提升或略微提升栓钉后再压入母材。

陶瓷保护罩的作用使集中电弧热量,隔离外部空气,保护电弧和熔化金属免受氮、氧的侵入,并防止熔融金属的飞溅。

(2) 储能栓焊。它是利用交流电使大容量的电容器充电后向栓钉与母材之间瞬时放电,达到熔化栓钉端头和母材的目的。由于电容器放电能量的限制,一般用于小直径栓钉的焊接。

2.4.2 栓焊焊接过程

为保证栓钉与母材局部有良好的导电性能,确保接触面干净、接触良好,栓焊前应将栓钉接触母材部位周边的油污、金属表面的氧化物等清理干净。栓焊焊接过程如图 2-34 所示。

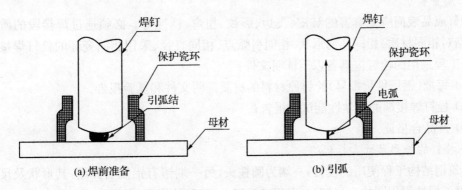

图 2-34 栓焊焊接过程

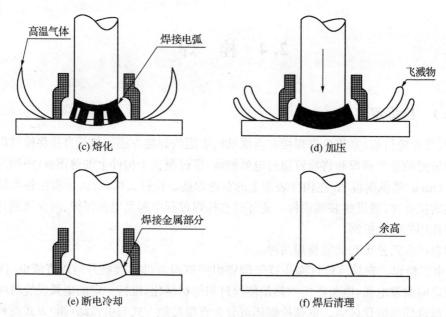

图 2-34 栓焊焊接过程

(1) 把栓钉放在焊枪的夹持装置中,并把相应直径的保护瓷环置于母材上,把栓钉插入瓷环内部与母材接触;
(2) 按动电源开关,栓钉自动提升,激发电弧;
(3) 焊接电流增大,使栓钉端部和母材局部表面熔化;
(4) 设定的电弧燃烧时间到达后,将栓钉自动压入母材;
(5) 切断电流,熔化金属凝固,并使焊枪保持不动;
(6) 冷却后,栓钉端部表面形成均匀的环状焊缝余高,敲碎并清除保护瓷环。

2.4.3 栓焊的材料及设备

2.4.3.1 栓钉(焊钉)

1. 质量要求

栓钉成品表面应无有害的皱皮、飞边、裂纹、扭弯、锈蚀等。必须通过焊接段的质量评定,包括对相同材质、相同几何形状、相同引弧点、相同直径、采用相同瓷环的栓钉焊接端的评定。工程采用的栓钉应具备以下证明文件:
(1) 每批(钢厂供货批号)栓钉原材料的材质证明文件和复验报告。
(2) 栓钉焊接端的力学性能试验报告;
(3) 产品合格证。

2. 栓钉的外形尺寸和标记

建筑钢结构工程使用的栓钉,一端为圆柱头,另一端镶有铝制引弧结,其形状及尺寸应符合《电弧螺柱焊用圆柱头焊钉》(GB/T 10433—2002)的规定,见图 2-35 及表 2-25。

2.4.3.2 瓷环

按栓钉的安装位置不同,熔化焊栓钉使用的瓷环可分为穿透型瓷环和普通型瓷环,焊接瓷环是服务于栓焊的一次性辅助焊接材料。采用栓钉直接焊在工件上的普通栓焊,使用普通瓷环。瓷环是每焊一个栓钉需要配置一个的通用件,它直接和高温金属接触,因此要求瓷环必须耐高温、与焊缝金属不能相互熔解、高温时不得破裂和表层脱落、保证在同规格的栓钉上瓷环应有互换性、保证瓷环的同心度和与接触焊件端面的相互垂直度。瓷环的要求应符合《电弧螺柱焊用圆柱头焊钉》(GB/T 10433—2002)的规定,见图 2-36 和表 2-26。

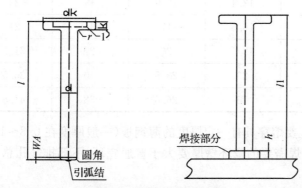

图 2-35 圆柱头栓钉外形

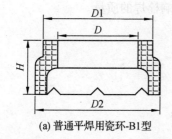
(a) 普通平焊用瓷环-B1型

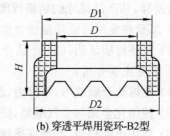
(b) 穿透平焊用瓷环-B2型

图 2-36 焊接瓷环型式和尺寸

表 2-25 焊钉的形状尺寸　　　　　　　　　　(mm)

	公称	10	13	16	19	22	25
d	Min	9.64	12.57	12.57	18.48	21.48	24.48
	Max	10	13	16	19	22	25
d_k	Min	17.65	21.58	28.58	31.5	34.5	39.5
	Max	18.35	22.42	29.42	32.5	35.5	40.5
$h*$		2.5	3	4.5	6	6	7
k	Min	6.55	7.55	7.55	9.55	9.55	11.45
	Max	7.45	8.45	8.45	10.45	10.45	12.55
r	Min	2	2	2	2	2	3
WA 参考		4	5	5	6	6	6
公称长度 L_1		40~180	40~200	50~250	60~300	80~300	80~300

注:1. $h*$ 为指导值,在特殊场合,如穿透平焊,该尺寸可能不同。
　　2. L_1 焊后长度设计值。

表 2-26　圆柱头焊钉瓷环的尺寸　　　　　　　（单位：mm）

焊钉公称直径 d	D Min	D Max	D_1	D_2	H
10	10.3	10.8	14	18	11
13	13.4	13.9	18	23	12
16	16.5	17	23.5	27	17
19	19.5	20	27	31.5	18
22	23	23.5	30	36.5	18.5
25	26	26.5	38	41.5	22

栓钉在引弧后先要熔穿具有一定厚度的薄钢板（一般厚度在 0.8~1.6 mm），然后再与工件熔成一体，穿透焊需要的瓷环壁厚要大于普通瓷环，下部排气孔总面积是普通瓷环的 1.3 倍。

瓷环的尺寸关键是控制支撑焊枪平台的高度和瓷环中心栓钉孔的直径。由于瓷环生产工艺的差异，其产品尺寸的精确程度和稳定性将直接影响栓焊的质量。

1. 工程中使用的瓷环应提供的证明文件：
(1) 瓷环材质证明；(2) 产品合格证。
2. 瓷环主要作用：
(1) 使熔化金属成形，不外溢，起到铸膜的作用；
(2) 使熔化金属与空气隔绝，防止熔化金属被氧化；
(3) 集中电弧热量，并使成形焊缝缓慢冷却；
(4) 释放焊接过程中的有害气体；
(5) 屏蔽电弧光与飞溅物；
(6) 充当临时支架，构成焊枪操作系统的一部分。
3. 瓷环检查内容
(1) 中心孔的内外直径、椭圆度、薄壁是否均匀；
(2) 禁止使用已经破裂和有缺损的瓷环；
(3) 受潮瓷环要经过 250℃、1 h 的烘焙，中间放潮气 5 min。

2.4.3.3　拉弧式栓焊焊接设备

拉弧式栓焊焊接设备的安全要求应符合《栓钉焊接技术规程》（CECS 226—2007）的规定。栓焊焊接设备应有以下证明文件：
(1) 产品使用说明书；
(2) 产品合格证书；
(3) 装箱清单。

1. 焊接电源和控制器
(1) 焊接电源应具有恒流带外拖的电流特性，能瞬间输出大电流。
(2) 焊接电源负载持续率应大于 10%。
(3) 焊接电源应在使用范围内连续可调，当电网电压变化为额定值的±10%时，其焊接电流的变化率应在±5%之间。

(4) 焊接时间应在使用范围内连续可调且焊接过程应能自动进行。

(5) 栓焊焊接电源应使用专用的配电控制箱,配电控制箱的各项指标应符合《低压成套开关设备和控制设备 第4部分:对建筑工地用成套设备(ACS)的特殊要求》(GB 7251.4—2006)的规定,每个配电控制箱除可接入一台用于修补栓钉的焊条电弧焊剂以及必要的机具外,不得接入第二台栓焊焊接电源。

2. 焊枪

(1) 焊枪应具有按已设定的程序带动栓钉自动提升、下降的功能,其执行机构可以是电磁铁、步进电动机或伺服电动机。

(2) 焊枪带动栓钉的提升高度和下降速度应满足栓焊的工艺要求。

(3) 焊枪夹头应选用电阻率低、弹性好的材料。

(4) 按额定焊接电流焊接相应直径的栓钉,在额定负载持续率下连续工作2 h以上,其焊枪手持部位的最高温升应小于或等于30℃。

3. 连接电缆

(1) 连接焊枪和接地钳的焊接电缆、控制电缆和焊接设备的输入电缆,其导线截面面积应符合表2-27的规定。电缆的长度一般不应超过20 m,减少电缆导线的截面面积或任意加长焊接电缆的长度,都会增加焊接回路的损耗,降低焊接能力,影响栓钉的焊接质量。如果对连接电缆有特殊要求,应与栓焊焊接设备生产厂家协商解决。

(2) 各种焊接电缆应接触良好。

表2-27 电缆导线的截面面积 (单位:mm²)

额定焊接电流/A	1 600	2 000	2 500	3 150
焊接电缆	≥70	≥95	≥95	≥120
控制电缆	≥2.0			
输入电缆	≥10	≥16	≥25	≥35

2.4.4 栓焊的操作要点

2.4.4.1 焊接准备工作

1. 焊前处理

(1) 焊接前应检查栓钉是否带有油污,两端不得有锈蚀,如有油污或锈蚀,应在施工前采用化学或机械方法进行清除。

(2) 瓷环应保持干燥状态。

(3) 母材或楼承钢板表面如存积水、氧化皮、锈蚀、非可焊涂层、油污、水泥灰渣等,应清除干净。

(4) 施工前应有焊接技术负责人员根据焊接工艺评定结构编制焊接工艺文件,并向有关操作人员进行技术交底。

2. 焊接作业环境要求

(1) 焊接作业区域的相对湿度不得大于90%,严禁雨雪天气露天施工。

(2) 当焊件表面潮湿或有冰雪覆盖时,应采取加热去湿除潮措施。

(3) 当焊接作业环境温度处于-5~0℃时,应将构件焊接区域内大于或等于三倍钢板厚度且不小于100 mm范围内的母材预热到50℃以上。当焊接作业环境温度低于-5℃时,应单独进行工艺评定。

3. 机具准备

(1) 栓钉施工主要的专用设备为熔化焊栓钉机。

(2) 根据现场条件、供电要求和施焊数量确定台数、一次线长度、稳压电源、把线长度。因焊接电源耗用电流大,应考虑专路供电。正确接入初级电压后接地要牢靠。此外,还需要经纬仪、游标卡尺、盒尺、钢直尺、记号笔、气割枪、烘干箱、电动砂轮等。

(3) 焊枪的检查。

① 焊枪筒的移动要平稳,定期加注硅油。

② 焊枪拆卸时,应先关掉开关后操作,另外应谨防零件失落。

③ 检查绝缘是否良好。

④ 检查电源线和控制线是否良好。

⑤ 每班焊前检查,焊后收齐。严禁水泡,施焊中电缆不许打圈,否则电流降低。

4. 栓焊参数

栓焊参数主要为电流、通电时间、栓钉伸出长度及提升高度。根据栓钉的直径不同以及被焊钢材表面状况、镀层材料选定相应的焊接参数,一般栓钉的直径增大或母材上有镀锌层时,所需的电流、时间等各项焊接参数相应增大。被焊钢构件上铺有镀锌钢板时,要求栓钉穿透镀锌钢板与母材牢固焊接,由于压型板厚度和镀锌层导电分流的影响,电流值必须相应提高。为确保接头强度,电弧高温下形成的氧化锌必须从焊接熔池中充分挤出,其他各项焊接参数也需相应提高。提高的数值还与镀锌层厚度成正比。

拉弧式栓焊焊接的平焊位置栓焊焊接参数,见表2-28。横向位置栓焊焊接参数见表2-29。仰焊位置栓焊焊接参数见表2-30。

表2-28 平焊位置栓焊焊接参数

栓钉规格/mm	电流/A		时间/s		伸出长度/mm	
	非穿透焊	穿透焊	非穿透焊	穿透焊	非穿透焊	穿透焊
φ13	950	900	0.7	0.9	3~4	4~6
φ16	1 250	1 200	0.8	1.0	4~5	4~6
φ19	1 500	1 450	1.0	1.2	4~5	5~8
φ22	1 800	—	1.2	—	4~6	—
φ25	2 200	—	1.3	—	5~8	—

表2-29 横向为栓焊焊接参数

栓钉规格/mm	电流/A	时间/s	伸出长度/mm
φ13	1 400	0.4	4.5
φ16	1 600	0.4	4.0

(续表)

栓钉规格/mm	电流/A	时间/s	伸出长度/mm
φ19	1 900	1.1~1.2	3.5
φ22	2 050	1.0	2.5

表 2-30 仰焊位置栓焊焊接参数

栓钉规格/mm	电流/A	时间/s	伸出长度/mm
φ13	1 200	0.4	2.0
φ16	1 300	0.7	2.0
φ19	1 900	1.0	2.0
φ22	2 050	1.0	2.0

2.4.4.2 栓焊施工

1. 一般规定

栓焊施工应按相关工艺文件的要求进行焊前准备。

每个工作日(或班)正式施焊之前,应按工艺指导书规定的焊接参数,先在一块厚度和性能类似于产品构件的材料上试验两个栓钉并进行检验。检验项目包括外观质量和弯曲试验。检验合格后方可进行施工。焊接过程中应保持焊接参数的稳定。当检验结果,不符合规定时,应重复上述试验,但重复的次数不得超过两次,必要时应查明原因,重新制定工艺措施,重新进行工艺评定。

焊前准备工作:放线、抽检栓钉及瓷环,烘干。潮湿时焊件也需进行烘干。

焊前试验:每天正式施焊前做两个试件,弯 45°检查合格后,方可正式施焊。

2. 操作要点

(1) 焊枪要与工件四周成 90°角,瓷环就位,焊枪夹住栓钉放入瓷环压实。

(2) 扳动焊枪开关,电流通过引弧剂产生电弧,在控制时间内栓钉熔化,随枪下压,回弹、断弧,焊接完成。

(3) 焊后用小锤敲掉瓷环,或将附着在角焊缝上的药皮全部清除。

3. 穿透焊施工

(1) 表面未镀锌的板可直接焊接。

(2) 镀锌板用氧乙炔焰在栓焊位置烘焙,敲击后双面除锌。

(3) 采用螺旋钻开孔。

4. 拉弧式栓钉穿透焊要求

(1) 栓钉穿透焊中组合楼盖板的楼承钢板厚度不应超过 1.6 mm。

(2) 在组合楼板搭接的部位,当采用穿透焊无法获得合格焊接接头时,应采用机械或热加工法在楼承钢板上开孔,然后进行焊接。

(3) 穿透焊接的栓钉直径应不大于 19 mm。

(4) 准备进行栓焊的构件表面不宜进行涂装。当构件表面已涂装对焊接质量有影响的涂层时,焊接前应全部或局部清除。

(5) 进行穿透焊的组合楼板应在铺设施工后的 24 h 内完成栓焊。遇有雨雪天气时,必须采取适当措施保证焊接区干燥。

(6) 楼承钢板与钢构件母材之间的间隙大于 1 mm 时,不得采用穿透焊。

5. 栓焊质量保证措施

栓钉不应有锈蚀、氧化皮、油脂、潮湿或其他有害杂质。母材焊接处不应有过量的氧化皮、锈、水分、油漆、灰渣、油污或其他有害物质。如不满足要求,应用抹布、钢丝刷、砂轮机等清扫或清除。

保护瓷环应保持干燥,受过潮的瓷环应在使用之前于烘箱中在 120℃ 下烘干 1~2 h。

施工前应根据工程实际使用的栓钉及其他条件,通过工艺评定试验确定施工工艺参数。在每班作业施工前应以规定的工艺参数试焊两个栓钉,通过外观检验及 30°打弯试验,确定设备完好情况及其他施工条件是否符合要求。

2.5 机器人自动化焊接

2.5.1 自动化焊接的概述

在传统焊接生产中,纯焊接时间仅占焊接结构生产总时间的 20%~30%。其余时间均为焊前准备、装配、焊件运输、变位等辅助时间。焊工劳动强度高、作业环境恶劣,焊接质量的稳定性受焊工技能水平及疲劳程度影响较大。

面对国内外市场的激烈竞争,面对企业劳动成本、环保要求的不断提高,焊接技术工人的短缺,产品焊接工艺技术质量、生产效率要求的不断提高。应用市场对产品的焊接质量也提出来更高的要求,从生产准备到焊接制作,相比于手工焊接过程,数字化控制、自动化焊接生产过程可以成功避免工人焊接手法、呼吸及外界条件等不利因素对焊工身体的影响。

自动化焊接是在没有人直接参与的情况下,利用外加的设备或装置,使焊接过程自动地按照预定的规律进行。常见的自动化焊接装备主要有焊接专机和焊接机器人。

(1) 焊接专机是一种专门用于自动化焊接某一种或某一类焊件的设备,主要应用于大、中批量产品的的自动化生产。焊接专机的缺点是通用性较差,对于结构形式不同的部件不能实现自动化焊接。

(2) 焊接机器人属于工业机器人的一种,是能自动控制、可重复编程、多功能、多自由度的柔性焊接设备。由于机器人的示教再现功能,并可独立存储大量焊接程序。面对不同的产品结构形式只需保证焊接工装的定位可靠,并重新进行示教编程便可实现新产品的自动化焊接。

2.5.2 焊接机器人的优点及其应用意义

采用焊接机器人代替手工操作或一般机械操作已成为现代焊接生产的一个发展方向,它具有下列优点:

(1) 稳定和提高焊接质量,且保证其均一性;

(2) 提高生产率,一天可 24 h 连续生产;

(3) 改善工人劳动条件,可在有害环境下长期工作;

(4) 降低对工人操作技术的要求;
(5) 缩短产品改型换代的准备周期,减少相应的设备投资;
(6) 可实现小批量产品焊接自动化;
(7) 为焊接柔性生产线提供技术基础。

应用焊接机器人是焊接自动化的革命性进步,它突破了焊接刚性自动化传统方式,开拓了一种柔性自动化新方式。刚性的焊接自动化设备,由于一般都是专用的,只适用于大、中批量产品的自动化生产,因而在中、小批量产品焊接生产中,焊条电弧焊仍然是主要焊接方式。焊接机器人使小批量产品自动化焊接生产成为可能,由于机器人的示教再现功能,只需给它做一次示教,它就能精确地再现示教的每一步操作。若要机器人去做另一项工作,无须改变任何硬件,只要对它再做一次示教即可。因此,在一条焊接机器人生产线上可以自动生产若干种焊件。

2.5.3 焊接机器人的组成

机器人焊接系统主要包括机器人控制系统(见图2-34)、机器人焊接系统(见图2-35)、周围设备、安全装置及其他附件组成。

2.5.3.1 机器人控制系统

机器人控制系统由机器人本体及机器人控制装置组成。机器人控制装置是机器人系统的核心部分,它包括控制柜和示教器两部分,可以同先进的数字焊机通信;可以数字化设定焊接条件;采用Windows XP系统的控制器,使操作性能大幅度提高;并配备以太网接口,可与互联网连接。机器人通过记录每个轴伺服电机的旋转角度来记录示教点的位置,因此机器人的重复定位精度很高,KUKA机器人本体的重复定位精度为±0.05 mm,机器人加外部移动装置的重复定位精度为±0.1 mm。

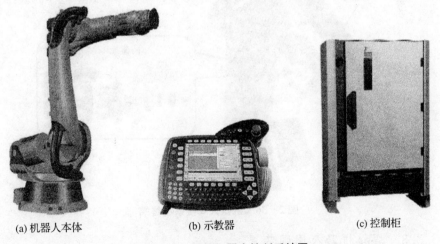

(a) 机器人本体　　(b) 示教器　　(c) 控制柜

图 2-34　焊接机器人控制系统图

2.5.3.2 机器人焊接系统

机器人焊接系统主要包括:焊机、水冷循环水箱(选配)、送丝机、枪缆、焊枪、防碰撞等(见图2-35所示)。机器人焊接系统与手工焊接系统基本一致,不同点在于机器人焊接系统可以与机器人控制系统通讯,通过数字化通讯实现预定的焊接过程。通过匹配不同的焊接系统机器人可实现熔化极气体保护焊、钨极氩弧焊、钎焊、电阻焊及埋弧焊等。当机器人选择暂载率较高的焊接方式时,传统的风冷方式已经不能满足焊枪及枪缆的冷却,于是引入了水冷循环系统。水冷循环系统是指冷却水从循环水箱流经送丝机、枪缆、焊枪再沿原路径返回至循环水箱进行冷却的一种循环冷却方式。

(a) 焊机　　　　(b) 送丝机　　　　(c) 水冷循环水箱

图 2-35　焊接机器人焊接系统

防碰撞(见图 2-36 所示)是机器人焊接系统中重要的安全保护设施,主要目的是为了减轻焊枪发生意外碰撞时产生的变形。防碰撞实际为一常闭触点,当碰撞发生时,由于焊枪偏离正常位置导致防碰撞内部弹簧受压变形,常闭触点断开,信号返回控制系统,机器人停止运行。

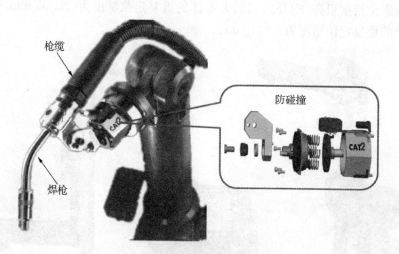

图 2-36　机器人焊接系统终端

2.5.3.3　焊接机器人周围装置

龙门架、变位机及除尘系统属于周围装置。

1. 龙门架(见图 2-37)

其主要作用为增加机器人的有效作业半径,提高工件的焊达率,并配合焊接变位机调整至比较理想的焊接姿态,目前焊接机器人使用的龙门架主要为直线式或悬臂式,根据工件的尺寸及结构形式可选择增加 1～3 个自由度。

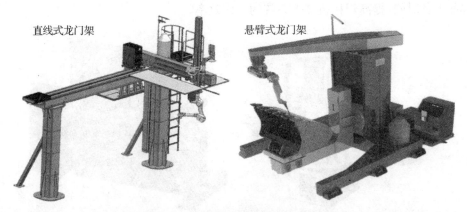

图 2-37 焊接机器人常用龙门架

2. 焊接变位机(见图 2-38)

与龙门架的作用类似,主要为了调整焊缝角度为平焊位置焊接,保证焊接效率及焊接质量。目前焊接变位机的种类也较多,主要分为 L 型、C 型、倾翻型、头尾架型等。

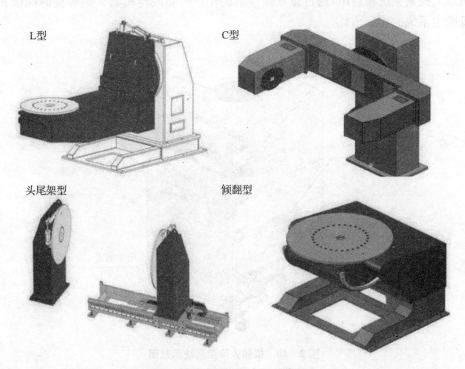

图 2-38 常见机器人焊接变位机

焊接自动化程度要求较高的工段,可以配置双工位或者双变位机。双工位是指一套机器人焊接系统中具有两个独立的焊接工装,双变位机是指两个焊接变位机共用一套支撑立柱并可利用旋转电机进行位置的互换(见图 2-39 所示)。

双工位和双变位机的优点有:

(1) 可实现上下料区域与焊接区域的隔离,保证机器人运行过程中人机的安全。

（2）一个变位机在进行焊接的同时，另一个变位机可以进行上下件或补焊的工作，有效减少焊前准备时间，提高焊接机器人系统的工作效率。

图 2-39　双变位机示意图

3. 除尘系统（见图 2-40）

其主要作用是清理焊接烟尘，减少焊接产生的有害气体对人体的危害。除尘系统与焊机及机器人控制系统相通讯，通过设置除尘系统开启时间段与机器人纯焊接时间段相匹配来降低除尘系统的能源消耗。

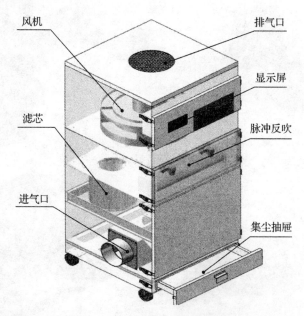

图 2-40　机器人除尘系统示意图

2.5.3.4　安全装置

主要包括挡光屏和安全光栅。挡光屏的主要目为减少焊接弧光对人体的损害，安全光栅（见图 2-41 所示）的主要目的为防止机器人工作时有人进入机器人工作区域，造成设备或人员的损伤。安全光栅也就是光电安全保护装置（也称安全保护器、冲床保护器、红外线安全保护装置等）。在现代化工厂里，人与机器协同工作，在一些具有潜在危险的机械设备上，如冲压机械、剪切设备、金属切削设备、自动化装配线、自动化焊接线、机械传送搬运设备、危险区域(有毒、高压、高温等),容易造成作业人员的人身伤害。安全性光栅是一种保护各种危险机械装备周围工作人员的先进技术。同传统的安全措施,比如机械栅栏,滑动门、回拉限制等来相比,安全光栅更自由,更灵活,并且可以降低操作者疲劳程度。通过合理地减少对实体保护的需求,安全光栅简化了那些常规任务,如设备的安装,维护以及维修。

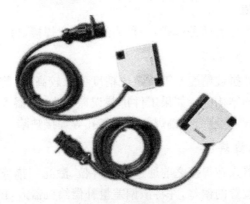

图2-41 安全光栅

2.5.3.5 其他装置

清枪剪丝机构、工装自动润滑机构及外部控制按钮盒等属于焊接机器人中其他的附属装置。清枪减丝机构(见图2-42所示)的主要作用有:

① 剪断焊丝保证焊丝干伸长;
② 清理喷嘴内粘连的大颗粒飞溅;
③ 喷硅油减少焊接时喷嘴粘连大颗粒飞溅;
④ 校正机器人重复定位精度。

清枪剪丝机构是保证智能寻位准确及连续高效焊接的前提,因此机器人从业者要养成良好的日常保养习惯。

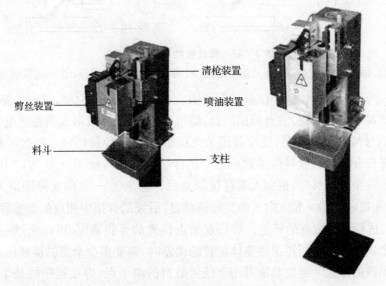

图2-42 机器人清枪剪丝机构

2.5.4 中厚板焊接机器人的关键技术及工作原理

重复定位精度无疑是焊接机器人自动化、精细化工作的前提,随着机器人控制技术的发展,各品牌焊接机器人的重复定位精度均可控制在±0.1mm以内,因此重复定位精度不再是制约生产精细化的瓶颈。

通常机器人自动化焊接有两种模式:一种为绝对位置焊接,另一种为相对位置焊接。

2.5.4.1 绝对位置焊接

绝对位置焊接对工件拼装精度及工装定位精度要求较高,目前大多用于汽车制造行业及结构形式较简单稳定的结构件。如果工件拼装误差较大,机器人的焊接位置与焊道实际位置便会产生偏离,不可避免地产生偏焊、咬边、气孔等焊接缺陷。

2.5.4.2 相对位置焊接

相对位置焊接是机器人在焊接之前通过接触寻位、激光扫描或三维成像等技术计算出工件的实际位置与示教位置的偏差,并将该偏差量补偿给机器人,机器人根据补偿量对示教的行走轨迹进行偏移,从而实现焊缝的精确焊接。虽然激光寻位或三维成像技术的查找精度较高、反应速度较快,但由于其价格昂贵且无法在狭窄位置区域进行检测,因此工程上多数以接触寻位进行偏移量的查找。常见的接触寻位方式为焊丝接触寻位、喷嘴接触寻位及辅助寻位棒接触寻位。由于喷嘴在焊接时易粘连焊接飞溅、长期使用后会产生失圆变形,而辅助寻位棒接触寻位需要的查找空间较大,因此目前接触寻位多以焊丝接触寻位为主。

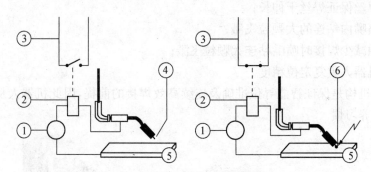

图 2-43 焊丝接触寻位示意图
① 电源;② 继电器;③ 快速测量通道;④ 寻位开始点;⑤ 工件;⑥ 寻位接触点

图 2-43 所示为焊丝接触寻位前后示意图。机器人接触寻位前,寻位电路为一个常开回路。当焊丝接触工件瞬间,常开回路闭合,继电器吸合(②),机器人内置继电器 RDC 关闭(③)并将电信号传递至处理器,处理器记录此接触点⑥ 的位置信息。初次示教编程时,机器人会记录寻位开始点④及寻位接触点⑥,并自动计算出向量④→⑥方向上的距离 X_1。当工件⑤发生向量上偏移时,机器人通过接触查找计算出④→⑥ 的实际距离为 X_2。$X_2 - X_1$ 便为工件⑤在向量④→⑥方向上的实际偏移量,后续的焊接中相应的焊接程序也通过偏移量 $X_2 - X_1$ 进行焊缝位置的修正。焊接起始点位置的寻找确定,可以通过一至三个方向的接触传感来确定。当要纠正工件整体位置的偏差时,需要多少个点的接触传感,取决于工件的外形或焊缝的位置。寻位功能可用于任何数目的单个点、焊接程序的某个段或整个焊接程序的修正。

图 2-44 为三维方向修正的示意图,虚线为工件示教时的位置,实线为工件的实际位置。机器人通过寻位,确定 XYZ 三个方向上的偏移量,并通过三个偏移向量的叠加,确定工件三维方向上的偏移。

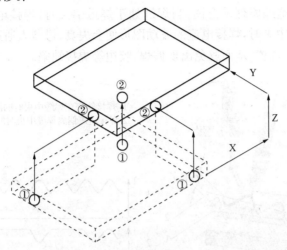

图 2-44 工件三维方向修正示意图

影响智能寻位精度的因素主要是寻位干伸长及工件表面导电性。寻位干伸长的靠清枪减丝装置夹丝后,并利用气缸顶紧焊丝,防止焊丝干伸长在寻位过程中产生变化。如果清枪剪丝机构或夹丝气缸出现问题,那么寻位干伸长便不能保证。图 2-45 为寻位干伸长变长时对机器人焊接的影响,当干伸长不发生变化时 2 个垂直方向查找的向量分别为 CD_1 和 CD_2。焊寻位干伸长便长时,向量 CD_1 和 CD_2 的模小于示教编程时向量 CD_1 和 CD_2 的模。因此机器人会自动将两个垂直方向的长度变化误判为工件已经向右上方发生了偏移。当焊接 T 型接头左侧的焊缝时,机器人会自动向右上方进行偏移,从而导致焊枪与工件发生碰撞。工件表面导电性对寻位精度的影响也很显著,当查找导电性较差的工件表面时,焊丝会发生弯曲或弹性变形,进而导致寻位计算出的焊缝位置偏移量与焊缝的实际偏移量不符。

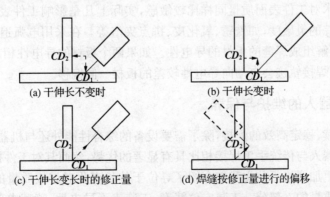

图 2-45 干伸长变长对机器人焊接的影响

中厚板焊接机器人另一个重要的功能为电弧追踪,在焊接厚板或角焊缝时,焊枪横向摆动。干伸长的不同,导致实际的焊接电流与设定的电流不同,干伸长越短,实际电流就越大,干伸长越长,实际电流就越小。利用这个原理,相应的软件实时处理检测到的电流变化及焊枪所在的位置,进而来修正机器人的实际轨迹,保证轨迹中心线始终在坡口中间,同时保证焊枪与焊缝的高度方向上的一致。

图2-46为电弧追踪原理示意图,当焊缝处于焊道中央时,焊接电流的波动成正弦分布。当焊缝偏离焊道中央时,焊接电流的波动图形便会失真,机器人通过焊枪摆动时的自动修正,快速调整焊缝的位置,从而避免出现偏焊、咬边等焊接缺陷。

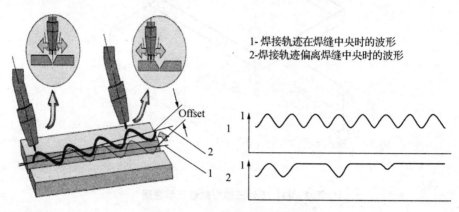

图2-46 电弧追踪原理示意图

依靠智能寻位技术对焊缝起弧位置进行修正,并通过电弧追踪技术保证焊接轨迹始终位于焊缝的中央。可见智能寻位与电弧追踪技术相辅相成,是中厚板焊接机器人连续高效焊接的基本保障。

在众多融滴过渡形式当中,喷射过渡焊接过程稳定、飞溅少、熔深大、焊缝成形美观,是最理想的电弧追踪状态。为保证良好的电弧追踪状态,实际焊接电流要大于融滴从滴状向喷射过渡的最低电流。以 $\phi1.2$ mm ER50-6 焊丝,混合气体保护焊为例,其临界电流为240 A,当焊接电流低于240 A时,电弧追踪特性开始不稳。因此,电弧追踪技术适用于高电流、中厚板结构形式的焊接,板材厚度低于5 mm时电弧追踪精度开始下降,板材厚度继续下降至3 mm以下时电弧追踪功能失效。

电弧追踪技术对工件表面质量同样比较敏感,实际上凡是影响工件表面导电性的因素都制约着电弧追踪的灵敏度,如铁锈、氧化皮、拼点夹渣等。在采用电弧追踪技术焊接中厚板时,一定要先了解组成焊缝的板材的导电性。如果两个板材的导电性相差较大的话,在电弧追踪的作用下,焊接轨迹会自动向导电性较差的板材一侧偏移。

2.5.5 机器人的维护与保养

保证产品连续、稳定高效的焊接,除了需要设备的综合性能外还与机器人从业者的维护保养分不开。机器人与传统手工焊接相比具有显著的优势,然而其对工件拼点质量及耗材、配件的质量要求更加严格。前文我们介绍了寻位干伸长变化对焊接质量的影响,它仅仅是制约机器人焊接质量的一部分。工装定位精度、工装表面导电性、喷嘴内部清洁度、导电嘴磨损情况、送丝系统及送气系统的保养情况等都直接制约着机器人的使用情况。

目前科技更新日新月异,智能寻位及电弧追踪技术受限的工况,已经被激光跟踪或智能成像技术所攻克。未来的智能焊接中,机器人只需沿设定的行走轨迹对工件表面情况进行扫描,对图像进行处理并对焊接轨迹进行修正。编程工作量可大幅简化,焊接质量和效率可达到大幅度的提升。

本章小结

1. 手工电弧焊是利用焊条与焊件间产生的电弧,将焊条和焊件局部加热到熔化状态而进行焊接的一种手工操作方法,也称为焊条电弧焊;埋弧焊是以裸金属焊丝与焊件(母材)间所形成的电弧为热源,并以覆盖在电弧周围的颗粒状焊剂及其熔渣作为保护的一种电弧焊方法;CO_2气体保护焊是利用外加 CO_2 气体作为电弧介质并保护电弧与焊接区的电弧方法。
2. 熟悉三种常见焊接方法的工作原理与特点以及应用范围。
3. 了解三种常见焊接方法的主要设备。

学习思考题

2-1　什么是手工电弧焊?其工作原理与特点以及应用范围如何?
2-2　手工电弧焊中的常见焊接方法以及各自主要设备有哪些?
2-3　焊条药皮的作用是什么?焊条的选用原则是什么?
2-4　为满足手工电弧焊焊接的要求,对手工电弧焊的电源有哪些要求?
2-5　什么是埋弧焊?其工作原理与特点以及应用范围如何?
2-6　埋弧焊时常见焊接方法以及各自主要设备有哪些?
2-7　什么是 CO_2 气体保护焊?其工作原理与特点以及应用范围如何?
2-8　CO_2 气体保护焊有哪些主要设备?
2-9　栓焊要用到哪些主要设备和机具?栓焊的操作要点有哪些?
2-10　机器人的主要组成是什么?
2-11　如何融汇机器人智能寻位技术及电弧追踪技术在中厚板工件上的焊接?

第3章 焊接材料

学习目标

了解焊条的分类、型号与牌号,掌握焊条的组成及基本要求,掌握焊条的选择、使用与管理;了解焊丝的分类及其选择。

3.1 焊条

3.1.1 焊条的组成及其作用

3.1.1.1 焊条的组成

焊条是涂有药皮的供焊条电弧焊用的熔化电极,它由药皮和焊芯两部分组成,见图3-1。

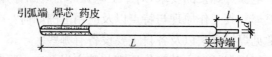

图3-1 焊条的组成及各部分名称
L-焊条长度;l-夹持端长度;d-焊条直径

1. 焊芯

(1) 作用

焊芯是一根实芯金属棒,焊接时作为电极,传导焊接电流,使之与焊件之间产生电弧;在电弧热作用下自身熔化过渡到焊件的熔池内,成为焊缝中的填充金属。

作为电极,焊芯必须具有良好的导电性能,否则电阻热会损害药皮的效能;作为焊缝的填充金属,焊芯的化学成分对焊缝金属的质量和性能有直接影响,必须严格控制。

(2) 焊芯的规格尺寸

焊芯的长度和直径就是焊条的长度和直径,是根据焊芯材质、药皮组成、方便使用、材料利用和生产效率等因素确定。通常是由热轧金属盘条经冷拔到所需直径后再切成所需长度。无法轧制或冷拔的金属材料,用铸造方法制成所需的规格尺寸。常用焊芯的直径为 $\phi 2.0$、$\phi 2.5$、$\phi 3.2$、$\phi 4.0$、$\phi 5.0$、$\phi 6.0$。焊芯的直径越大,其基本长度也相应长些。表3-1为国家标准对钢铁焊条尺寸的规定,现行国家标准对焊条夹持端的长度也做了相应规定,见表3-2。

表3-1 钢铁焊条的规格(尺寸) (mm)

焊条直径	焊条长度						
	碳钢焊条(GB/T 5117—1995)	低合金钢焊条(GB/T 5118—1995)	不锈钢焊条(GB/T 983—1995)	堆焊焊条(GB/T 984—2001)		铸铁焊条(GB/T 10044—2006)	
				冷拔焊芯	铸造焊芯①	冷拔焊芯	铸造焊芯
1.6	200~250	—	220~260	—	—	—	—
2.0	250~350	250~350		230~300	—	—	—
2.5			230~350		—	200~300	—
3.2	350~450	350~450	300~460	300~450	230~350	300~450	350~400
4.0							
5.0	450~700	450~700	340~460	350~450	300~350	400~500	300~450
6.0							
8.0	—						
10	—						

① 堆焊焊条中的复合焊芯焊条和碳化钨管状焊条的尺寸规定与铸造焊芯焊条相同。

表3-2 现行国家标准规定的焊条夹持端长度 (mm)

焊条直径 d	夹持端长度 l				
	碳钢、低合氏钢焊条	不锈钢焊条	铝焊条	铜焊条	堆焊条
≤4.0	10~30	10~30	10~30	15~25	15~30
≥5.0	15~35	20~40	20~30	20~30	

镍焊条：直径2.0 mm、2.5 mm，焊条长度为230~300 mm，夹持端为15±5。
直径3.2 mm、4.0 mm、5.0 mm，焊条长度为250~350 mm，夹持端为20±5。

(3) 焊芯的化学成分。焊芯是从热轧盘条拉拔成形之后截取的，国家对焊接用的各种焊丝按不同金属材料和不同焊接方法，在化学成分上进行了统一规定。钢焊丝是以有害元素硫、磷的含量划分质量等级，硫、磷等杂质含量越少越好。制造焊条时，选用何种焊丝做焊芯，由焊条配方设计来确定，若按焊缝金属与母材同质的要求，则焊芯的化学成分大体上与母材相近，再通过药皮中的成分进行调整。焊芯中主要合金元素的含量对焊接质量有很大影响，具体内容见表3-3。

表3-3 焊芯中主要合金元素对焊接的影响

合金元素	对焊接的影响
碳(C)	碳是钢中的主要合金元素。当钢中的含碳量增加时，钢的强度和硬度明显增加，而塑性会降低，与此同时，钢的焊接性被削弱，焊接过程中会产生较大的飞溅和气孔，焊接裂纹敏感性也会增加。所以，低碳钢焊芯中碳 $\omega(C)$（含碳量）应小于0.1%。
锰(Mn)	锰是钢的很好的合金元素。当焊缝中的含锰量增加时，焊缝的屈服强度和抗拉强度会提高，当 $\omega(Mn)$ 为1.5%时焊态和消除应力状态下焊缝的冲击韧度最佳，同时，锰还有很好的脱氧作用。$\omega(Mn)$ 通常以0.3%~0.5%为宜。

(续表)

合金元素	对焊接的影响
硅(Si)	硅在焊接过程中极易氧化成 SiO_2，如果处理不当，会增加焊缝中的夹渣，严重时会引起热裂纹。因此，焊条的焊芯含硅量越少越好。
硫(S) 磷(P)	硫、磷在焊缝中都是有害元素，会引起裂纹和气孔。因此，对它们的含量应严加控制。

2. 药皮

涂敷在焊芯表面的有效成分称为药皮，也称涂料，它是由矿石、铁合金、纯金属、化工物料和有机物的粉末混合均匀后黏结到焊芯上的。

(1) 作用

药皮在焊接过程中起到如下作用：

① 保护。在高温下药皮中某些物质分解出气体或形成熔渣，对熔滴、熔池周围和焊缝金属标起机械保护作用。免受大气侵入与污染。

② 冶金处理。与焊芯配合，通过冶金反应起到脱氧、去氢、排除硫、磷等杂质和渗入合金元素的作用。

③ 改善焊接工艺性能。通过药皮中某些物质使焊接过程电弧稳定、飞溅少、易于脱渣、提高熔敷率和改善焊缝成形等。

(2) 药皮的组成成分

① 造渣剂。焊接时能形成具有一定物理、化学性能的熔渣，起保护焊接熔池和改善焊缝成形的作用。大理石、萤石、白云石、菱苦土、长石、白泥、石英、金红石、钛白粉、钛铁矿等属于这一类。

② 稳弧剂。使焊条容易引弧和在焊接过程中保持电弧燃烧稳定。主要是以含有易电离元素的物质作稳弧剂，如水玻璃、金红石、钛白粉、大理石、钛铁矿等。

③ 造气剂。在电弧高温下分解出气体，形成对电弧、熔滴和熔池保护的气氛，防止空气中的氧、氢侵入。碳酸盐类物质如大理石、白云石、菱苦土、碳酸钡等，以及有机物，如淀粉、木粉、纤维素、树脂等都可做造气剂。

④ 增塑剂。用于改善药皮涂料向焊芯压涂过程中的塑性、滑性和流动性，提高焊条的压涂质量，使焊条表面光滑而不开裂。云母、白泥、钛白粉、滑石和白土等属于这一类。

⑤ 合金剂。用于补偿焊接过程合金元素的烧损及向焊缝中过渡某些合金元素，以保证焊缝金属所需的化学成分和性能。根据需要可使用各种铁合金，如锰铁、硅铁、铬铁、钼铁、钒铁、钒铁、硼铁、稀土等，或纯金属粉，如金属锰、金属铬、镍粉、钨粉等。

⑥ 脱氧剂。在焊接过程中起化学冶金反应，降低焊缝金属中的含氧量，以提高焊缝质量和性能。常用的脱氧剂有锰铁、硅铁、钛铁、铝铁、铝锰合金等。

⑦ 黏结剂。使药皮能够牢固地黏结在焊芯上，并使焊条烘干后药皮具有一定的强度。常用黏结剂是水玻璃，如钾、钠及锂水玻璃等，此外，还可用酚醛树脂、树胶等。

3.1.2 对焊条的基本要求

对焊条的基本要求可以归纳为四个方面：

(1) 焊条应满足接头的使用性能

焊条应使焊缝金属具有满足使用条件下的力学性能和其他物理化学性能的要求。对于

结构钢用的焊条,必须使焊缝金属具有足够的强度和韧性;

对于不锈钢和耐热钢用的焊条,除要求焊缝金属具有必要的强度和韧性外,还要求有足够的耐蚀性和耐热性能,保证焊缝金属在工作期内的安全可靠。

(2) 焊条应满足焊接工艺性能

焊条应具有良好的抗裂性及抗气孔的能力;焊接过程应飞溅小、电弧稳定,不易产生夹渣或焊缝成形不良等工艺缺欠;焊条应能适应各种位置的焊接需要;焊条应符合低烟尘和低毒要求。

(3) 焊条应具有良好的内外质量

药皮粉末应混合均匀,与焊芯黏结牢靠,表面光洁、无裂纹、无脱落和气泡等缺欠;焊条磨头、磨尾应圆整干净,尺寸符合要求,焊芯无锈,具有一定的耐湿性,有识别焊条的标志等。

(4) 制造成本低

3.1.3 焊条的分类

焊条种类繁多,国产焊条约有 400 多种。焊条的分类方法很多,可从不同的角度对焊条进行分类。

3.1.3.1 按用途分类

按焊条的用途进行分类,具有较大的实用性,也是我国焊条分类的主要方法之一,应用最广。焊条按用途分类的类别及代号见表 3-4。

表 3-4 焊条按用途分类及其代号

焊条型号			焊条牌号			
焊条大类(按化学成分分类)			焊条大类(按用途分类)			
国家标准编号	名称	代号	类别	名称	代号字母	代号汉字
BG/T 5117—1995	碳钢焊条	E	一	结构钢焊条	J	结
GB/T 5118—1995	低合金钢焊条	E	一	结构钢焊条	J	结
			二	钼和铬钼耐热钢焊条	R	热
			三	低温钢焊条	W	温
GB/T 983—1995	不锈钢焊条	E	四	不锈钢焊条	G	铬
					A	奥
GB/T 984—2001	堆焊焊条	ED	五	堆焊焊条	D	堆
GB/T 10044—2006	铸铁焊条	EZ	六	铸铁焊条	Z	铸
—	—	—	七	镍及镍合金焊条	Ni	镍
GB/T 3670—1995	铜及铜合金焊条	TCu	八	铜及铜合金焊条	T	铜
GB/T 3669—2001	铝及铝合金焊条	E	九	铝及铝合金焊条	L	铝
—	—	—	十	特殊用途焊条	TS	特

3.1.3.2 按熔渣的酸碱性分类

在实际生产中,通常按熔渣中酸性氧化物和碱性氧化物的比例将焊条分为酸性焊条和碱性焊条两大类。

(1) 酸性焊条。焊条药皮中含有大量 SiO_2、TiO_2 等酸性氧化物及一定数量的碳酸盐等,其熔渣碱度 B 小于1。

酸性焊条的优点:酸性焊条可以交、直流两用。电弧柔和、飞溅小,熔渣流动性好,易于脱渣,焊缝外表美观;具有良好的工艺性,对油、水、锈不敏感,成本低,广泛用于一般结构件的焊接。

酸性焊条的缺点:酸性焊条药皮中含有许多的氧化铁、氧化钛及氧化硅等氧化性较强的氧化物,因此,在焊接过程中合金元素耗损大,故焊缝的塑性和韧性不高,且焊缝中含氢量高,抗裂性差,不宜焊接受动载荷和要求高强度的重要结构件。

(2) 碱性焊条。焊条药皮中含有大量的大理石、萤石等碱性造渣物,并含有一定数量的脱氧剂和合金剂的焊条称为碱性焊条。碱性焊条主要靠碳酸盐(如大理石中的 $CaCO_3$ 等)分解产生的 CO_2 作为保护气体,在弧柱气氛中氢的分压较低,而且萤石(CaF_2)在高温时与氢结合成氟化氢(HF),从而降低了焊缝中的含氢量,因此,碱性焊条又称低氢型焊条。

碱性焊条的优点:与酸性焊条相比,碱性焊条焊缝金属的含氢量低,有益元素较多,有害元素较少,因此焊缝力学性能、塑性、韧性和抗裂性好、抗冲击力强。

碱性焊条的缺点:碱性焊条工艺性较差,电弧稳定性差,对油污、水锈较敏感、抗气孔性能差,一般要求采用直流焊接电源,主要用于焊接重要的钢结构或合金钢结构。

3.1.3.3 按药皮的主要成分分类

焊条按药皮的主要成分分类,见表3-5。由于药皮配方不同,致使各种药皮类型的熔渣特性、焊接工艺性能和焊缝金属性能有很大的差别。即使同一类型的药皮,由于不同的生产厂家,采用不同的药皮成分和配比,在焊接工艺性能等方面就会出现明显区别。例如低氢型药皮因采用不同稳弧剂和黏结剂,就有低氢钾型和低氢钠型之分。在焊接电源方面前者可以交、直流两用,而后者则要求直流反接。

表3-5 焊条按药皮的主要成分分类

药皮类型	药皮主要成分(质量分数)	焊接电源
钛型	氧化钛≥35%	直流或交流
钛钙型	氧化钛≥35%以上;钙、镁的碳酸盐20%以下	直流或交流
钛铁矿型	钛铁矿≥30%	直流或交流
氧化铁型	多量氧化铁及较多的锰铁脱氧剂	直流或交流
纤维素型	有机物15%以上,氧化钛≥30%左右	直流或交流
低氢型	钙、镁的碳酸盐或萤石	直流
石墨型	多量石墨	直流或交流
盐基型	氯化物和氟化物	直流

3.1.3.4 按焊条的性能分类

按照焊条的一些特殊使用性能和操作性能,可以将焊条分为:超低氢焊条、低尘低毒焊条、立向下焊条、底层焊条、铁粉高效焊条、抗潮焊条、水下焊条、重力焊条和躺焊焊条等。

3.1.4 焊条的型号和牌号

3.1.4.1 焊条的型号

焊条型号是以焊条国家标准为依据,反映焊条主要特性的一种表示方法。焊条型号包括的含义有:焊条、焊条类别、焊条特点(如熔敷金属抗拉强度、使用温度、焊芯金属类型、熔敷金属化学组成类型等),药皮类型及焊接电源等。各类焊条型号的表示方法如下:

1. 碳钢焊条型号

按《碳钢焊条》(GB/T 5117—1995)规定,碳钢焊条型号根据熔敷金属的抗拉强度、药皮类型、焊接位置和焊接电流种类编制。其型号编制方法及其含义如图3-2所示。

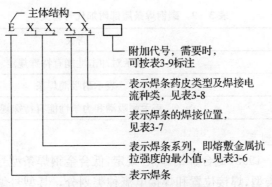

图 3-2 碳钢焊条型号编制

主体结构应标全。附加代号只有需要时才在主体结构之尾部标出。例如:E4303、E5018M、E5015-1等。

表 3-6 碳钢焊条系列 X_1X_2 含义

X_1X_2	熔敷金属抗拉强度最小值	
	kgf/mm²	MPa
43	43	420
50	50	490

表 3-7 碳钢焊条适用焊接位置 X_3 含义

X_3	焊接位置
0	全位置(平焊、立焊、横焊、仰焊)
1	
2	平焊、横角焊
4	立向下焊

表 3‑8　碳钢焊条型号中 X_3X_4 的含义

X_3X_4	药皮类型	焊接电流种类	X_3X_4	药皮类型	焊接电流种类
00	特殊型	交流或直流反接	16	低氢钾型	交流或直流反接
01	钛铁矿型		18	铁粉低氢型	
03	钛钙型		20	氧化铁型	交流或直流正接
10	高纤维素钠型	直流反接	22		交流或直流正、反接
11	高纤维素钾型	交流或直流反接	23	铁粉钛钙型	
12	高钛钠型	交流或直流反接	24	铁粉钛型	
13	高钛钾型	交流或直流正、反接	27	铁粉氧化铁型	交流或直流正接
14	铁粉钛型		28	铁粉低氢型	交流或直流反接
15	低氢钠型	直流反接	48		

表 3‑9　碳钢焊条尾部附加代号含义

代号	含义
−1	表示对冲击性能有特殊规定
R	表示耐吸潮焊条
M	表示耐吸潮和力学性能有特殊规定

2．低合金钢焊条型号

根据 GB/T 5118—1995《低合金钢焊条》规定，低合金钢焊条型号根据熔敷金属的力学性能、化学成分、药皮类型、焊接位置和焊接电流种类划分。其型号编制方法与碳钢焊条编制方法大同小异，格式如图 3‑3 所示。

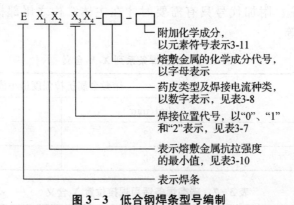

图 3‑3　低合钢焊条型号编制

表 3‑10　低合金钢焊条系列 X_1X_2 含义

X_1X_2	熔敷金属抗拉强度最小值	
	kgf/mm²	MPa
50	50	490
55	55	540

(续表)

X_1X_2	熔敷金属抗拉强度最小值	
	kgf/mm²	MPa
60	60	590
70	70	690
75	75	740
80	80	780
85	85	830
90	90	880
100	100	980

注：当熔敷金属抗拉强度大于980 MPa时，X_1X_2应标为E100XX。

可看出型号第4位数字前的符号含义与碳钢焊条基本相同，第4位数字后的后缀字母（如 A_1、B、B_2、C_1等）为熔敷金属化学成分分类代号，并以短划"－"与前面数字分开；若还有其他附加化学成分时，则直接用元素符号表示，并以短划"－"与前面后缀字母分开。例如E5016、E5018‐A1、E5515‐B3‐VWB等。需要时也可在型号最末尾附加表3‐11所列代号。如图3‐4所示。

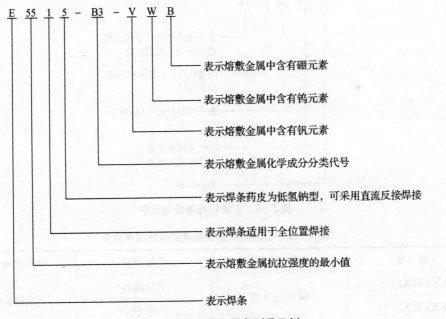

图3‐4 低合金钢焊条型号示例

表3-11　低合金钢焊条尾部附加代号含义

代　号	含　义
R	表示耐吸潮焊条
G	表示该焊条标准化学成分只要1个元素符合标准中规定即可
NM	$\omega(Al)$不大于0.05%
E	在$-40℃$冲击吸收功$\geqslant 54$ J
L	表示超低碳，$\omega(C)\leqslant 0.05\%$

3. 不锈钢焊条型号

根据GB/T 983—2012《不锈钢焊条》规定，不锈钢焊条的型号是根据熔敷金属的化学成分、药皮类型、焊接位置及焊接电流种类编制。其编制方法如下：字母"E"表示焊条，"E"后面的数字（通常是三位）表示熔敷金属的化学成分分类代号。若有特殊要求的化学成分，则用该成分的元素符号表示并接在数字的后面（见表3-13）。需要附加说明时，也用代号接在数字或元素符号的后面，在最末尾用两位数字：15、16、17、25或26表示药皮类型、焊接位置及电流种类，见表3-12，并用短划"－"与前面分开。其型号编制方法及其含义如图3-5所示。

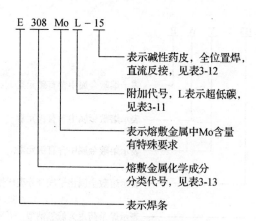

图3-5　不锈钢焊条型号示例

表3-12　不锈钢焊条型号尾部两位数字含义

型　号	药皮类型	焊接位置	焊接电流种类
EXXX(X)-15	碱性低氢型	全位置焊	直流反接
EXXX(X)-25		平焊、横焊	
EXXX(X)-16	低氢型、钛型或钛钙型	全位置焊	交流或直流反接
EXXX(X)-17			
EXXX(X)-26		平焊、横焊	

表 3-13 溶敷金属化学成分

焊条型号[a]	化学成分(质量分数)[b] %									
	C	Mn	Si	P	S	Cr	Ni	Mo	Cu	其他
E209-XX	0.06	4.0~7.0	1.00	0.04	0.03	20.5~24.0	9.5~12.0	1.5~3.0	0.75	N:0.10~0.30 V:0.10~0.30
E219-XX	0.06	8.0~10.0	1.00	0.04	0.03	19.0~21.5	5.5~7.0	0.75	0.75	N:0.10~0.30
E240-XX	0.06	10.5~13.5	1.00	0.04	0.03	17.0~19.0	4.0~6.0	0.75	0.75	N:0.10~0.30
E307-XX	0.04~0.17	3.30~4.75	1.00	0.04	0.03	18.0~21.5	9.0~10.7	0.5~1.5	0.75	—
E308-XX	0.08	0.5~2.5	1.00	0.04	0.03	18.0~21.0	9.0~11.0	0.75	0.75	
E308H-XX	0.04~0.08	0.5~2.5	1.00	0.04	0.03	18.0~21.0	9.0~11.0	0.75	0.75	
E308L-XX	0.04	0.5~2.5	1.00	0.04	0.03	18.0~21.0	9.0~12.0	0.75	0.75	
E308Mo-XX	0.08	0.5~2.5	1.00	0.04	0.03	18.0~21.0	9.0~12.0	2.0~3.0	0.75	
E308LMo-XX	0.04	0.5~2.5	1.00	0.04	0.03	18.0~21.0	9.0~12.0	2.0~3.0	0.75	—
E309L-XX	0.04	0.5~2.5	1.00	0.04	0.03	22.0~25.0	12.0~14.0	0.75	0.75	
E309H-XX	0.15	0.5~2.5	1.00	0.04	0.03	22.0~25.0	12.0~14.0	0.75	0.75	
E309H-XX	0.04~0.15	0.5~2.5	1.00	0.04	0.03	22.0~25.0	12.0~14.0	0.75	0.75	
E309LNb-XX	0.04	0.5~2.5	1.00	0.040	0.030	22.0~25.0	12.0~14.0	0.75	0.75	Nb+Ta: 0.70~1.00
E309Nb-XX	0.12	0.5~2.5	1.00	0.04	0.03	22.0~25.0	12.0~14.0	0.75	0.75	Nb+Ta: 0.70~1.00
E309Mo-XX	0.12	0.5~2.5	1.00	0.04	0.03	22.0~25.0	12.0~14.0	2.0~3.0	0.75	—
E309LMo-XX	0.04	0.5~2.5	1.00	0.04	0.03	22.0~25.0	12.0~14.0	2.0~3.0	0.75	—
E310-XX	0.08~0.20	1.0~2.5	0.75	0.03	0.03	25.0~28.0	20.0~22.5	0.75	0.75	—
E310H-XX	0.35~0.45	1.0~2.5	0.75	0.03	0.03	25.0~28.0	20.0~22.5	0.75	0.75	
E310Nb-XX	0.12	1.0~2.5	0.75	0.03	0.03	25.0~28.0	20.0~22.0	0.75	0.75	Nb+Ta: 0.70~1.00
E310Mo-XX	0.12	1.0~2.5	0.75	0.03	0.03	25.0~28.0	20.0~22.0	2.0~3.0	0.75	—
E312-XX	0.15	0.5~2.5	1.00	0.04	0.03	28.0~32.0	8.0~10.5	0.75	0.75	—

(续表)

焊条型号[a]	化学成分(质量分数)[b] %									
	C	Mn	Si	P	S	Cr	Ni	Mo	Cu	其他
E316-XX	0.08	0.5~2.5	1.00	0.04	0.03	17.0~20.0	11.0~14.0	2.0~3.0	0.75	—
E316H-XX	0.04~0.08	0.5~2.5	1.00	0.04	0.03	17.0~20.0	11.0~14.0	2.0~3.0	0.75	—
E316L-XX	0.04	0.5~2.5	1.00	0.04	0.03	17.0~20.0	11.0~14.0	2.0~3.0	0.75	—
E316LCu-XX	0.04	0.5~2.5	1.00	0.040	0.030	17.0~20.0	11.0~16.0	1.20~2.75	1.00~2.50	—
E316Mn-XX	0.04	5.0~8.0	0.90	0.04	0.03	18.0~21.0	15.0~18.0	2.5~3.5	0.75	N:0.10~0.25
E317-XX	0.08	0.5~2.5	1.00	0.04	0.03	18.0~21.0	12.0~14.0	3.0~4.0	0.75	—
E317L-XX	0.04	0.5~2.5	1.00	0.04	0.03	18.0~21.0	12.0~14.0	3.0~4.0	0.75	—
E317MoCu-XX	0.08	0.5~2.5	0.90	0.035	0.030	18.0~21.0	12.0~14.0	2.0~2.5	2	—
E317LMoCu-XX	0.04	0.5~2.5	0.90	0.035	0.030	18.0~21.0	14.0~14.0	2.0~2.5	2	—
E318-XX	0.08	0.5~2.5	1.00	0.04	0.03	17.0~20.0	11.0~14.0	2.0~3.0	0.75	Nb+Ta: 6×C~1.00
E318V-XX	0.08	0.5~2.5	1.00	0.035	0.03	17.0~20.0	11.0~14.0	2.0~2.5	0.75	V:0.30~0.70
E320-XX	0.07	0.5~2.5	0.60	0.04	0.03	19.0~21.0	32.0~36.0	2.0~3.0	3.0~4.0	Nb+Ta: 8×C~1.00
E320LR-XX	0.03	1.5~2.5	0.30	0.020	0.015	19.0~21.0	32.0~36.0	2.0~3.0	3.0~4.0	Nb+Ta: 8×C~0.40
E330-XX	0.18~0.25	1.0~2.5	1.00	0.04	0.03	14.0~17.0	33.0~37.0	0.75	0.75	—
E330H-XX	0.35~0.45	1.0~2.5	1.00	0.04	0.03	14.0~17.0	33.0~37.0	0.75	0.75	—
E330MoMn-WNb-XX	0.20	3.5	0.70	0.035	0.030	15.0~17.0	33.0~37.0	2.0~3.0	0.75	Nb:1.0~2.0 W:2.0~3.0
E347-XX	0.08	0.5~2.5	1.00	0.04	0.03	18.0~21.0	9.0~11.0	0.75	0.75	Nb+Ta: 8×C~1.00
E347L-XX	0.04	0.5~2.5	1.00	0.040	0.030	18.0~21.0	9.0~11.0	0.75	0.75	Nb+Ta: 8×C~1.00
E349-XX	0.13	0.5~2.5	1.00	0.04	0.03	18.0~21.0	8.0~10.0	0.35~0.65	0.75	Nb+Ta: 0.75~1.20 V:0.10%~0.30 Ti≤0.15 W:1.25%~1.75
E383-XX	0.03	0.5~2.5	0.90	0.02	0.02	26.5~29.0	30.0~33.0	3.2~4.2	0.6~1.5	—

(续表)

焊条型号[a]	化学成分(质量分数)[b] %									
	C	Mn	Si	P	S	Cr	Ni	Mo	Cu	其他
E385-XX	0.03	1.0~2.5	0.90	0.03	0.02	19.5~21.5	24.0~26.0	4.2~5.2	1.2~2.0	—
E409Nb-XX	0.12	1.00	1.00	0.040	0.030	11.0~14.0	0.60	0.75	0.75	Nb+Ta: 0.05~1.50
E410-XX	0.12	1.0	0.90	0.04	0.03	11.0~14.0	0.70	0.75	0.75	
E410NiMo-XX	0.06	1.0	0.90	0.04	0.03	11.0~12.5	4.0~5.0	0.40~0.70	0.755	—
E430-XX	0.10	1.0	0.90	0.04	0.03	15.0~18.0	0.6	0.75	0.75	
E430Nb-XX	0.10	1.00	1.00	0.040	0.030	15.0~18.0	0.60	0.75	0.75	Nb+Ta: 0.50~1.50
E630-XX	0.05	0.25~0.75	0.75	0.04	0.03	16.00~16.75	4.5~5.0	0.75	3.25~4.00	Nb+Ta: 0.15~0.30
E16-8—XX	0.10	0.5~2.5	0.60	0.03	0.03	14.5~16.5	7.5~9.5	1.0~2.0	0.75	
E16-25MoN-XX	0.12	0.5~2.5	0.90	0.035	0.03	14.0~18.0	22.0~27.0	5.0~7.0	0.75	N:≥0.1
E2209-XX	0.04	0.5~2.0	1.00	0.04	0.03	21.5~23.5	7.5~10.5	2.5~3.5	0.75	N:0.08~0.20
E2553-XX	0.06	0.5~1.5	1.0	0.04	0.03	24.0~27.0	6.5~8.5	2.9~3.9	1.5~2.5	N:0.10~0.25
E2593-XX	0.04	0.5~1.5	1.00	0.04	0.03	24.0~27.0	8.5~10.5	2.9~3.9	1.5~3.0	N:0.08~0.25
E2594-XX	0.04	0.5~2.0	1.00	0.04	0.03	24.0~27.0	8.0~10.5	3.5~4.5	0.75	N:0.20~0.30
E2595-XX	0.04	2.5	1.2	0.03	0.025	24.0~27.0	8.0~10.5	2.5~4.5	0.4~1.5	N:0.20~0.30 W:0.4~1.0
E3155-XX	0.10	1.0~2.5	1.00	0.04	0.03	20.0~22.5	19.0~21.0	2.5~3.5	0.75	Nb+Ta: 0.75~1.25 Co:18.5~21.0 W:2.2~3.0
E33-21-XX	0.03	2.5~4.0	0.9	0.02	0.01	31.0~35.0	30.0~32.0	1.0~2.0	0.4~0.8	N:0.3~0.5

注：表中单值均为最大值。

[a] 焊条型号中-XX表示焊接位置和药皮类型；
[b] 化学分析应按表中规定的元素进行分析。如果在分析过程中发现其他化学成分，则应进一步分析这些元素的含量，除铁外，不应超过0.5%。

3.1.4.2 焊条牌号

焊条牌号是按焊条的主要用途及性能特点对焊条产品的具体命名，凡属于同一药皮类型，符合相同焊条型号，性能相似的产品统一命名为一个牌号。

焊条牌号编制方法：每种焊条产品只有一个牌号，但多种牌号的焊条可以同时对应于一种型号。按用途把焊条分为十大类，如结构钢焊条（含低合金高强度钢焊条）、耐热钢焊条、不锈钢焊条等，见表 3-4。焊条牌号是用一个汉语拼音字母或汉字与三位数字来表示，拼音字母或汉字表示焊条各大类，后面的三位数字中，字母后面的第 1、第 2 位数字表示各大类中的若干小类，第 3 位数字表示各种焊条牌号的药皮类型及焊接电源种类，其含义见表 3-14。第 3 位数字后面按需要可加注字母符号表示焊条的特殊性能和用途见表 3-15。

表 3-14　焊条牌号第 3 位数字的含义

焊条牌号	药皮类型	焊接电源种类
□××0	不属已规定类型	不规定
□××1	氧化钛型	交流或直流
□××2	氧化钛钙型	
□××3	钛铁矿型	
□××4	氧化钛型	
□××5	纤维素型	
□××6	低氢钾型	
□××7	低氢钠型	直流
□××8	石墨型	交流或直流
□××9	盐基型	直流

注：1. 表中 □ 表示焊条牌号中的拼音字母或汉字。
　　2. "××" 表示牌号中的前两位数字。

表 3-15　焊条牌号后面加注字母符号的含义

字母符号	含　义	字母符号	含　义
D	底层焊条	LMA	低吸潮焊条
DF	低尘低毒（低氟）焊条	R	压力容器用焊条
Fe	铁粉焊条	RH	高韧性低氢焊条
Fe13	铁粉焊条，其名义熔敷率130%	SL	渗铝钢焊条
Fe18	铁粉焊条，其名义熔敷率180%	X	向下立焊用焊条
G	高韧性焊条	XG	管子用向下立焊用焊条
GM	盖面焊条	Z	重力焊条
GR	高韧性压力用焊条	Z15	重力焊条，其名义熔敷率150%
H	超低氢焊条	CuP	含 Cu 和 P 的耐大气腐蚀焊条
		CrNi	含 Cr 和 Ni 的耐海水腐蚀焊条

1. 结构钢焊条牌号

结构钢焊条包括碳钢和低合金高强度钢用的焊条。牌号首位字母 "J" 或汉字 "结" 表示结构钢焊条；后面第 1、2 位数字表示熔敷金属抗拉强度的最小值（kgf/mm²），见表 3-16。

第三位数字表示药皮类型和焊接电源种类,见表3-14。其牌号编制方法及其含义如图3-6所示。

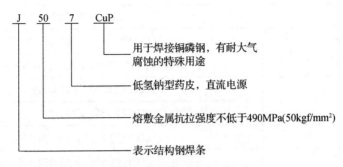

图3-6 结构钢焊条牌号示例

表3-16 结构钢焊条熔敷金属的强度等级

焊条牌号	抗拉强度不小于 MPa(kgf/mm²)	屈服点不小于 MPa(kgf/mm²)
J42×	420(43)	330(34)
J50×	490(50)	410(42)
J55×	540(55)	440(45)
J60×	590(60)	530(54)
J70×	690(70)	590(60)
J75×	740(75)	640(65)
J80×	780(80)	—(—)
J85×	830(85)	740(75)
J10×	980(100)	—(—)

2. 钼和铬钼耐热钢焊条牌号

牌号收尾字母用"R"或汉字"热"表示耐热钢焊条。后面第1位数字表示熔敷金属主要化学成分组成等级,见表3-17。第2位数字表示熔敷金属主要化学成分组成登记中的不同牌号,同一组成等级的焊条,可有10个序号,从0、1、2、…、9顺序排。第3位数字表示药皮类型和电源种类,见表3-14。其牌号编制方法及其含义如图3-7所示。

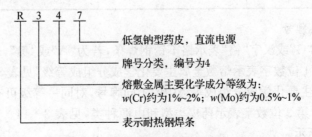

图3-7 钼和铬钼耐热钢焊条牌号示例

表 3-17 耐热钢焊条熔敷金属主要化学成分组成等级

焊条牌号	熔敷金属主要化学成分组成等级
R1××	$\omega(Mo)$ 约 0.5%
R2××	$\omega(Cr)$ 约 0.5%,$\omega(Mo)$ 约 0.5%
R3××	$\omega(Cr)$ 约 1%~2%,$\omega(Mo)$ 约 0.5%~1%
R4××	$\omega(Cr)$ 约 2.5%,$\omega(Mo)$ 约 1%
R5××	$\omega(Cr)$ 约 5%,$\omega(Mo)$ 约 0.5%
R6××	$\omega(Cr)$ 约 7%,$\omega(Mo)$ 约 1%
R7××	$\omega(Cr)$ 约 9%,$\omega(Mo)$ 约 1%
R8××	$\omega(Cr)$ 约 11%,$\omega(Mo)$ 约 1%

3. 低温钢焊条牌号

首字母"W"或汉字"温"表示低温钢焊条,后面两位数字表示焊接工作温度级别,见表 3-18。第 3 位数字表示药皮类型和焊接电源种类,见表 3-14。其牌号编制方法及其含义如图 3-8 所示。

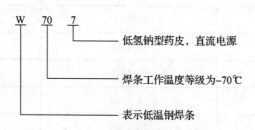

图 3-8 低温钢焊条牌号示例

表 3-18 低温钢焊条工作温度级别

焊条牌号	工作温度/℃
W70×	-70
W90×	-90
W10×	-100
W19×	-196
W25×	-253

4. 不锈钢焊条牌号

牌号首位字母"G"或汉字"铬"表示铬不锈钢焊条,若为"A"或"奥",表示奥氏体铬镍不锈钢焊条。后面第 1 位数字表示熔敷金属主要化学成分组成等级,见表 3-19。第 2 位数字表示同一熔敷金属主要化学成分组成等级中的不同牌号,对同一等级可有 10 个序号,从 0、1、2、…、9 顺序排。第 3 位数字表示药皮类型和电源种类,见表 3-14。其牌号编制方法及其含义如图 3-9 所示。

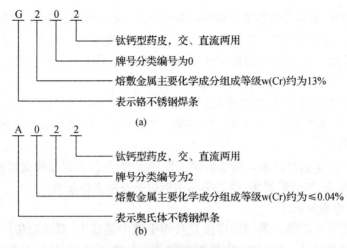

图 3-9 不锈钢焊条牌号示例

表 3-19 不锈钢焊条熔敷金属主要化学成分组成等级

焊条牌号	熔敷金属主要化学成分组成等级	焊条牌号	熔敷金属主要化学成分组成等级
G2××	$\omega(Cr)$约 13%	A4××	$\omega(Cr)$约 26%,$\omega(Ni)$约 21%
G3××	$\omega(Cr)$约 17%	A5××	$\omega(Cr)$约 16%,$\omega(Ni)$约 25%
A0××	$\omega(C)\leqslant 0.04\%$(超低碳)	A6××	$\omega(Cr)$约 16%,$\omega(Ni)$约 35%
A1××	$\omega(Cr)$约 19%,$\omega(Ni)$约 10%	A7××	Cr—Mn—N 不锈钢
A2××	$\omega(Cr)$约 18%,$\omega(Ni)$约 12%	A8××	$\omega(Cr)$约 18%,$\omega(Ni)$约 18%
A3××	$\omega(Cr)$约 23%,$\omega(Ni)$约 13%	A9××	$\omega(Cr)$约 20%,$\omega(Ni)$约 34%

3.1.5 焊条的选择、使用与管理

3.1.5.1 焊条的选择

1. 焊条的选择原则

焊条的选择是否正确对焊接质量、焊接生产效率、焊接生产成本及焊工的身体健康等都有重要的意义。选择焊条时应遵循以下原则：

(1) 根据被焊金属材料的化学成分、力学性能、抗裂性、耐腐蚀性及耐高温性等要求，选择相应的焊条种类。例如焊接母材是碳钢或普通低合金钢时，应选用结构钢类型的焊条；焊接耐热钢、不锈钢等材料时，应选用与母材化学成分相同或相近的焊条；焊接异种钢材料时，应按其中强度较低的母材选择焊条。

(2) 根据焊缝金属的使用性能，选择相应的焊条。例如对于承受动载荷的焊缝，应选用熔敷金属具有较高冲击韧度的焊条；对于承受静载荷的焊缝，应选用抗拉强度与母材相当的焊条。

(3) 根据焊缝金属的抗裂性选择焊条。当焊件刚度较大，母材含碳、硫、磷量偏高或外界温度偏低时，焊缝容易出现裂纹，焊接时最好选用抗裂性较好的碱性焊条。

(4) 根据焊件的工作条件与工艺特点选择焊条。对于承受交变载荷、冲击载荷的焊接结构，或者形状复杂、厚度大、刚性大的焊件，应选用碱性焊条甚至超低氢型焊条、高韧性焊条。对于母材中含碳、硫、磷量较高的焊件，应选择抗裂性较好的碱性焊条。在确定了焊条牌号后，还应根据焊接件厚度、焊接位置等条件选择焊条直径。一般是焊接件愈厚,焊条直径愈大。

(5) 根据焊接设备及施工条件选择焊条。在没有直流焊机的情况下,就不能选用低氢钠型焊条,可以选用交直流两用的低氢钾型焊条;当焊件不能翻转而必须进行全位置焊接时,应选用能适合各种条件下空间位置焊接的焊条。

(6) 根据焊工的劳动条件、生产率及经济合理性选用焊条。在满足产品质量的前提下,尽量选用少尘低害、生产率高、价格便宜的焊条。如钛铁矿型焊条的成本要比具有相同性能的钛钙型焊条低得多。

(7) 根据生产效率选择焊条。对于焊接工作量大的焊件,在保证焊缝性能的前提下,尽量采用高效率的焊条,如铁粉焊条、高效率不锈钢焊条及重力焊条等。

2. 常用国产焊条的选择

(1) 结构钢焊条的选择。碳钢的焊接是被焊金属中量最大、覆盖面最广的一种。碳钢焊条的焊缝强度通常小于 540 MPa,在碳钢焊条国家标准中只有 E43 系列和 EE50 系列两种型号。目前焊接中大量使用的是 490 MPa 级以下的焊条。常用的结构钢焊条牌号和主要用途,可参见表 3-20。

表 3-20 常用结构钢焊条牌号及主要用途

牌 号	型 号	焊接电源	主要用途
J422	E4303	交直流	焊接低碳钢结构和同等级的低合金钢
J422Fe			
J422Fe13	E4323		焊接较重要的低碳结构钢
J426	E4316	直流	焊接重要的低碳钢及某些低合金钢,如 Q235、20R、20 g
J427	E4315		
J427Ni			
J502	E5003	交直流	焊接 16Mn 及同等级低合金钢一般结构
J502Fe			
J506	E5016	直流	焊接中碳钢及重要的低合金钢结构,如 16Mn
J507	E5015		焊接中碳钢及 16Mn 等重要的低合金钢结构
J507H			
J507r	E5015-G		用于压力容器的焊接

(2) 不锈钢焊条的选择。

① 铬不锈钢焊条。铬不锈钢焊条主要用于铬不锈钢的焊接。常用铬不锈钢焊条及主要用途见表 3-21。

表 3-21 常用铬不锈钢焊条牌号及主要用途

牌 号	型 号	焊接电源	用 途
G202	E410-16	交直流	焊接 0Cr13、1Cr13 钢及耐磨、耐蚀表面的堆焊
G207	E410-15	直流	

(续表)

牌 号	型 号	焊接电源	用 途
G302	E430-16	交直流	焊接 Cr12 不锈钢
G307	E430-15	直流	
G217	—	直流	焊接 0Cr13、1Cr13、2Cr13 和耐磨、耐蚀表面的堆焊

② 奥氏体不锈钢焊条。奥氏体不锈钢焊条除用于焊接相应的奥氏体不锈钢外,还作为修复复合钢、异种钢、淬火倾向大的碳钢和高铬钢的焊接。常用奥氏体不锈钢焊条牌号及主要用途见表 3-22。

表 3-22 常用奥氏体不锈钢焊条牌号及主要用途

牌 号	型 号	焊接电源	用 途
A002	E308L-16	交、直流	焊接超低碳 Cr19Ni11 或 0Cr19Ni10 不锈钢,如合成纤维、化肥、石油等设备
A022	E316L-16		焊接尿素、合成纤维设备
A032	E317MoCuL-16		在稀、中浓硫酸介质中的超低碳不锈钢设备
A042	E309MoL-16		焊接尿素塔衬板及堆焊超低碳不锈钢
A062	E309L-16		焊接石油、化工设备的同类不锈钢及异种钢
A102	E308-16		焊接工作温度低于 300℃ 的 0Cr19Ni9 及 0Cr9Ni11Ti 的不锈钢
A107	E308-15	直流	
A132	E347-16	交、直流	焊接耐腐慢、含钛稳定的 0Cr18Ni11Ti 不锈钢
A137	E347-15	直流	
A202	E316-16	交、直流	焊接 0Cr18Ni12Mo2 不锈钢结构,如在有机、无机酸介质中的设备
A207	E316-15	直流	
A212	E316Nb-16	交、直流	焊接重要的 0Cr17Ni12Mo2 不锈钢设备
A302	E309-16		焊接同类型不锈钢或异种钢
A307	E309-15	直流	
A312	E309Mo-16		焊接耐硫酸介质的不锈钢结构
A402	E310-16	交、直流	焊接高温耐热不锈钢及 Cr5Mo、Cr9Mo、Cr13 等,也可用于焊接异种钢
A412	E310Mo-16		焊接高温条件下耐热不锈钢及异种钢
A432	E310H-16		焊接 HK-40 耐热不锈钢
A502	E16-25MoN-16		焊接淬火状态的低合金钢或中合金钢
A507	E16-25MoN-15	直流	
A607	E330MoMnWNB-15	直流	用于 850~900℃ 下工作的耐热不锈钢

3.1.5.2 焊条的使用

1. 焊条使用前的检查

（1）焊条采购入库时，必须有焊条生产厂的质量合格证，凡无质量合格证或对其质量有怀疑时，应按批抽查试验。

（2）对重要的焊接结构进行焊接时，焊前应对所选用的焊条进行性能鉴定。

（3）对于长时间存放的焊条，焊前应进行技术鉴定。

（4）对于焊芯有锈迹的焊条，应经试验鉴定合格后使用。

（5）对于受潮严重的焊条，应进行烘干后使用。

（6）对于药皮脱落的焊条，应作报废处理。

2. 焊条烘干

焊条在使用前，应按说明书规定的温度进行烘干。因为焊条药皮受其成分、存放空间空气湿度、保管方式和贮存时间长短等因素的影响，会吸潮而使工艺性能变坏，造成焊接电弧不稳定，焊接飞溅增大，容易产生气孔和裂纹等缺欠。

（1）焊条烘干一般要求

① 烘干焊条时，要在炉温较低时放入焊条，然后逐渐升温。

② 取烘干好的焊条时，不可从高温的炉中直接取出，应该等炉温降低后再取出，防止冷焊条突然被高温加热，或高温焊条突然被冷却而使焊条药皮开裂，降低焊条药皮的作用。

③ 烘干箱中的焊条，不应该成垛或成捆的摆放，应该铺成层状，每层焊条堆放不能太厚，$\phi 4$ 焊条不超过 3 层，$\phi 3.2$ 焊条不超过 5 层。$\phi 3.2$ 和 $\phi 4$ 焊条的偏心度不大于 5%。

④ 焊条重复进行烘干时，重复烘干次数不宜超过 3 次。

（2）酸性焊条烘干。酸性焊条的烘干温度为 75~150℃，烘干时间为 1~2 h，当焊条包装完好且贮存时间较短，用于一般的钢结构焊接时，焊前也可以不予以烘干。焊条烘干后允许在大气中的放置时间不超过 6~8 h，否则必须重新烘干。

（3）碱性焊条烘干。碱性焊条的烘干温度为 350~400℃，烘干时间 1~2 h，烘干后的焊条放在焊条保温筒中随用随取，焊条烘干后允许在大气中放置 3~4 h，对于抗拉强度在 590 MPa 以上低氢型高强度钢焊条应在 1.5 h 以内用完，否则必须重新烘干。

（4）纤维素型焊条烘干。纤维素型焊条的烘干温度为 70~120℃，保温时间为 0.5~1 h。注意烘干温度不可过高，否则纤维素易烧损、焊条性能变坏。

对于某些管道用纤维素型焊条，由于厂家在调制焊条配方时，已将焊条药皮中所含水分对电弧吹力的影响一并考虑在内，若再进行烘干，将降低药皮的含水量，减弱电弧吹力，使焊接质量变差。因此，对于此类焊条可直接使用。

3. 焊条使用注意要点

（1）严格按图样和工艺规程要求检查焊条牌号、规格和烘干等是否与要求相符。

（2）按焊条说明书要求，正确地选择用电源、极性接法、焊接工艺参数及适宜的操作方法。

（3）施焊过程中，发现异常情况，应立即停焊，报请有关部门处理。

3.1.5.3 焊条的管理

1. 焊条在仓库中的管理

(1) 焊条入库前,应检查焊条包装是否完好,产品说明书、合格证和质量保证书等是否齐全。必要时按国家标准进行复验,合格后才允许入库。

(2) 焊条入库后,应按种类、牌号、焊条生产批次、规格、入库的时间分类进行堆放,每垛应有明确标注,并与焊条生产厂家质量合格证及入厂复验合格证相统一,统一备案在库房台账中。

(3) 焊条必须存放在通风良好的干燥库房内,库房内应备有温度计和湿度计,室温宜在10~25℃,相对湿度小于60%,焊条应放在货架上,货架离地面高度距离不小于200 mm,离墙壁距离不小于300 mm,架子下面应放置干燥剂,防止焊条受潮。

(4) 焊条是一种陶质产品,进行装、卸货时应轻拿轻放;用袋盒包装的焊条,不得用挂钩进行搬运,以防止焊条及其包装受损伤。

(5) 特种焊条应堆放在专用仓库或指定区域,受潮或包装损坏的焊条未经处理不得入库。

(6) 应建立严格的焊条发放制度,对焊条的来龙去脉应做好记录,防止错发误领。

2. 焊条在施工中的管理

(1) 焊条的出库量,不能超过2天的焊接用量,对于已经出库的焊条由焊工妥善保管。

(2) 焊条的支领必须由专人负责,凭焊条支领单到库房中领取,支领单应写有支领人姓名、支领的焊条型(牌)号、焊条直径、领取数量、支领焊条基层单位负责人签字、支领日期,在备注单写有该焊条的生产厂家、生产批次、出厂日期、入库日期等。

(3) 焊条领到基层生产单位后,应填写焊条保管账本,账本内容包括:焊条生产厂家、生产批次、焊条型(牌)号、焊条直径、进账数量。

(4) 焊条进行烘干时,应核查其牌号、型号、规格等,防止出错。

(5) 焊条烘干后,应发放给焊工。焊工领用烘干后的焊条,应将焊条放入焊条保温筒内,保温筒内只允许装一种型(牌)号的焊条,不允许多种型(牌)号焊条混装在同一焊条保温筒内,以免在焊接施工中用错焊条,造成焊接质量事故。焊工每次领取焊条最多不能超过5 kg,剩余焊条必须交车间材料室或施工现场材料组妥善保管。

(6) 用剩的焊条不能露天存放,最好送回保温箱内。低氢型焊条次日使用前应再次烘干(在低温烘箱中恒温保管者除外)。

3.2 焊　丝

焊丝是埋弧焊、气体保护焊、电渣焊、气焊等用的主要焊接材料,其作用主要是填充金属或同时用来传导焊接电流。此外,有时通过焊丝向焊缝过渡合金元素;对于自保护药芯焊丝,在焊接过程中还起到保护、脱氧和去氮等作用。

3.2.1 焊丝的分类

焊丝的分类方法有许多种,通常有以下几种:

1. 按照适用的焊接方法

可分为埋弧焊焊丝、CO_2气体保护焊焊丝、钨极氩弧焊焊丝、电渣焊焊丝、自保护焊焊丝等。

2. 按照适用的金属材料

可分为低碳钢焊丝、低合金钢焊丝、不锈钢焊丝、铜及铜合金焊丝、铝及铝合金焊丝、硬质合金堆焊焊丝和铸铁焊丝等。

3. 按照焊丝的形状结构

可分为实芯焊丝、药芯焊丝及活性焊丝等。

3.2.2 焊丝的型号与牌号

3.2.2.1 焊丝的型号

焊丝的型号是根据国家标准为依据进行划分的。有关焊丝的现行国家标准有：

GB/T 4242—2009 《不锈钢丝》

GB/T 8110—2008 《气体保护电弧焊用碳钢、低合金钢焊丝》

GB/T 9460—2008 《铜及铜合金焊丝》

GB/T 10044—2006 《铸铁焊条及焊丝》

GB/T 10045—2001 《碳钢药芯焊丝》

1. 国标关于CO_2焊焊丝的型号规定

焊丝型号标志按《不锈钢丝》(GB/T 4242—2009)规定分列牌号和代号。铜及铸铁焊丝型号的划分方法请参阅有关标准。

2. 碳钢药芯焊丝的型号

（1）《碳钢药芯焊丝》(GB/T 10045—2001)规定，碳钢药芯焊丝根据药芯类型，是否采用外部保护气体、焊接电流种类以及对单道焊和多道焊的适用性进行分类。焊丝类型如表3-23所示。

（2）其型号由焊丝类型代号和焊缝金属力学性能标注两部分组成。

第一部分以英文字母"EF"表示药芯焊丝代号，"EF"之后的第1位数字表示主要适用的焊接位置，"0"表示用于平焊和横焊，"1"表示用于全位置焊，第2位数字或字母表示分类代号，见表3-23。

第二部分用四位数字表示焊缝金属的力学性能，前两位数字表示最小抗拉强度，见表3-21，后两位数字表示夏比（V型缺口）冲击功，其中第一位数字为冲击吸收功不小于27 J所对应的试验温度，第二位数字为冲击吸收功不小于47 J所对应的试验温度，见表3-24。

碳钢药芯焊丝的型号编制方法及其含义如图3-10所示。

表3-23 碳钢药芯焊丝类型代号（摘自 GB/T 10045—2001）

焊丝类型	药芯类型	保护气体	电源种类	适用性
EF×1-	氧化钛型	二氧化碳	直流反接	单道焊和多道焊
EF×3-	氧化钛型	二氧化碳	直流反接	单道焊
EF×3-	氧化钙—氟化物型	二氧化碳	直流反接	单道焊和多道焊
EF×4-	—	自保护	直流反接	单道焊和多道焊

(续表)

焊丝类型	药芯类型	保护气体	电源种类	适用性
EF×5-	—	自保护	直流正接	单道焊和多道焊
EF×G-	—	—	—	单道焊和多道焊
EF×GS-	—	—	—	单道焊

表 3-24 碳钢药芯焊丝焊缝金属夏比冲击吸收功(摘自 GB/T 10045—2001)

第3位数	冲击吸收功	
	T/℃	$A_{KV}/J \geqslant$
0	没有规定	
1	20	
2	0	
3	-20	27
4	-30	
5	-40	

第4位数	冲击吸收功	
	T/℃	$A_{KV}/J \geqslant$
0	没有规定	
1	20	
2	0	
3	-20	47
4	-30	
5	-40	

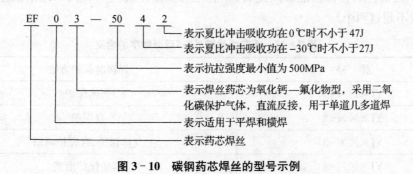

图 3-10 碳钢药芯焊丝的型号示例

3.2.2.2 焊丝的牌号

1. 实芯焊丝的牌号

实芯焊丝的牌号都是以字母"H"开头,后面的符号及数字用来表示该元素的近似含量。

具体表示方法如图3-11所示。如图3-12所示为实芯焊丝的牌号示例。

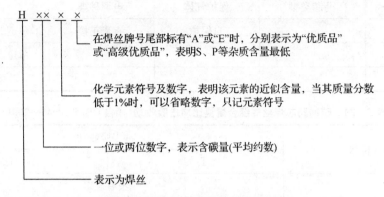

图3-11 实芯焊丝的牌号表示方法

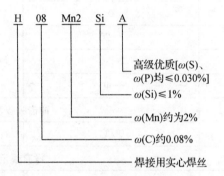

图3-12 实芯焊丝的牌号示例

2. 药芯焊丝的牌号

(1) 首字母"Y"表示药芯焊丝的牌号;第二个字母及第一、二、三位数字与焊条编制方法相同;

(2) 牌号中短划"-"后面的数字表示焊接时的保护方法(表3-25)。

(3) 药芯焊丝有特殊性能和用途时,在牌号后面加注起主要作用的元素或主要用途的字母(一般不超过两个)。

表3-25 药芯焊丝牌号"-"后面数字的含义

牌　号	焊接时保护方法
YJ×××-1	气体保护
YJ×××-2	自保护
YJ×××-3	气体保护、自保护两用
YJ×××-4	其他保护形式

药芯焊丝的牌号具体表示方法如图3-13所示。

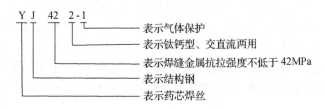

图3-13 药芯焊丝的牌号示例

3. 有色金属及铸铁焊丝的牌号

(1) 牌号前两个字母"HS"表示焊丝。

(2) 牌号第一位数字表示焊丝的化学组成类型："1"为堆焊硬质合金；"2"为铜及铜合金；"3"为铝及铝合金；"4"为铸铁。

(3) 牌号第二、三位数字表示同一类型焊丝的不同牌号。

有色金属及铸铁焊丝的牌号具体表示方法如图3-14所示。

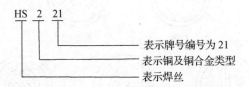

图3-14 有色金属及铸铁焊丝的牌号示例

3.2.3 药芯焊丝

药芯焊丝是由薄钢带卷成圆形钢管或异形钢管的同时，填满一定成分的药粉后经拉制而成的一种焊丝。

3.2.3.1 药芯焊丝的分类

药芯焊丝按其外层结构可分为：由冷轧薄钢带制成的有缝药芯焊丝及焊成钢管型的无缝药芯焊丝。由于无缝药芯焊丝在制造工艺上可以采用表面镀铜技术，因而具有防潮、宜于长期存放等优点，已成为发展趋势。

药芯焊丝按其内部填充材料可分为：有造渣剂的造渣型药芯焊丝及无造渣剂的金属型药芯焊丝。

药芯焊丝按照渣的碱度可分为：钛型（酸性渣）、钙钛型（中性或碱性渣）及钙型（碱性渣）药芯焊丝。钛型渣系焊丝的焊道成形美观，焊接工艺性能优良，但是焊缝的抗裂性及韧性稍差；钙型渣系的焊缝抗裂性及韧性优良，而焊道成形和焊接工艺性能稍差；钙钛型渣系介于上述二者之间。

金属型药芯焊丝的焊接特性类似于实芯焊丝，在抗裂性和熔敷效率方面优于造渣型药芯焊丝。目前已应用于钢架结构及车辆制造工业中，正在逐步取代实芯焊丝。

3.2.3.2 药芯焊丝的截面形状

药芯焊丝的截面形状对于焊接工艺性能与冶金性能有很大的影响，其截面形状已达30余种，其中常用的截面形状如图3-15所示。

采用高速摄影方法,研究不同截面形状药芯焊丝的焊接性能发现:实芯焊丝的电弧是在焊丝端部整个截面上产生的;O型截面 φ3.2 药芯焊丝的电弧则是在焊丝端部沿着O型钢皮产生的,并且飘移不定,甚至还会沿钢皮形成旋转电弧,造成很大飞溅,药芯往往成块下落,使冶金反应不稳定;T型截面药芯焊丝的电弧在弧柱面上有一条缺口;E型和双层截面药芯焊丝的电弧可以稳定地燃烧在整个焊丝端面上,保护效果较好。

总之,药芯焊丝截面形状越复杂、越对称,电弧越稳定,药芯的冶金反应和保护作用越充分,熔敷金属含氮量越少。但是,随着药芯焊丝直径的减小,这些差别逐渐缩小。当直径减小到1.6 mm时,不同截面形状药芯焊丝的电弧稳定性及冶金性能,基本上趋于一致。所以,目前 φ2.0 mm 以下的小直径药芯焊丝一般采用简单的O型截面;φ2.4 mm 以上的大直径药芯焊丝多采用E型或双层等复杂截面。

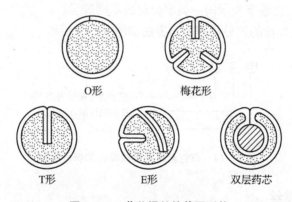

图 3-15 药芯焊丝的截面形状

E型截面药芯焊丝,由于折叠的钢带偏向截面的一侧,当焊丝与母材之间的角度比较小时,容易发生电弧偏吹现象。在制造工艺上,E型焊丝是把密度不同的粉末混合在一起,因而容易在加粉过程中由于机械振动而使轻、重粉末分离,造成成分不均匀。

双层药芯焊丝可以把密度相差悬殊的粉末分开,把密度大的金属粉末加载内层,把密度较小的矿石粉加在外层。这样可以保持粉末成分的均匀性,使焊丝的性能稳定。由于它的截面比较对称,并且金属粉居于截面中心,所以电弧比较居中和稳定。双层药芯焊丝的不足之处是:当焊丝反复烘干时,容易造成截面变形、漏粉以及导致送丝困难。

3.2.3.3 药芯焊丝的特性

(1) 焊接飞溅小。由于药芯焊丝中加入了稳弧剂而使电弧稳定燃烧。熔滴均匀地喷射状过渡。所以焊接飞溅很少,并且飞溅颗粒也小。减少了清理焊缝的工时。

(2) 焊缝成形美观。药芯焊丝熔化时所产生的熔渣对于焊缝成形起着良好的作用。

(3) 熔敷速度高于实芯焊丝。由于药芯焊丝的电流密度高,所以焊丝熔化速度快。

(4) 可进行全位置焊接,并可以采用较大的焊接电流,如 φ1.2 mm 的焊丝,其电流可达 280 A。

3.2.4 焊丝的选择

3.2.4.1 埋弧焊丝的选择

有实芯焊丝和药芯焊丝。一般使用实芯焊丝,在特殊要求时使用药芯焊丝。选择埋弧焊用焊丝应符合下列要求:

(1) 焊接碳钢或低合金钢时,应该根据等强度的原则选用焊丝,所选用的焊丝应该保证焊缝的力学性能。

(2) 焊接耐热钢或不锈钢时,应尽可能保证焊缝的化学成分与焊件的相同或相近,同时还要考虑满足焊缝的力学性能。

(3) 焊接碳钢和低合金钢时,通常选择强度等级较低、抗裂性较好的焊丝。

(4) 焊接低温钢时,主要是根据低温韧性来选择焊丝。

(5) 在焊丝的合金系统选择上,主要是在保证等强度的前提下,重点考虑焊缝金属对冲击韧度的要求。焊丝常用的埋弧焊药芯焊丝牌号和用途见表 3-26。

表 3-26 埋弧焊药芯焊丝的牌号和用途

牌 号	主要化学成分 (质量分数%)	堆焊层硬度 HRC	主要用途
HYD047	$C \leqslant 1.7$ $Cr 4.0 \sim 7.0$ $Mo 1.5 \sim 3.0$ $Ni \leqslant 3.0$	$\geqslant 55$	堆焊辊压机挤压辊表面
HYD117Mn	$C > 0.1$ $Mn 1.2 \sim 1.6$ $Cr+Mo 1.5 \sim 2.5$	—	用于 HYD616Nb 的打底焊,特别严重磨料磨损耐磨层的修复和堆焊
YD616-2	$C 3.0 \sim 3.5$ $Cr 13.5 \sim 15.5$ $Mn 0.9 \sim 1.2$ $Mo 0.3 \sim 0.6$ $Si 0.7 \sim 1.0$	$46 \sim 53$	堆焊耙路机的齿、破碎机锤头和挖土机齿等

3.2.4.2 气体保护焊用焊丝的选择

在焊接过程中,气体的成分直接影响到合金元素的烧损,从而影响到焊缝金属的化学成分和力学性能,所以焊丝成分应该与焊接用的保护气体成分相匹配。对于氧化性较强的保护气体应该采用高锰、高硅焊丝;对于氧化性较弱的保护气体,可以采用低锰、低硅焊丝。具体选择焊丝时应符合以下要求。

1. 焊接碳钢或低合金钢用焊丝的选择

(1) 要满足焊缝金属与母材等强度及对其他力学性能指标的要求。

(2) 满足焊缝金属的化学成分与母缝的一致性。

(3) 焊接某些刚度较大的焊接结构时,应该采用低匹配的原则,选用焊缝金属的强度低于母材的焊丝焊接。

(4) 焊接中碳调质钢时,因为焊后要进行调质处理,所以,选择焊丝时,要力求保证焊缝金属的主要合金成分与母材相近,同时还要严格控制焊缝金属中的S、P杂质。

2. 焊接耐热钢用焊丝的选择

(1) 焊缝的化学成分和力学性能与母材尽量一致,使焊缝在工作温度下具有良好的抗氧化、抗气体介质腐蚀的能力,以及一定的高温强度。

(2) 考虑母材的焊接性,避免选用强度较高或杂质含量较多的焊丝。

3. 焊接低温钢用焊丝的选择

(1) 选择便于焊缝金属在低温工作条件下,具有足够的强度、塑性和韧性的焊丝。

(2) 考虑焊缝金属对时效脆性和回火脆性的敏感性要小,以保证焊接接头在脆性转变温度低于最低工作温度时,具有足够的抗裂能力。

4. 焊接不锈钢用焊丝的选择

焊丝的选择见表3-27,常用钢种的推荐焊丝牌号见表3-28。

表3-27 焊接不锈钢用焊丝的选择

序号	项目	选择要求
1	焊接马氏体型不锈钢用焊丝的选择	(1) 如果焊后需用热处理来调整焊缝性能,应尽量使用能满足焊缝金属成分和母材成分相近的焊丝; (2) 如果焊后不能进行热处理时,可用奥氏体焊丝焊接,但焊缝的强度必然低于母材。
2	焊接奥氏体型不锈钢用焊丝的选择	(1) 选择能保证焊缝金属合金成分与母材成分一致或相近的焊丝焊接; (2) 在无裂纹的前提下,选择保证焊缝金属的耐腐蚀性能、力学性能和母材基本相近或略高的焊丝焊接; (3) 在不影响焊缝耐腐蚀性能的条件下,希望用焊后焊缝金属能含有一定数量的铁素体组织的焊丝焊接,这样既能保证焊缝具有良好的耐腐蚀性,又能保证焊缝金属具有良好的抗裂性能。
3	焊接铁素体型不锈钢用焊丝的选择	为了改善铁素体不锈钢的焊接性能和焊缝韧性,应选择含C、N、S、P等有害元素少的焊丝焊接。为了降低焊缝缺口敏感性,提高焊接接头的抗裂能力,也可以采用奥氏体型的高Ni、Cr焊丝焊接。

表3-28 常用钢种的推荐焊丝牌号

钢材		选用的焊丝牌号
类别	牌号	
碳钢	Q235、Q235F、Q235 g	H08Mn2Si
	10 g、15 g、20 g、22 g、25 g	H05MnSiA1TiZr
低合金钢	16Mn、16Mng	H10Mn2
	16MnR、25Mn	H08Mn2Si
	15MnV、16MnVCu	H08MnMoA
	15MnVN、19Mn5	H08Mn2SiA
	20MnMo	/

(续表)

钢 材		选用的焊丝牌号
类 别	牌 号	
低合金耐热钢	18MnMoNb、14MnMoV	H08Mn2SiMo
	12CrMo、15CrMo	H08CrMoAH08CrMoMn2Si
	20CrMo、30CrMoA	H05CrMoVTiRe
	12CrMoV、15CrlMoV、20CrMoV	H08CrMoV、H05CrMoVTiRe
	15CrMoV、20CrlMoV	H08CrMnSiMoV.
	12Cr2MoWVTiB	H10Cr2MnMoWVTiB
	（G102）	H08Cr2MoWVNbB
	G106 钢、	H10Cr5MoVNbB

3.3 焊 剂

焊剂是焊接时能够熔化形成熔渣和气体，对熔化金属起保护和冶金处理作用的一种颗粒状物质。焊剂与焊条的药皮作用相似，但它必须与焊丝配合使用，共同决定熔敷金属的化学成分和性能。

3.3.1 焊剂的分类

焊剂有许多分类方法，每一种分类方法只能反映焊剂某一方面的特性。如按焊剂的用途和制造方法分类；按焊剂的化学成分、化学性质、颗粒结构等进行分类。焊剂的分类方法如图 3-16 所示。

3.3.1.1 按焊剂制造方法分类

1. 熔炼焊剂

将一定比例的各种配料放在炉内熔炼，然后经过水冷粒化、烘干、筛选而制成的焊剂。

2. 非熔炼焊剂

根据焊剂烘焙温度不同又分为黏结焊剂与烧结焊剂。

（1）黏结焊剂

将一定比例的各种粉状配料加入适量黏结剂，经混合搅拌、粒化和低温（400℃）烘干而制成的焊剂（原称陶质焊剂）。

（2）烧结焊剂

将一定比例的各种粉状配料加入适量黏结剂，混合搅拌后经高温（400～1 000℃）烧结成块，经过粉碎、筛选而制成的焊剂。

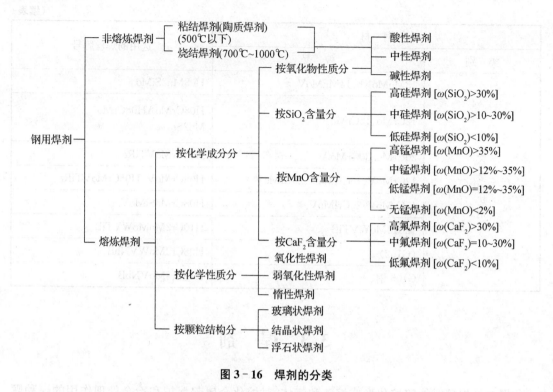

图 3-16 焊剂的分类

3.3.1.2 按焊剂化学成分分类

1. 根据所含主要氧化物性质

分为酸性焊剂、中性焊剂和碱性焊剂。

2. 根据 SiO_2 含量

分为高硅焊剂、中硅焊剂和低硅焊剂。

3. 根据 MnO 含量

分为高锰焊剂、中锰焊剂、低锰焊剂和无锰焊剂。无锰焊剂中的 MnO 是混入的杂质，一般应小于 2%。

4. 根据 CaF_2 含量

分为高氟焊剂、中氟焊剂和低氟焊剂。

3.3.1.3 按焊剂化学性质分类

1. 氧化性焊剂

焊剂对被焊金属有较强的氧化作用。可分为两种类型：一种是含有大量 SiO_2、MnO 的焊剂；另一种是含有较多 FeO 的焊剂。

2. 弱氧化性焊剂

焊剂中 SiO_2、MnO、FeO 等活性氧化物较少，因此对金属有较弱的氧化作用。这种情况下的焊缝金属含氧量比较低。

3. 惰性焊剂

焊剂中基本不含 SiO_2、MnO、FeO 等氧化物，所以对于焊接金属没有氧化作用。此类焊

剂的成分是由 Al_2O_3、CaO、MgO、CaF_2 等组成。

3.3.1.4 按焊剂用途分类

1. 根据被焊材料

可分为钢用焊剂和有色金属用焊剂。钢用焊剂又可分为碳钢、合金结构钢及高合金钢用焊剂。

2. 根据焊接工艺方法

可分为埋弧焊焊剂和电渣焊焊剂。

3.3.2 焊剂的型号和牌号

3.3.2.1 焊剂的型号

1. 埋弧焊用碳钢焊剂

焊剂的型号是根据国家标准进行划分的,我国的现行国家标准《埋弧焊用碳素钢焊丝和焊剂》(GB/T 5293—1999)规定,埋弧焊用焊丝和焊剂是根据焊丝-焊剂组合的熔敷金属力学性能、热处理状态进行划分,具体表示方法如图 3-17 所示。

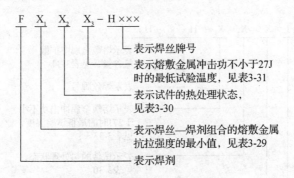

图 3-17 埋弧焊用碳钢焊剂的型号

表 3-29 焊缝金属拉伸力学性能要求—第一位(X_1)数字含义

焊剂型号	抗拉强度 σ_b/MPa	屈服强度 σ_S/MPa	伸长率 δ(%)
$F4X_2X_3$-H×××	415~550	≥330	≥22
$F5X_2X_3$-H×××	480~650	≥400	

表 3-30 试样状态—第二位(X_2)数字的含义

X_2	试样状态
A	焊态
P	焊后热处理状态

表 3-31 焊缝金属冲击韧度要求—第三位(X_3)数字的含义

X_3	试验温度 T/℃	冲击吸收功/J
0	—	
2	−20	
3	−30	≥27
4	−40	
5	−50	
6	−60	

例如 F4A2-H08A 表示碳钢埋弧焊接用的焊剂为 F4A2，焊时和 H08A 焊丝组合，在焊态下其熔敷金属的抗拉强度最小值为 480 MPa，−20℃时冲击吸收功≥27 J。

2. 埋弧焊用低合金钢焊剂

《埋弧焊用低合金钢焊丝和焊剂》(GB/T 12470—2003)规定，埋弧焊用低合金钢焊丝和焊剂是根据焊丝-焊剂组合的熔敷金属力学性能、热处理状态进行划分，具体表示方法如图 3-18 所示。

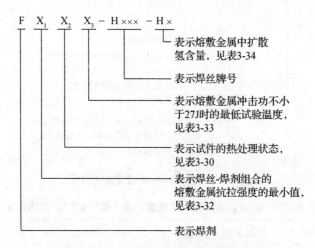

图 3-18 埋弧焊用低合金钢焊剂的型号

表 3-32 熔敷金属拉伸力学性能要求

焊剂型号	抗拉强度 σ_b/MPa	屈服强度 σ_s/MPa	伸长率 δ(%)
F48$X_2$$X_3$-H×××-H×	480~660	400	22
F55$X_2$$X_3$-H×××-H×	550~700	470	20
F62$X_2$$X_3$-H×××-H×	620~760	540	17
F69$X_2$$X_3$-H×××-H×	690~830	610	16
F76$X_2$$X_3$-H×××-H×	760~900	680	15
F83$X_2$$X_3$-H×××-H×	830~970	740	14

注：表中均为最小值

表 3-33 对熔敷金属冲击吸收功要求

焊剂型号	冲击吸收功 A_{VK}/J	试验温度 T/℃
$FX_1X_20-H\times\times\times$	≥27	0
$FX_1X_22-H\times\times\times$		−20
$FX_1X_23-H\times\times\times$		−30
$FX_1X_24-H\times\times\times$		−40
$FX_1X_25-H\times\times\times$		−50
$FX_1X_26-H\times\times\times$		−60
$FX_1X_27-H\times\times\times$		−70
$FX_1X_210-H\times\times\times$		−100
$FX_1X_2Z-H\times\times\times$	不要求	

表 3-34 熔敷金属中扩散氢含量

焊剂型号	扩散氢含量/mL·(100 g)$^{-1}$
$FX1X2X3-H\times\times\times-H16$	16.0
$FX1X2X3-H\times\times\times-H8$	8.0
$FX1X2X3-H\times\times\times-H4$	4.0
$FX1X2X3-H\times\times\times-H2$	2.0

注：1. 表中单值均为最小值；
  2. 此分类代号为可选择的附加性代号；
  3. 如标注熔敷金属扩散氢含量代号时，应注明采用的测试方法。

例如 F55A4-H08MnMoA-H8 表示低合金钢埋弧焊用的焊剂为 F55A4，焊接时和 H08MnMoA 焊丝组合，熔敷金属的扩散氢含量不大于 8 mL·(100 g)$^{-1}$，在焊态下其抗拉强度值为 550～700 MPa，−40℃时冲击吸收功≥27 J。

3. 埋弧焊用不锈钢焊剂

GB/T 17854—1999《埋弧焊用不锈钢焊丝和焊剂》规定埋弧焊用不锈钢焊丝和焊剂的型号分类是根据焊丝-焊剂组合的熔敷金属的化学成分和力学性能进行划分。型号的编制方法是：用字母"F"表示焊剂，"F"后面的数字表示熔敷金属代号，如有特殊要求的化学成分，用相应的标号表在数字的后面；后面再接"−"，其后接焊丝的牌号，该焊丝的牌号 YB/T5092 的规定来标识。完整的焊丝-焊剂型号举例如图 3-19 所示。

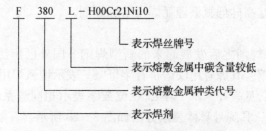

图 3-19 埋弧焊用不锈钢焊剂的型号

上述标准规定了此类焊丝和焊剂组合的熔敷金属中铬的质量分数应大于11%,镍的质量分数应小于38%。

3.3.2.2 焊剂的牌号

目前通用的焊剂统一牌号在形式上与焊剂型号相同,也是由"HJ××-×"表示,但是其数字的含义是不相同的。埋弧焊及电渣焊用焊剂的牌号编制方法如下:

1. 熔炼焊剂

(1) 牌号前"HJ"表示埋弧焊及电渣焊用熔炼焊剂。
(2) 牌号的第一位数字:表示焊剂中氧化锰的含量,如表3-35所示。
(3) 牌号的第二位数字:表示焊剂中二氧化硅、氟化钙的含量,如表3-36所示。
(4) 牌号的第三位数字:表示同一类型焊剂的不同牌号,按0,1,2…9顺序排列。

对于同一牌号焊剂生产两种颗粒度时,在细颗粒焊剂牌号后面加"×"字母。

表3-35 焊剂牌号中第一位数字含义

X_1	焊剂类型	MnO含量(%)
1	无锰	<2
2	低锰	2~15
3	中锰	15~30
4	高锰	>30

表3-36 焊剂牌号中第二位数字含义

X_2	焊剂类型	SiO_2含量(%)	CaF_2含量(%)
1	低硅低氟	<10	<10
2	中硅低氟	10~30	
3	高硅低氟	>30	
4	低硅中氟	<10	10~30
5	中硅中氟	10~30	
6	高硅中氟	>30	
7	低硅高氟	<10	>30
8	中硅高氟	10~30	
9	其他	不规定	不规定

例如,HJ431为高锰高硅低氟型埋弧焊用熔炼焊剂。

2. 烧结焊剂

烧结焊剂是继熔炼焊剂之后发展起来的新型焊剂。国外已广泛采用烧结焊剂焊接碳钢、高强度钢和高合金钢。其牌号用汉语拼音字母"SJ"表示埋弧焊用烧结焊剂,后面第一位珠子表示焊剂熔渣渣系,见表3-37。第二、三位数字表示相同渣系焊剂中的不同牌号,按01,02,…,09顺序排列。其牌号具体表示方法如图3-20所示。

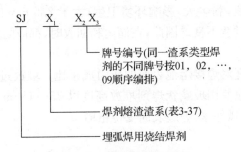

图 3-20　烧结焊剂的牌号

表 3-37　烧结焊剂熔渣渣系

X_1	熔渣渣系类型	主要化学成分(质量分数,%)组成类型
1	氟碱型	$CaF_2 \geqslant 15\%$ $MgO+CaO+MnO+CaF_2>50\%$ $SiO_2<20\%$
2	高铝型	$Al_2O_3 \geqslant 20\%$ $Al_2O_3+MgO+CaO>45\%$
3	硅钙型	$MgO+CaO+SiO_2>60\%$
4	硅锰型	$MnO+SiO_2>50\%$
5	铝钛型	$Al_2O_3+TiO_2>45\%$
6、7	其他型	不规定

烧结焊剂由于具有松装密度比较小、熔点比较高等特点,适用于大线能量焊接。此外,烧结焊剂较容易向焊缝中过渡合金元素。因此,在焊接特殊钢种时宜选用烧结焊剂。

3.3.3　使用焊剂的注意事项

焊剂不能受潮、污染和渗入杂物,并能保持其颗粒度。

1. 运输与储藏

熔炼焊剂不吸潮,因此简化了包装、运输与储藏问题。非熔炼焊剂极易吸收水分,这是引起焊缝金属气孔和氢致裂纹的主要原因。因此,出厂前经烘干的焊剂应装载防潮容器内并密封,防止运输过程中破损。

各种焊剂应储藏在干燥库房内,其室温为 5～50℃,不能放在高温高湿度的环境中。

2. 用前再烘干

焊剂在使用前应按使用说明书规定的参数进行再烘干,一般非熔炼焊剂比熔炼及烘干温度高些,时间也需长些。其中碱度大的焊剂烘干温度又相应高些,时间也长些。

3. 焊剂应清洁纯净

未消耗或未熔化的焊剂可以多次反复使用,但不能被锈、氧化皮或其他外来物质污染,渣壳和碎粉也应清除。被油或其他物质污染的焊剂应报废。

4. 保证颗粒度

焊剂的颗粒小于 0.1 mm 和大于 2.5 mm 时不能采用,实践表明,颗粒小于 0.1 mm 时,其消耗量增加,透气性不良,粉尘大,影响环境卫生;大于 2.5 mm 时,不能很好隔绝空气去保护焊缝,而且合金元素过渡不良。因此,在储运和回收时,都应防止焊剂结块或粉化。

5. 合适的堆放高度

焊接时,焊剂堆放高度对焊接熔池表面的压力成正比。堆放过高,焊缝表面波纹粗大,凹凸不平,有"麻点"。一般使用玻璃状焊剂堆放高度以 25~45 mm 为佳,高速焊时宜堆放低些,但不能太低,否则电弧外露,焊缝表面变得粗糙。

本章小结

1. 焊条可以按照用途、熔渣的酸碱性、药皮的主要成分及本身性能进行分类;按焊条的主要用途及性能特点对焊条产品具体命名焊条牌号,凡属于同一药皮类型,符合相同焊条型号,性能相似的产品统一命名为一个牌号;要掌握焊条的基本要求,熟悉焊条的选择、使用与管理。

2. 焊丝可以按照被焊材料的性质、制造方法、焊接工艺方法进行分类;要掌握正确选择气保焊用的焊丝。

学习思考题

3-1 焊条按照用途、熔渣的酸碱性、药皮的主要成分及本身性能分为哪些类型?如何按焊条的主要用途及性能特点对焊条产品命名其牌号?

3-2 对焊条有哪些基本要求?如何正确进行焊条的选择、使用与管理?

3-3 焊丝按照被焊材料的性质、制造方法、焊接工艺方法分为哪些类型?如何正确选择气保焊用的焊丝?

3-4 焊剂按照使用用途、制造方法、化学成分和化学性质分为哪些类型?如何对焊剂进行命名其牌号?

3-5 简述使用焊剂的注意事项。

第4章 焊接应力与变形

> **学习目标**
>
> 掌握焊接应力与变形的基本概念与产生原因,变形的类型,各种钢结构焊接后的应力分布,以及降低焊接应力的工艺措施和焊后消除焊接残余应力的方法。

4.1 概 述

一般钢结构是由多种型材组合焊接而成,熔化焊接是一个不均匀加热过程,当钢结构局部加热,随温度的升高而膨胀时,由于受到周边未受热金属的限制,冷却后导致钢结构产生了内应力和变形即焊接残余应力和变形。当残余应力和变形超过某一范围时,将直接影响钢结构的承载能力、使用寿命、加工精度和尺寸、引起脆性断裂、疲劳断裂、应力腐蚀裂纹等。

4.1.1 应力的概念、特点和分类

4.1.1.1 应力、焊接应力

物体受到外力作用时和加热引起物体内部之间相互作用的力,称为内力。单位截面积上的内力称为应力。引起金属材料内部应力的原因有工作应力和内应力。工作应力是指外力施加给构件的,工作应力的产生与消失与外力有关。当构件有外力时构件内部即存在工作应力,反之同时消失;内应力是指在没有外力的条件下平衡于物体内部的应力,在物体内部构成平衡的力系。引起内应力的原因很多,由焊接而产生的内应力称焊接应力。焊接应力也和其他原因引起的内应力一样,有一个基本特点,即在整个焊件内构成一个平衡力系,其内力与内力矩的总和都为零。

4.1.1.2 温度产生内应力的原因

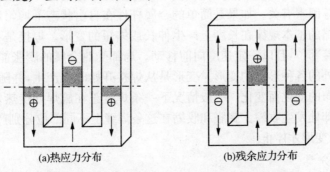

图4-1 封闭金属框架中心杆件加热与冷却过程

图 4-1 所示为温度差异所引起应力(热应力)的实验例子。它是一个既无外力又无内应力封闭的金属框架,若只对框架中心杆件加热,而两侧杆件保持原始温度,如果无两侧杆件,中心杆件随加热温度的升高而伸长,但由于受到两侧杆件和封闭框架的限制,不能自由伸长,此时中心杆件受压而产生压应力,两侧杆件受到中心杆件的反作用受拉而产生拉应力,如图 4-1(a)所示。压应力和拉应力是在没有外力作用下产生的,压应力和拉应力在框架中互相平衡,由此构成了内应力。如果加热的温度较低,应力在金属框架材料的弹性极限范围内,即低于材料的弹性极限 $\sigma_T<\sigma_e$,亦即温度应力在弹性范围内时,在框架中不产生塑性变形,当框架的温度均匀化后,热应力随之消失;如果加热时产生的内应力大于材料的弹性极限,中间杆件就会产生压缩塑性变形,当温度恢复到原始温度,若杆件能自由收缩,那么中间杆件的长度必然要比原来的短,这个差值就是中心杆件的压缩塑性变形量,若杆件不能自由收缩,中间杆件就会产生内应力,这种内应力是温度均匀后在物体中产生的,故称残余应力。实际上框架两侧杆件阻碍着中心杆件的自由收缩使其产生残余拉应力,两侧杆件本身则由于中心杆件的反作用而产生残余压应力,如图 4-1(b)所示。

4.1.1.3 焊接应力的分类

1. 按产生原因分类应力可以分为热应力、相变应力和塑变应力。

热应力是指在加热过程中,焊件内部温度有差异所引起的应力,故又称温差应力。热应力的大小与温差大小有关,温差越大应力越大,温差越小应力越小。

相变应力是指在加热过程中,局部金属发生相变,使比容增大或减小而引起的应力。

塑变应力是指金属局部发生拉伸或压缩塑性变形后引起的内应力。对金属进行剪切、弯曲、切削、冲压、铆接、铸造等冷热加工时常产生这种内应力。焊接过程中,在近缝高温区的金属热胀和冷缩受阻时便产生这种塑性变形,从而产生焊接的内应力。

2. 按应力存在的时间分为焊接瞬时应力和焊接残余应力。

焊接瞬时应力是指在焊接过程中,某一瞬时的焊接应力,它随时间而变化。它和焊接热应力没有本质区别,当温差也随时间而变时,热应力也是瞬时应力。统称暂时应力。

焊接残余应力是焊完冷却后残留在焊件内的应力,残余应力对焊接结构的强度、腐蚀和尺寸稳定性等使用性能有影响。

4.1.2 焊接变形的特点和分类

4.1.2.1 特点

焊件由于焊接而产生的变形成为焊接变形。焊接变形与焊件形状尺寸、材料的热物理性能及加热条件等因素有关。如果是简单的金属杆件在自由状态下均匀地加热或冷却,该杆件将按热胀冷缩的基本规律在长度上产生伸长或缩短的变形。焊接是不均匀加热过程,热源只集中在焊接部位,且以一定速度向前移动。局部受热金属的膨胀能引起整个焊件发生平面内或平面外的各种形态的变形。变形是从焊接开始时便产生,并随焊接热源的移动和焊件上温度分布的变化而变化。一般情况下一条焊缝正在施焊处受热发生膨胀变形,后面开始凝固和冷却处发生收缩。膨胀和收缩在这条焊缝上不同部位分别产生。直至焊接结束并冷却至室温,变形才停止。

4.1.2.2 分类

焊接过程中随时间而变的变形称焊接瞬时变形,它对焊接施工过程发生影响。焊完冷却后,焊件上残留下来的变形称焊接残余变形,它对产品质量和使用性能发生影响。

4.1.3 研究焊接应力与变形的基本假定

焊接中由于温度场变化复杂,焊接接头的应力、性能也比较复杂,为了简化并便于研究和应用,作如下基本假定。

(1) 细长杆件的平截面假定:研究的构件较长,横截面相对长度来说较小,当构件伸长、缩短、弯曲变形时,其横截面总是保持平面。

(2) 屈服极限 σ_s 与温度的关系:低碳钢加热温度低于500℃时 σ_s 不变,500～600℃时 σ_s 逐渐减小到零(见图4-3)。大于600℃时呈全塑性状态,加热时按此规律进行变化,冷却时也按此规律进行变化,从600～500℃时 σ_s 由零逐渐升到正常值。

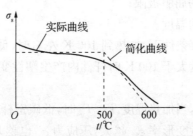

图4-2 低碳钢 σ_s 与温度的关系

(3) 金属的物理性能与温度无关:假定在加热过程中材料的线胀系数、比热容、热导率等均不随温度而变化(实际是随温度变化的)。

4.2 焊接应力与变形产生的原因

4.2.1 简单杆件受热的应力和变形

4.2.1.1 不受约束的自由杆件均匀加热和冷却时的应力变形

自由杆件加热和冷却如图4-3所示,因杆件一端固定,加热时杆件随加热温度变化,加热伸长多少,冷却后就缩短多少,杆件尺寸没有变化,所以杆件没有残余应力和变形。由此可知焊件采取整体预热可减少残余应力。

4.2.1.2 受绝对刚性约束杆件均匀加热和冷却时的应力变形

绝对刚性约束是指杆件加热和冷却时两端都进行牢固连接,加热冷却时杆件轴线方向从外观无法判定加热伸长多少,冷却后缩短多少(见图4-4)。因为是绝对刚性约束,所以外观变形率 $\varepsilon_e = 0$。

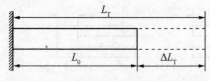

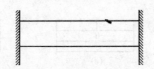

图4-3 自由金属杆件均匀加热的变形　　图4-4 绝对刚性杆件加热时的变形

$$\varepsilon = -\alpha T$$

$$\Delta L = \Delta L_e$$

$$\sigma = -\alpha T E$$

对于低碳钢，$E=19.6\times 10^{10}\,\text{Pa}$，$\alpha=12\times 10^{-6}\,\text{K}^{-1}$，$\sigma_s^+ = \sigma_s^- = 2.35\times 10^8\,\text{Pa}$。

将常数代入，即有：

$$T_s = \frac{\sigma_s^-}{\alpha E} = \frac{\sigma_s}{\alpha E} = 100\,\text{K}$$

式中：σ_s^-——材料受压时的屈服极限；

σ_s^+——材料受拉时的屈服极限；

T_s——材料屈服时的温度。

结果说明，完全刚性约束条件下，加热到 100 K 左右时，低碳钢杆件内的应力就可以达到材料的屈服极限，加热温度大于 100 K 时杆件内产生塑性变形，小于 100 K 时杆件内产生弹性变形。

根据这一估算可以看出，当加热温度 $T<T_s$ 时，低碳钢杆件内只有弹性变形存在，随着加热温度的升高，产生的弹性变形率 ε_s^- 越大，压应力 σ^- 也越大。冷却时随着温度的降低弹性变形率 ε_s^- 逐渐趋于零，压应力 σ^- 也逐渐趋于零，杆件恢复到原长，最后杆件内无应力和残余变形。

当加热温度 $T>T_s$ 时，低碳钢杆件内产生最大的弹性变形率 ε_{sm} 的同时，又产生了塑性变形率 ε_P，而且随着加热温度 T 的提高，最大的弹性变形率 ε_{sm} 渐减小，塑性变形率 ε_P 逐渐增加。

对于低碳钢来说，当 $T\geqslant 600\,℃$ 时，弹性变形率 ε_{sm} 等于零，内部变形率 $\varepsilon = \varepsilon_P$（塑性变形率），也就是说加热温度大于等于 600 ℃ 时，杆件内只产生塑性变形，无弹性变形。冷却后，温度恢复到原始温度，杆件产生了压缩量为 ΔL_e。

4.2.2 板条不均匀受热时的应力和变形

前面介绍的杆件是均匀加热，对试验板件的焊接实际是一个局部不均匀加热过程。如图 4-5(a)所示，三个板条可分开，每个板条可认为是均匀受热。为了便于分析，假定三个板条尺寸完全相同；三个板条连接后无内应力；对中间板条加热时，不向两侧传导热量。

4.2.2.1 三个板条加热冷却自由变形

当三个板条均处于自由状态，对 B 板条进行加热时，B 独立伸长，板条 A、C 未受热，所以长度无变化。实际上三个板条是连在一起的，可见变形率为 ε_e。因 B 板条加热伸长，A、C 板条阻碍其伸长，所以 A、C 板条必然受拉，用（＋）表示；同时板条 B 受板条 A、C 的限制，得不到自由伸长而产生压应力，用（－）表示。

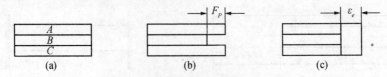

图 4-5　板条加热冷却应力与变形

冷却时板件的变化分两种情况。第一种情况,当加热温度不足以使板件产生塑性变形,冷却后板件 B 不缩短,板件 A、C 也无变化,最后板件无应力,也无残余变形。第二种情况,当加热温度较高,使中间板条既产生了压缩弹性变形,同时也产生了压缩塑性变形,中间板条的应力 $\sigma=\sigma_s$,两侧板条产生的应力 $\sigma=1/2\sigma_s$,冷却时因中间板条产生塑性变形率 ε_P,若许可自由收缩,中间板条应缩短 ε_P,如图 4-5(b)所示,两侧板条因无塑性变形,缩回原长。但实际上三个板条是连在一起的,中间板条不可能自由缩短,而是带动两侧板条同时缩短 ε_e 的长度,如图 4-5(c)所示。最后中间板条产生拉应力,两侧板条产生压应力,整个板条产生缩短变形。

4.2.2.2 板条正中加热不均匀时的应力与变形

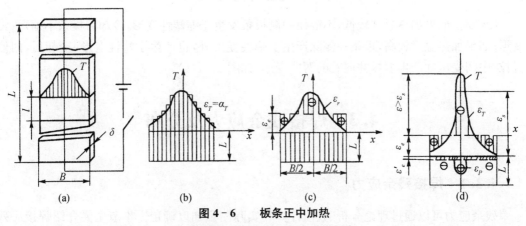

图 4-6　板条正中加热

T-温度场;δ-板厚;L-板长;B-板宽

如图 4-6(a)所示材料为低碳钢,在板中间沿长度方向上用电阻丝进行加热,则在板条宽度方向上出现中间高两侧低的不均匀温度场 T,而在板厚和长度方向可视为均匀的温度场。假设该板条由若干个互不相连的窄板条组成,加热平衡时,温度场在板条上呈抛物线变化,可以看出板条上每个截面上的温度曲线分布都不均匀,此时如果把板条分成若干个小板条,使每个小板条自由伸长,其规律为中间伸出最长,像阶梯一样,与温度场分布规律一样,如图 4-6(b)所示。但实际上板条是整体,不可能单独自由伸长,而是按平截面假设保持平面,内部中间变形率 $\varepsilon=\varepsilon_e-\varepsilon_T$ 为负值,产生压应力,两侧 $\varepsilon=\varepsilon_e-\varepsilon_T$ 为正值,产生拉应力,如图 4-6(c)所示。

冷却时,假设板条是互不相连的小窄条,则冷却后板条中心区端面将出现凹陷,由于板条是一个整体,中心部位收缩时受到两侧金属的限制,端面只能保持整体缩短,按平截面缩短,如图 4-6(d)的 x 轴线下方虚线所示。最后板条中间部位出现残余拉应力,板条两侧出现残余压应力,整个平板缩短 ΔL_e 长度(残余变形),而且加热时的温度越高,金属产生的塑性变形量越大,残余应力也越大。

4.2.2.3 板条一侧非对称加热时的应力与变形

在实际结构中多数是在板件的边缘加热。如图 4-7(a)中的电阻丝移置板条的一侧加热,在长板条中产生相对于截面中心不对称的温度场。加热时的应力和变形可用计算方法或测量得出。假设该板条由若干个互不相连的窄板条组成,加热平衡时,就会出现放置电阻丝端伸出最长,而另一端尺寸几乎不变。但实际上板条是整体,电阻丝加热部位不可能单独伸长,而是平截面假设伸长时保持平面,按内应力构成平衡力系判断,加热时两侧受压,中间受拉,受压的面积等于受拉的面积。整个平板产生伸长并向左发生弯曲变形,如图 4-7(b)所示。

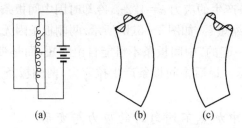

图 4-7 板条一侧非对称加热

冷却时,如果加热温度较低,不能使一侧板条发生压缩塑性变形,冷却后板条不缩短、无变形;如果加热温度较高,板条一侧除产生了弹性变形外,也产生了塑性变形,冷却后,两侧受拉,中间受压并产生缩短并向右的弯曲变形,如图 4-7(c)。

4.3 焊接残余应力及分布

4.3.1 焊接残余应力

残余应力可以通过理论分析、数值计算和实际测量加以确定。本节主要介绍焊接后残存在常用焊接接头中的应力分布情况。为了便于分析,平行焊缝轴线方向的应力称纵向残余应力 σ_x,垂直焊缝轴线的应力为横向残余应力 σ_y,厚度方向的残余应力为 σ_z。在厚度小于 20 mm 的对接接头结构中,厚度方向应力 σ_z 较小,可以不计,焊接残余应力基本是沿两个方向即板件的长和宽。

4.3.1.1 纵向残余应力 σ_x

图 4-8 所示为低碳钢板件熔化焊对接接头残余应力分布,从图中看出,沿焊缝 x 轴方向应力分布不完全相同,焊缝的中间区域,纵向应力为拉应力,其数值可达到材料的屈服点,在板件两端,拉应力逐渐减小至自由边界 $\sigma_x=0$(O-O 截面)。靠近自由端面 Ⅰ-Ⅰ 和 Ⅱ-Ⅱ 截面的 $\sigma_x<\sigma_s$。随着截面离开自由端距离的增大,σ_x 逐渐趋近于 σ_s,板件两端都存在一个残余应力过渡区。在 Ⅲ-Ⅲ 截面 $\sigma_x=\sigma_s$,此区为残余应力稳定区。

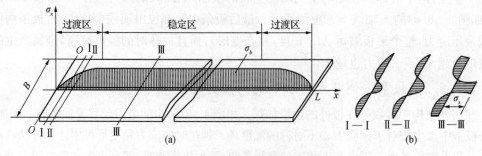

图 4-8 对接焊缝各截面中 σ_x 的分布

图 4-9 所示为三种长度堆焊焊缝的纵向残余应力在焊缝横截面上的分布情况。由图中看出,随着焊缝的长度增加稳定区也增长,当焊缝的长度较短时无稳定区,则 $\sigma_x < \sigma_s$。焊缝越短 σ_x 越小。

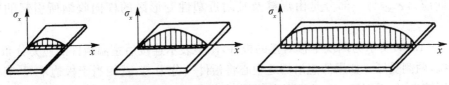

图 4-9 三种长度堆焊焊缝 σ_x 的分布

不同成分的板材纵向应力分布规律基本相同,但由于热物理性能和力学性能不同,其残余应力大小不尽相同。如钛材焊缝中的纵向应力一般为钛件材料屈服极限的 0.5～0.8 倍,铝材焊缝为 0.6～0.8 倍。

焊接对接圆筒环焊缝的纵向残余应力(切向应力)分布如图 4-10 所示。它的残余应力分布不同于平板对接,其 σ_x 的大小与圆筒直径、壁厚、圆筒化学成分和压缩塑性变形区的宽度有关。如圆筒直径与壁厚之比较大时,σ_x 的分布和平板对接相似,当直径与壁厚之比较小时,σ_x 就有所降低。在直径为 1 200 mm,壁

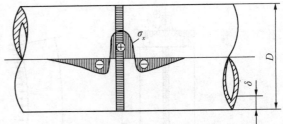

图 4-10 圆筒环缝对接的纵向残余应力分布

厚为 6 mm 的低碳钢圆筒,环缝中的 σ_x 为 210 MPa,而在直径为 384 mm,壁厚也为 6 mm 的圆筒环焊缝中的 σ_x 为 115 MPa。

各种常见焊接型材内的纵向残余应力分布如图 4-11 所示。对 T 形焊接梁,立板可看成是平板条边缘堆焊;翼板看成是平板条中心堆焊,整个梁横截面的纵向残余应力分布就是这两种情况的应力分布的合成,在焊缝及其附近处存在较大的纵向拉应力,见图 4-11(a),H 形梁和箱形梁的腹板以及箱形梁的上下盖板,都可以看成平板条两外边缘堆焊,因受热的对称性,故其纵向残余应力也对称,两边为较大的拉应力,中部为压应力,见图 4-11(b)和图 4-11(c)。上述三种型材均为等截面且长度较大的梁,所以横截面上都是在焊缝及其附近处的金属存在较大的纵向拉伸残余内应力。

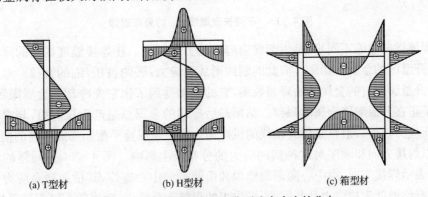

(a) T型材　　　　(b) H型材　　　　(c) 箱型材

图 4-11 各种焊接型材内典型残余应力的分布

4.3.1.2 横向残余应力 σ_y

平板对接焊缝中横向残余应力 σ_y 垂直于焊缝,它的分布与纵向应力 σ_x 的分布规律不同。横向残余应力 σ_y 有两部分组成,其中一部分是由焊缝及其附近塑性区的纵向收缩引起的横向应力 σ'_y,另一部分是由焊缝及其附近塑性变形区的横向收缩所引起的横向应力 σ''_y。

图 4-12(a)所示为两块平板对接的板件,图中表示连接后室温板件的应力分布。板件中间受拉,两侧受压。如果假想沿焊缝中心将板件一分为二,就相当于板边堆焊,有焊缝一边产生压缩变形,无焊缝一边出现伸长变形,如图 4-12(b)所示,要使两块板件恢复原来位置,应在两端加上横向拉应力。由此推断,焊缝及其附近塑性变形区的纵向收缩会使板件两端存在着压应力,而中心部位存在着拉应力,如图 4-12(c)所示。同时两端压应力的最大值要比拉应力的值大得多。

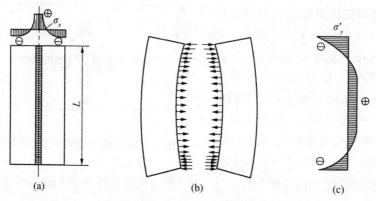

图 4-12 平板对接纵向收缩引起的横向应力 σ'_y 的分布

由纵向收缩引起的横向残余应力的分布受焊缝长度的影响。图 4-13 所示为不同长度的焊缝其 σ'_y 的分布规律,只是长焊缝中部的拉应力将有所降低,而其他的基本相同。

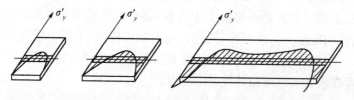

图 4-13 不同长度焊缝 σ'_y 的分布规律

沿焊缝横向收缩不同步,是引起横向应力的另一原因。在焊接温度场上的降温区金属在收缩,升温区的金属在膨胀。彼此的制约形成了应力,胀的被压,缩的被拉。温度场向前移动,曾升温膨胀过的金属开始降温收缩,它的收缩受到了比它先冷却的金属限制,而同时又受到了正在升温膨胀金属的限制。结果最后冷却的金属总是产生拉应力,与之相邻的金属产生压应力。焊后沿整条焊缝轴线的纵截面上内力须保持平衡而形成最终的横向应力分布。所以焊接方向和顺序对这种横向应力的分布产生影响。图 4-14 为同样的平板条对接,箭头表示焊接方向,由中心向两端施焊和由两端向中心施焊,其横向残余应力分布完全不同,只有终焊处为拉应力是共同的,即先焊的焊缝部分受压,后焊的焊缝部分受拉。

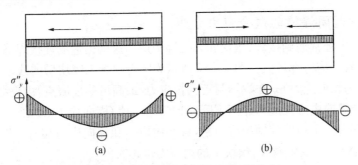

图 4-14 不同焊接方向时 σ''_y 的分布

从以上分析可知,横向应力 σ_y 应由 σ'_y 和 σ''_y 组合而成。从减小总横向应力 σ_y 来看,应合理地选用不同的分段和不同的焊接方向。

4.3.1.3 厚板中的焊接残余应力

厚板焊接接头中除有纵向和横向残余应力外,在厚度方向还有较大的残余应力 σ_z。它在厚度上的分布不均匀,主要受焊接工艺方法的影响。图 4-15 为厚 240 mm 的低碳钢电渣焊缝中心线上的应力分布。该焊缝中心存在三向均为拉伸的残余应力,且均为最大值,这与电渣焊工艺特点有关。因电渣焊时,焊缝正、背面装有水冷铜滑块,表面冷却速度快,中心部位冷却较慢,最后冷却的收缩受周围金属制约,故中心部位出现较高的拉应力。

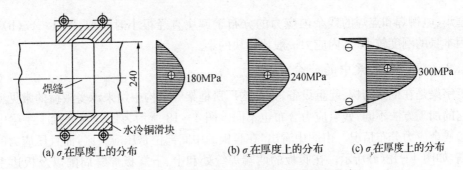

(a) σ_z 在厚度上的分布   (b) σ_x 在厚度上的分布   (c) σ_y 在厚度上的分布

图 4-15 厚板电渣焊中眼厚度上的内应力分布

图 4-16 所示材料低碳钢厚板 V 形坡口对接接头多层焊后,沿焊缝厚度上的残余内应力分布。焊缝表面上的 σ_x 和 σ_y 比中心部位大;σ_z 的数值较小,可能为压应力也可能为拉应力。其中在根部第一道焊缝上的 σ_y 大大超过了屈服点,这是由于每焊一层就产生一次角变形,在该处多次拉伸塑性变形的积累,造成应变硬化,使应力不断上升。严重时可能导致根部开裂。

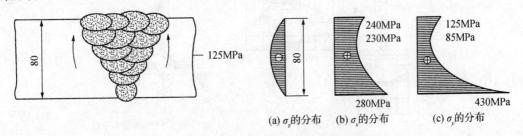

(a) σ_z 的分布   (b) σ_x 的分布   (c) σ_y 的分布

图 4-16 厚板多道多层焊中残余应力的分布

4.3.1.4 封闭焊缝的残余应力分布

在板壳结构中经常遇到接管、镶块和人孔等构造。这些构造的连接焊缝是封闭的,拘束度大,因此焊接残余应力都较大。图 4-17 所示为圆盘中焊入镶块后的残余应力分布,纵向应力(对环焊缝为切向应力)σ_t 在焊缝附近为拉应力,最高可达屈服点,由焊缝向外侧逐渐下降为压应力。焊缝向中心拉应力逐渐下降并趋为均匀值;横向应力(即径向应力)σ_r 为拉应力。在镶块中部有一个均匀双轴拉应力场,且切向应力和径向应力相等。镶块直径 d 相对于圆盘外径 D 越小,拘束度越大,镶块中的内应力也越大。

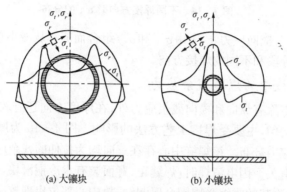

图 4-17 圆盘镶块封闭焊缝引起的内应力

塞焊、电铆焊和点焊的残余内应力的分布于镶块直径很小时相似,图 4-17(b)所示。接管因本身的刚度较小,其内应力一般比镶块的小。

4.3.1.5 工字梁中的残余应力

工字梁是在框架结构、起重设备、钢结构厂房框架等结构中用来承受载荷的常见型钢构件。它的加工方法不同,残余应力分布也不同。图 4-18 所示为低碳钢焊接工字梁中的纵向焊接残余应力分布情况。由图中看出,在腹板的中间部位是压应力区,而且压应力的数值也较高,如图 4-18(a)所示。在腹板的两端焊缝处和上、下翼板焊缝周围以及板边主要产生的都是残余拉应力,并且腹板和翼板焊缝周围拉应力重叠。如果翼板采用火焰切割,焊接后在翼板边缘仍保留有火焰切割所产生的残余拉伸应力,如图 4-18(b)所示。因此,火焰切割下料的翼板边的残余应力与其他方法切割不同。

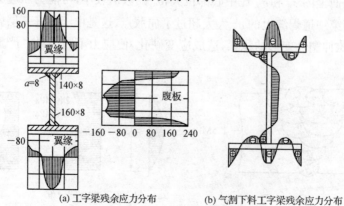

图 4-18 焊接工字梁纵向残余应力分布

4.3.1.6 拘束状态下焊缝的残余应力分布

焊缝在钢结构中处于拘束状态有时是不可避免的。拘束状态下焊缝的残余应力与自由状态不同,拘束状态下的焊缝在加热和冷却过程中均受到周围焊缝的约束,既不能自由伸长也不能自由缩短,使焊缝的残余应力分布发生了一些变化。图 4-19 所示为一个封闭试板框架,在焊接中间焊缝时受到框架本身结构的约束,于是在中心构件上产生垂直焊缝轴线方向的横向拉应力 σ_f,这部分应力并不在中间杆件内平衡,而在整个框架上平衡,故称其为反作用内应力。

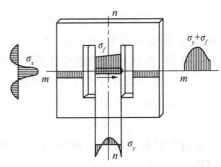

图 4-19 拘束状态下的焊接内应力分布

该焊缝纵向收缩在 $n-n$ 截面上引起纵向残余应力 σ_x,在垂直焊缝轴线上引起 σ_y,两者均在各自截面内平衡。最后在中心构件焊缝轴线上横向残余应力为 $\sigma_f+\sigma_y$。焊后若在 $m-m$ 处截断,则 σ_f 消失,σ_y 仍存在,中心构件将发生横向缩短。反作用内应力是拉应力,且分布范围大,对结构影响较大,因此,在结构设计和施工中应尽量减小或避免。此外,利用夹具焊接时,也要防止松夹过程中,因反作用内应力释放而伤人。

4.3.2 残余应力对结构的影响

熔化焊必然会带来焊接残余应力,焊接残余应力在钢结构中并非都是有害的。根据钢结构在工程中的受力情况、使用的材料、不同的结构设计等,正确选择焊接工艺,将不利的因素变为有利的因素,同时要做到具体情况具体分析。

4.3.2.1 对静载强度的影响

没有严重应力集中的焊接结构,只要材料具有一定的塑性变形能力,焊接残余应力的存在并不影响焊接结构的静载强度。但是,当材料处在脆性状态时,则拉伸内应力和外载引起的拉应力叠加有可能使局部区域的应力首先达到断裂强度,导致结构早期破坏。

曾有许多低碳钢和低合金结构钢的焊接结构发生过低应力脆断事故,经大量试验研究表明:在工作温度低于材料的脆性临界温度的条件下,拉伸内应力和严重应力集中的共同作用,将降低结构的静载强度,使之在远低于屈服点的外应力作用下就发生脆性断裂。焊接结构上的应力集中多是结构设计不合理或焊接缺欠造成。

4.3.2.2 对构件加工尺寸精度的影响

焊件通过切削加工把一部分材料从构件上去除,使截面积相应减小,同时也释放了部分残余应力,使构件中原有残余应力的平衡被破坏,引起构件变形,于是加工精度受到影响。如图 4-20 所示在 T 形焊件上切削腹板上表面,切削后去除压板,T 形焊件就会失稳产生上挠变形,影响 T 形焊件

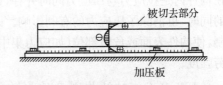

图 4-20 切削加工引起内应力释放和变形

的精度。为防止因切削加工产生的精度下降,对精度要求高的焊件,在切削加工前应对焊件先进行消除应力退火,再进行切削加工,也可采用多次分步加工的办法来释放焊件中的残余应力和变形。

4.3.2.3 对受压杆件稳定性的影响

焊接后工字梁(H形)中的残余压应力和外载引起的压应力叠加之和达到材料的屈服点时,这部分截面就丧失进一步承受外载的能力,削弱了有效截面积,使压杆的失稳临界应力 σ_{cr} 下降,对压杆的稳定性有不利影响。

焊接残余应力对杆件稳定性的影响大小,与压杆的截面形状和内应力分布有关。若能使有效截面远离压杆的中性轴,如图4-21所示的H形焊接柱,可以改善其稳定性。图中4-21(a)是用气割翼板外边缘,图中4-21(b)是翼板上加盖板在边缘进行焊接,均使边缘存在较大拉伸内应力。这样的结构内应力状态其失稳临界应力 σ_{cr} 比一般焊接的H形截面高。

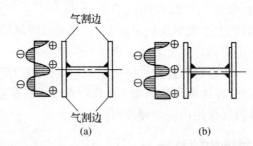

图4-21 带火焰切割边及带翼板的H形杆件的应力分布

4.3.2.4 对应力腐蚀开裂的影响

金属受到内外拉应力和特定腐蚀介质的共同作用后出现的脆性断裂,称为应力腐蚀开裂。焊件在特定的腐蚀介质中,尽管拉应力不一定很高,都会产生应力腐蚀开裂。其中残余拉应力大小对腐蚀速度有很大的影响,当焊接残余应力与外载荷产生的拉应力叠加后的拉应力值越高,产生应力腐蚀开裂的时间就越短,所以,在腐蚀介质中服役的焊件,首先要选择抗介质腐蚀性能好的材料,此外对钢结构的焊缝及其周围处可进行锤击,使焊缝延展开,消除焊接残余应力。对条件允许焊接加工的钢结构,在使用前进行轧制、喷丸、球磨等,使金属表面层产生残余压应力,也能抵御应力腐蚀开裂。

4.3.2.5 对疲劳强度的影响

经大量试验研究表明:焊件上拉伸残余应力对疲劳强度有不利影响,会降低构件的疲劳强度,而压缩残余应力则对疲劳强度起有利的影响,它能提高疲劳强度。往往焊接残余应力在构件内是拉应力与压应力同时并存,如果用热处理消除应力,则消除了拉应力的不利影响的同时,也消除了压应力的有利影响。因此,最好的做法是对焊接残余应力场进行调整和控制,使构件表面或危险部位(如应力集中点)处在压缩残余应力状态,这样就能提高构件的疲劳强度。

4.3.2.6 对结构刚度的影响

当外载产生的应力 σ 与结构中某区域的内应力叠加之和达到屈服点 σ_s 时,这一区域的材料就会产生局部塑性变形,丧失了进一步承受外载的能力,造成结构的有效面积减小,结构的刚度也随之降低。

4.4 减小和消除焊接残余应力的方法

4.4.1 焊接残余应力的调节与控制

焊接内应力是可以通过结构设计和焊接工艺措施等进行调节与控制,如降低残余应力的峰值,避免在大面积内产生较大的拉伸内应力等。

4.4.1.1 设计措施

1. 尽量减少结构上焊缝的数量和焊缝尺寸

多一条焊缝就多一处内应力源;多大的焊缝尺寸,焊接时受热区加大。使引起残余应力与变形的压缩塑性变形区或变形量增大。

2. 避免焊缝过分集中,焊缝间应保持足够的距离

焊缝过分集中不仅使应力分布更不均匀,而且可能出现双向或三向复杂的应力状态。图 4-22 即为其中一例。

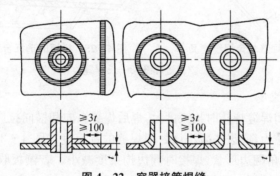

图 4-22 容器接管焊缝

3. 采用刚性较小的接头形式

例如图 4-23 所示容器与接管之间连接接头的两种形式,插入式连接的拘束度比翻边式的大,前者的焊缝上可能产生如图 4-17 所示的双向拉应力,且达到较高数值;而后者的焊缝上主要是纵向残余应力。

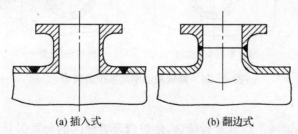

(a) 插入式　　　　　　(b) 翻边式

图 4-23 焊接管连接

4.4.1.2 工艺措施

1. 采用合理的焊接顺序

焊接应力是焊缝区金属纵向和横向收缩不自由引起。因此,要减小焊接应力就须根据

产品结构特点和焊缝的分布情况等确定最合理的装配和焊接顺序。其原则是：减少拘束，尽量使每条焊缝能自由地收缩。多种焊缝时，应先焊收缩量大的焊缝；长焊缝易从中间向两头焊，避免从两头向中间焊。

图4-24为对接焊缝与角焊缝交叉的结构。对接焊缝1的横向收缩量大，必须先焊，后焊角焊缝2。如果反之，先焊角焊缝2，则焊对接焊缝1时，其横向收缩不自由，极易产生裂纹。图4-25所示为大面积平板对接，按图中焊缝1、2、3顺序施焊是合理的。若按着3、2、1的顺序焊接，则焊2、1缝时，它们的横向收缩就受到先焊的缝3拘束，必然产生较大的残余应力，严重时在焊缝1、2上会产生裂纹，或整个拼板凸起，构成波浪变形。因此，交错布置的焊缝（即T形焊缝）应先焊交错的短焊缝，后焊直通的长焊缝。

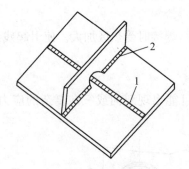

图4-24 对接焊缝与角焊缝交叉

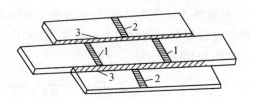

图4-25 拼板时选择合理的焊接顺序

1、2—短焊缝；3—长焊缝

2. 降低焊缝的拘束度

平板上镶板的封闭焊缝焊接时拘束度大，焊后焊缝纵向和横向拉应力都较高，极易产生裂纹。为了降低残余应力，应设法减小该封闭焊缝的拘束度。图4-26所示是焊前对镶板的边缘适当翻边，做出角翻边形状，焊接时翻边拘束度减小。若镶板收缩余量预留的合适，焊后残余应力可减小且镶板与平板平齐。

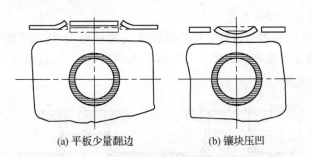

(a) 平板少量翻边　　(b) 镶块压凹

图4-26 降低局部刚度减少内应力

3. 锤击焊缝

焊后采用圆头小锤锤击焊缝及近缝区，使焊缝及近缝区的金属得到延展变形，用来补偿或抵消焊接时所产生的压缩塑性变形，以降低焊接残余应力。此法在焊接强度高、塑性差的材料时（尤其在修理工作中）应用十分有效，但要掌握锤击时机、锤击力度大小和锤击次数。目前仍以手工操作为主，靠个人的经验技巧，在时机上一般以拉应力已开始形成，温度较高（约500～800℃）时锤击为好。这时金属具有较高的塑性和延展性。对含碳及合金量高的材料,低于500℃,则不易再锤击。锤击力要适度且保持均匀,过度会开裂,一般以表面薄层获得延展即可。另外,焊后要及时锤击,除打底层和表面层不宜锤击外,其余焊完每一层或每一道都要进行锤击。脆性材料锤击的次数宜少,不易多。

4. 加热减应区

焊接时加热那些阻碍焊接区自由伸缩的部位(称"减应区"),使之与焊接区同时膨胀和同时收缩,起到减小焊接应力的作用。此法称为加热减应区法。图4-27示出了此法的减应原理。图中框架中心构件已断裂,须修复。若直接焊接断口处,焊缝横向收缩受阻,在焊缝中会产生相当大的横向应力。若焊前在两侧构件的减应区(图4-27影线所示)处同时加热(一般用气焊炬),两侧受热膨胀,使中心构件断口间隙增大。此时对断口处进行焊接,焊后两侧也停止加热。于是焊缝和两侧加热区同时冷却收缩,互不阻碍。结果减小了焊接应力。

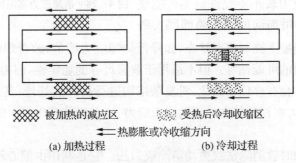

图4-27 加热减应区法原理示意图

此法在铸铁补焊中应用最多,也最有效。方法成功的关键在于正确选择加热部位,选择的原则是:只加热阻碍焊接区膨胀或收缩的部位。检验加热部位是否正确的方法是用气焊炬在所选处试加热一下,若待焊处的缝隙是张开的,则表示选择正确,否则不正确。

4.4.2 消除焊接残余应力的方法

4.4.2.1 消除残余应力的必要性

焊后是否需要消除残余应力,通常由设计部门根据钢材的性能、板厚、结构的制造及使用条件等多种因素综合考虑后决定。在下列情况一般应考虑消除焊接残余应力:

(1) 在运输、安装、起动和运行中可能遇到低温,有发生脆性断裂危险的厚截面焊接结构。
(2) 厚度超过一定限度的焊接压力容器。
(3) 焊后机械加工量较大,不消除残余应力难以保证加工精度的结构。
(4) 对尺寸稳定性要求较高的结构。
(5) 有应力腐蚀危险的结构。

4.4.2.2 消除残余应力的方法

1. 热处理

热处理又称消除应力退火,包括整体高温回火和局部回火。前者是将整个焊件加热到一定温度,然后保温一段时间,最后缓慢冷却;而后者只是对焊缝及其附近的局部区域进行加热,其消除应力效果不如前者。

消除残余应力的效果主要取决于焊件加热温度、焊件的成分和组织、保温时间长短、冷却速度以及焊后焊件的状态等。对于同一种材料,回火温度越高,保温时间越长,残余应力越小。图4-28所示为低碳钢在不同温度下经不同时间的保温,残余应力消除的效果。对碳钢及中、低合金钢,加热温度为580~680℃,铸铁为600~650℃,保温时间一般根据每毫米板厚保温1~2 min计算,但总时间不少于30 min,最长不超过3 h。

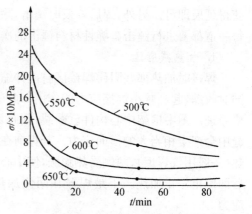

图4-28 消除应力高温回火温度与保温时间关系

对于某些残余应力较小不允许或不可能整体回火的焊件,可采用局部回火。局部回火的价值在于能在一定程度上控制应力状态,如降低局部应力峰值;改善焊缝的显微组织;降低焊缝区产生脆性断裂的可能性等。但不适用于改善尺寸的稳定性,因为多数情况下,残余应力在局部热处理之后会有移位。因此,对复杂结构进行局部热处理,其加热与冷却,尽可能"对称",以避免产生大面积的较高的新的残余应力,以及可能产生较大的反作用内应力。

2. 振动法

振动法又称振动时效消除法或振动消除应力法。它是利用由偏心轮和变速马达组成激振器,钢结构焊接件在激振器上发生共振所产生的循环应力来减低内应力。其效果取决于激振器、工件支点位置、激振频率和时间。图4-29所示是截面为30 mm×50 mm一侧堆焊的试件,经过$\sigma_{max}=128$ N/mm² 和 $\sigma_{min}=5.6$ N/mm² 多次应力循环后,残余应力的变化情况。由图中看出,当载荷达到一定数值,经过多次循环加载后,焊件中的残余应力逐渐降低。

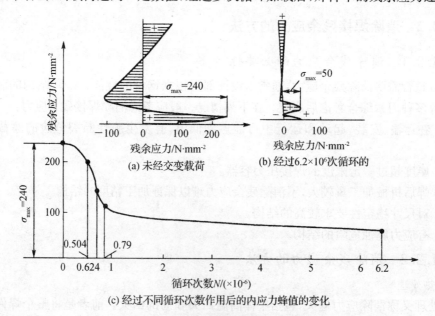

图4-29 循环次数与消除残余应力的效果

这种方法所用的设备简单,处理成本低,时间比较短,且避免了高温回火会给金属表面造成的氧化问题。故目前在焊件、铸、锻件中,为了提高尺寸稳定性较多地采用此法。

3. 机械拉伸法

在存有残余内应力的焊接构件上加载,使焊缝及其附近产生拉伸塑性变形,与焊接时在焊缝及其附近所产生的压缩塑性变形相抵消一部分,达到松弛焊接残余应力的目的。

除了以上常采用的消除焊接残余应力的方法之外,在压力容器、化工反应塔、管道、水工结构等结构中爆炸消除焊接应力方法也得到一定程度的应用。但爆炸施工作业必须严格按国家有关条例执行。严格操作规程,且控制好每次炸药用量,以保安全。

4.5 常见的焊接残余变形及产生原因

变形分为焊接变形、原材料的变形和加工过程产生的变形。钢结构因焊接和其他加工产生变形可降低其承载能力,加工变形会造成装配困难,甚至无法使用;原材料变形会导致加工工序尺寸精度下降等。因此,对变形的成因应加以研究并进行严格的控制。

4.5.1 焊接变形

焊接是一种局部加热的工艺过程,焊件局部被加热产生膨胀,受到周边冷金属的约束不能自由伸长,产生了压缩塑性变形,冷却时这部分金属发生收缩,焊后引起的焊接构件形状、尺寸的变化称为焊接变形。

钢结构焊接后出现变形的类型和大小,与结构的材料、板厚、形状、焊缝在结构上的位置以及采用的焊接顺序、焊接电流大小、焊接方法等有关。按焊接残余变形的外观形态来分有收缩变形、角变形、弯曲变形、波浪变形和扭曲变形五种基本类型,见表4-1。

表4-1 焊接变形的分类

	名 称	变形示意图	说 明
整体变形	纵向收缩变形		沿焊缝轴线方向尺寸的缩短
	横向收缩变形		垂直于焊缝轴线方向尺寸的缩短
	弯曲变形		焊缝纵向收缩引起的弯曲变形
			焊缝横向收缩引起的弯曲变形

(续表)

名　称		变形示意图	说　明
整体变形	扭曲变形		纵向焊缝的横向收缩不均匀或焊接顺序不合理等使 H 形钢绕自身轴线扭转
局部变形	角变形		构件的平面围绕焊缝产生的角位移
	错边变形		两焊件的热膨胀不一致,引起长度方向和厚度方向上的错边
	波浪变形		加热中产生的压缩残余应力,使薄板发生波浪变形或失稳

下面对部分焊接变形进行分析与估算。

4.5.1.1　纵向收缩变形计算及其影响因素

由于焊缝及其附近的金属在焊接高温的作用下膨胀时受到周围未加热金属的阻碍,产生了压缩塑性变形,这个区域称之为塑性变形区。

由于塑性变形区的存在,焊件经过加热膨胀、冷却后必然要缩短。焊件的缩短可以认为是由假想外力 P_f 造成的,其大小可按有关公式进行计算。焊件缩短变形量 ΔL 可用公式进行计算:

$$P_f = E \int_{A_P} \varepsilon_P \mathrm{d}F$$

$$\Delta L = \frac{P_f L}{EF}$$

式中,L—焊件的长度,mm

　　ε_P—焊件材料的弹性模量;

　　ε_P—焊件的截面积,mm²;

　　A_P—塑性变形区的面积,mm²;

　　ε_P—塑性应变。

影响纵向收缩变形的因素有焊接层数、焊接方法、焊接线能量、焊接顺序以及材料的热物理参数等。其中热输入量是主要的因素,一般情况下,纵向收缩量 ΔL 与热输入成正比。对于同样截面积的焊缝,如果采用多层焊、小电流,分的层数越多输入的线能量越小,所以,塑性变形区的面积 A_P 就小于单层焊大电流时的面积 A_P,变形也就越小。

分段退焊和分段跳焊的温度场是随着分段尺寸的大小起伏变化的,没有一个连续稳定的温度场,输入的线能量一般小于直通焊,所以,塑性变形区的面积 A_P 小于直通焊。

间断焊向焊件输入的热量最小,塑性变形区的面积 A_P 也最小,变形也就最小。实践证明,在受力不大的钢结构中,用间断焊缝代替连续焊缝是降低纵向收缩变形的有效措施之一。

当一条焊缝用一层焊满时,压缩塑性变形区面积 A_P 与焊缝的截面积 A_W 是成正比的。因此,为了进一步简化计算,也可以用 A_W 代替 A_P,其误差部分通过修正系数进行修正。于是,工程上对于钢制细长焊件(如梁、柱等结构)单层焊的纵向收缩量 ΔL,可利用以下经验公式估算:

$$\Delta L = \frac{k_1 A_W L}{A}$$

式中:ΔL——单层焊时纵向收缩变形,mm;

k_1——修正系数,见表 4-2;

A_W——焊缝横截面积,mm^2;

L——焊件长度,A;

A——构件横截面积,mm^2。

表 4-2 纵向变形计算修正系数 k_1

焊接方法	二氧化碳焊	埋弧焊	焊条电弧焊	
材料	低碳钢	低碳钢	低碳钢	奥氏体钢
系数 k_1	0.043	0.071~0.076	0.048~0.057	0.076

多层焊的纵向收缩量,将上式中的 A_W 改为一层焊缝的横断面积,并将所计算的结果再乘以修正系数 k_2。

$$k_2 = 1 + 85\varepsilon_s n$$

$$\varepsilon_s = \frac{\sigma_s}{E}$$

式中,k_2——焊件材料强度和焊接层数对纵向收缩量的影响系数;

n——层数;

$\varepsilon_s = \sigma_s / E$

E——焊件金属的弹性模量。

对于两边有角焊缝的 T 形接头构件,由上式计算得到的纵向收缩量再乘以 1.15~1.40,即为该构件的纵向收缩量。注意,式中的 A_W 是指一条角焊缝的横断面积。

4.5.1.2 横向收缩变形计算及影响因素

横向收缩变形,是指垂直于焊缝轴线方向所发生的焊件整体缩短现象。影响焊件横向收缩变形的因素有线能量、接头形式、装配间隙、板厚、焊接方法以及焊件的刚度等。试验证明,焊接时热输入是最主要的影响因素,一般焊接热输入越大,横向变形也越大;接头的坡口形式度横向变形也有影响,同一厚度的平板对接,凡是填充金属量大的坡口,横向变形也大;大坡口多层焊时,开头几层焊接引起的横向变形较大,后面一些层数,引起的变形量逐渐减小,这与接头刚性增大有关。故厚板多层对接焊的横向变形基本上决定于最初几层。

横向变形沿焊缝长度上的分布并不均匀。这是因为先焊焊缝的横向收缩冷却后使焊件的刚性增加,对后焊的焊缝产生一个挤压作用,使后焊的焊缝产生更大的横向压缩变形。这样焊缝横向收缩变形沿着焊缝长度方向的分布开始收缩变形较小，以后逐渐增大，到一定长度后趋于稳定。

此外，横向变形还与拼装后的点固和装夹情况有关，点固焊越大越密，或装夹越刚固，则越接近厚板堆焊情况，其横向变形越小。

(1) 对接接头的横向变形大小与焊接线能量、焊接坡口形式、焊缝截面积以及焊接工艺有关。对接接头的横向收缩量 ΔB 的估算可按下式进行：

$$\Delta B = k \frac{A_W}{\delta}$$

式中：ΔB—对接缝的横向变形量，mm；

A_W—焊缝的横断面积，mm²；

δ—焊件的厚度，mm；

k—系数。V 形坡口时，气焊 $k=0.26$，焊条电弧焊 $k=0.2$；X 形坡口焊条电弧焊时，$k=0.12$。

部分低碳钢对接接头在自由状态下横向收缩量的试验参数见表 4-3。

表 4-3 低碳钢部分对接接头横向收缩量

接头横截面	焊接层数	ΔB	接头横截面	焊接层数	ΔB
(6)	2 层	1.0	(20, 35)	20 道	3.2
(12)	5 层	1.6	(22)	背面 1/3，正面 2/3 埋弧焊一层	2.4
(12)	正面 5 层，反面清跟后焊 2 层	1.8	(12, 4)	加垫板单面焊	1.5
(20)	正反面各焊 4 层	1.8	(12)	右向气焊	2.3
(12)	深熔焊条	1.6	(14)	铜垫板上埋弧焊一层	0.6
120°(12)		3.3			

注：未标注焊接方法的均为焊条电弧焊。

由表中的数值看出，低碳钢对接接头横向收缩量的大小与焊接方法、焊接层数、坡口和焊缝截面等有关。其规律有：埋弧焊焊后的收缩量小于焊条电弧焊，气焊的最大；板越厚、坡口角度越大、热量输入量和焊缝的填充量越多,横向收缩量也越大;对于相同厚度板材,其坡口角度越大收缩量也大;另外,多层焊时,因先焊的焊缝增加了试板的刚性,所以,先焊的焊道引起的横向收缩较明显,后焊的焊道引起的横向收缩逐层减小。

(2) 角焊缝引起的横向收缩数据可见表4-4。从表中看出,在焊角尺寸相同的情况下,板越厚横向收缩越小。横向收缩量 ΔB 的大小与焊角计算高度 a(焊缝的有效厚度)成正比,与焊件厚度 δ 成反比,焊角计算高度 a 越大,横向收缩量越大。其原因是焊缝填充量越多,ΔB 也越大;焊件厚度 δ 越厚,刚度越大,热量损失越多,所以,ΔB 就越小,如图4-30所示。对接接头和T形接头相比,由于T形接头散热面积多于对接接头,所以,T形接头角焊缝的横向收缩量总体要比对接焊缝的横向收缩小得多。

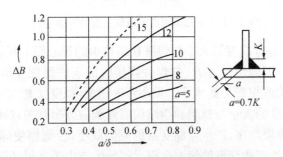

图4-30 T形接头 a/δ 与横向收缩关系曲线

表4-4 T形和搭接接头横向收缩量

接头横截面	焊接位置和层数	ΔB	接头横截面	焊接位置和层数	ΔB
	焊1层	0.5		水平位置,焊2层	0
	水平位置,焊2层	0.3			0.5
					0.8

注:未标注焊接方法的均为焊条电弧焊。

4.5.1.3 收缩引起的弯曲变形

焊接弯曲变形多发生在细长的焊接构件上,如焊接梁、柱等。产生弯曲变形的主要原因是焊缝在结构上布置不对称。集中在结构的一侧,形成偏心收缩。此外,焊缝布置对称的结构,也会因施焊顺序不当或焊接工艺参数发生变动,而产生弯曲变形。

1. 焊缝纵向收缩引起的弯曲变形

T形梁焊后产生弯曲变形对典型。如图4-31所示,两条纵向角焊缝位于T形截面的下侧,偏离梁截面中性轴的距离为 e(简称偏心距)。焊后在焊缝及其附近金属纵向收缩,所以产生了挠度为 f 的弯曲变形。这种变形与有一假想收缩力 F 沿焊缝轴线作用引起的弯曲变形一样。按材料力学理论,该T形梁产生的弯曲变形可用下式表达:

$$f = \frac{P_f e L^2}{8EI}$$

式中，f—梁弯曲变形的挠度(mm)；
　　　P_f—假想的纵向收缩力(N)；
　　　e—焊缝截面重心到梁中性轴的距离，mm；
　　　L—梁的长度，mm；
　　　E—焊件材料的弹性模量，MPa；
　　　I—T形梁的截面惯性矩，mm^4。

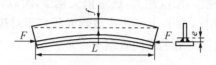

图 4-31　T形梁由纵向收缩引起的弯曲变形

从挠度 f 公式看出，弯曲变形大小与焊缝在结构中的偏心距 e 和假想外力 P_f 成正比，与焊件的刚度成反比。而假想外力 P_f 与焊件焊接时的压缩塑性变形量有关，凡是影响塑性变形区的因素均影响假想外力的大小。偏心距 e 越大，挠度 f 越大；而焊件的刚度 EI 越大弯曲变形就越小，刚度的大小与材料和钢结构截面积的分布有关；焊缝相对焊件截面中性轴对称和合理的装配焊接顺序，产生弯曲变形的倾向就小，否则即使焊缝对称于中性轴，装配焊接顺序不合理，产生弯曲变形的倾向也很大。如生产中工字梁的装配焊接，如图 4-29 所示。装焊工字梁有两种工艺，第一种是先装焊成 T 形梁，再装焊成工字梁，按图 4-32(b) 顺序进行焊接。第二种工艺是一次装成工字梁，按图 4-32(c) 顺序进行焊接。产生弯曲变形情况如下。

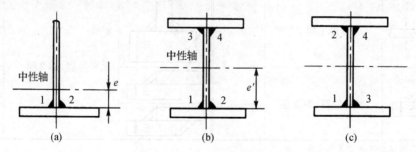

图 4-32　工字梁的装焊顺序

按第一种工艺，T形梁产生的弯曲变形为

$$f_{1,2} = \frac{P_f e L^2}{8EI}$$

工字梁产生的弯曲变形为

$$f_{3,4} = \frac{P_f e' L^2}{8EI'}$$

式中，e—焊缝 1 和 2 到 T 形梁截面中性轴的距离，mm；
　　　e'—焊缝 3 和 4 到工字梁截面中性轴的距离，mm；
　　　I—T 形梁的截面惯性矩，mm^4；

I'——工字梁的截面惯性矩,mm^4;

E——焊件材料的弹性模量,MPa。

公式中的 $f_{1,2}$ 与 $f_{3,4}$ 产生的挠度虽然方向相反,一般情况下,虽然 $e<e'$,但 $I<<I'$,所以 $\dfrac{e}{I}>\dfrac{e'}{I'}$,由此,两者不能相互抵消,焊后工字梁仍然存在残余弯曲变形。

如果按第二种工艺一次装成工字梁,即按图 4-32(c)顺序进行焊接,焊后工字梁产生弯曲变形的倾向就很小。

2. 焊缝横向收缩引起的弯曲变形

钢结构上的焊缝分布不均匀,在其横向收缩时和纵向收缩一样,会产生焊件的弯曲变形,如图 4-33 所示工字梁在中心线以上对称分布着五条短筋板,在焊接筋板的短焊缝时,横向收缩使工字梁产生了弯曲变形。其原因是工字梁上的短筋板均布置在中性轴以上,在焊接筋板与翼板之间以及筋板与腹板之间的焊缝时,产生的横向收缩力均处于中性轴的上侧,由此引起工字梁的下挠。焊缝横向收缩引起的弯曲变形量 f 可按下式估算:

$$f = \frac{1}{3} \times \frac{L + \Delta B}{b}$$

式中,ΔB——焊件横向收缩量,mm;

b——焊件宽度,mm。

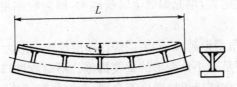

图 4-33 横向收缩引起工字梁挠曲变形

4.5.1.4 角变形

焊接时,由于焊接区沿板厚方向不均匀的横向收缩而引起的回转变形称角变形。角变形在焊接中是常见的一种变形,主要发生在堆焊、搭接接头、对接接头和 T 形接头焊接中,如图 4-34 所示。角变形量大小影响因素很多,计算比较困难,目前角变形大小主要靠实验来确定。

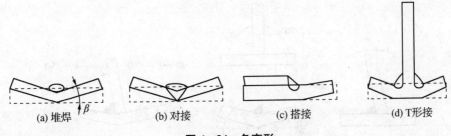

图 4-34 角变形

1. 堆焊引起的角变形

堆焊是指在板材上平铺焊缝。在堆焊时,焊缝及其围温度明显高于焊缝背面。因此,板材堆焊表面金属受热膨胀产生压缩塑性变形,冷却后产生了角变形。

角变形大小与板材厚度 δ 和熔深 H 有关。板材越厚,刚度越大,抵抗变形力也越大;熔深越大焊缝及其周围金属产生塑性变形量越大,角变形量也越大,但熔深达到某一临界值时,角变形不再增加,反而减小。图 4-35 所示为在板上平铺焊缝,焊缝 H/δ 比值小于 0.5 时,随熔深增大,角变形量 α 也逐渐增大;当 H/δ 比值为 0.5 时,角变形量 α 达到最大值,随后下降,曲线呈抛物线。这是因为熔深浅时,板材正反面温差大,角变形量 α 也大,而熔深达到一定深度时,板材正反面温差小,角变形反而减小。

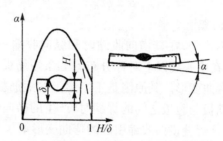

图 4-35　堆焊和对接焊缝 α 与 δ/H 的关系

2. 对接焊引起的角变形

坡口形式、坡口角度、焊缝的层数和道数和焊接顺序是影响对接焊角变形的重要因素。坡口截面形状不对称的焊缝,其角变形较大,采用坡口截面形状对称代替不对称的坡口有利于减小角变形。坡口角度越大,填充焊缝金属量越大,横向收缩量沿板厚越不均匀,角变形越大。

焊缝层数、道数越多角变形越大,即多层焊比单层焊角变形大,多道焊比多层焊大。

合理地安排焊接顺序是减小角变形的重要措施。不对称坡口如果焊接顺序合理,产生角变形倾向就小。如果对称坡口焊接顺序不合理,产生角变形的倾向反而大。

3. 角焊缝引起的角变形

T 形接头角变形由两部分构成。如图 4-36 所示,图中(a)为焊前状态,立板垂直平板,立板两边与平板互成 90°。焊接单面角焊缝后,立板由于角焊缝横向收缩,发生 β' 的角变形,见图(b);平板由于表面堆焊了角焊缝,上面横向收缩大于下面,发生了两边绕角焊缝回转,每边发生 $\beta''/2$ 的角变形,见图(c)。综合的结果焊后的状态如图(d)所示,破坏了立板与平板的垂直度。

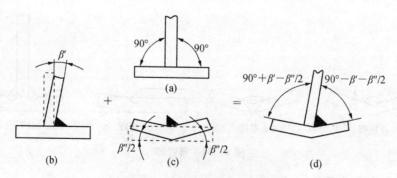

图 4-36　角焊缝引起的角变形

β' 与焊缝夹角有关,若立板端开坡口,并减小焊缝夹角,如图 4-37(a)所示,可降低 β' 的数值;用小焊脚尺寸,即减小焊缝金属量,可以降低 β' 的数值。

采用双面角焊缝的 T 形接头,如图 4-37(b)所示,优点是焊后变形得到一定改善,因为先焊面引起的 β' 变形在焊接后焊面的角焊缝时能减小或抵消,使立板基本保持垂直状态。而平板的 β'' 角变形却不能抵消,而是加大。但使左、右两侧的 β'' 变形趋于对称。

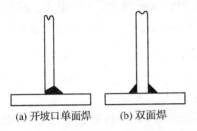

图 4-37 改善角变形的 T 形接头设计

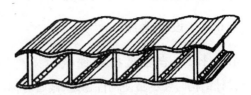

图 4-38 焊接角变形引起的波浪变形

4.5.1.5 波浪变形

波浪变形是薄平板焊接后产生像水中波浪那样凹凸不平的变形而得名。实质是薄平板焊后在压应力区内因压应力已超过其失稳临界应力而产生的失稳变形,又称压曲变形。

薄板产生波浪变形不仅影响产品外观,更重要的是失去了承载能力,必须加以重视。防止波浪变形可以从降低压应力和提高临界应力两方面着手。前者是用小的焊接热输入,减小受热区面积,例如用焊条电弧焊代替气焊,用 CO_2 气体保护焊代替焊条电弧焊,用断续焊代替连续焊,用点焊代替弧焊等;后者是增加板厚或减小板的自由幅面等。

注意,焊接角变形也可能产生类似的波浪变形,如图 4-38 所示,采用大量筋板的结构,每块筋板的角焊缝引起的角变形,连贯起来就造成波浪变形。这种波浪变形与失稳的波浪变形有本质的区别。

4.5.1.6 扭曲变形

扭曲变形又称螺旋形变形,主要发生在细长的焊接构件,如 T 形梁、工字梁或箱形梁等。这些构件上一般都有较长的纵向角焊缝,由于组装不当或焊接顺序和方向不正确,焊缝的角变形沿长度上不均匀引起像麻花一样的变形。

如图 4-39(a)所示的工字梁,若四条纵向角焊缝焊接方向如图(b)中箭头所示,而且是直通焊,就会因角变形沿焊缝长度逐渐增大,而产生扭曲变形。如果把两条相邻的角焊缝同时以同一方向施焊,即能克服这种扭曲变形。

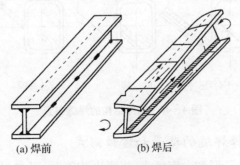

图 4-39 工字梁的扭曲变形

4.6 防止和减少焊接残余变形的措施

实践证明,变形严重影响着钢结构的制造、安装和其承载能力,并对使用造成很大的影响,因此,防止变形要比矫正变形更为重要。预防变形可以从设计和工艺两方面考虑。

4.6.1 设计措施

4.6.1.1 合理选择构件截面提高构件的抗变形能力

设计结构时要尽量使构件稳定、截面对称,薄壁箱形构件的内板布置要合理,特别是两端的内隔板要尽量向端部布置;构件的悬出部分不宜过长;构件放置或吊起时,支承部位应有足够的刚度等。较容易变形和不易被矫正的结构形式要避免采用。可采用各种型钢和冲压件(如工字梁、槽钢和角钢)代替焊接结构,对焊接变形大的结构尽量采用铆接和螺栓连接。对一些易变形的细长杆件或结构可采用临时工艺筋板、冲压加强筋、增加板厚等形式提高板件的刚度。如从控制变形的角度考虑,钢桥结构的箱形薄壁结构的板材不宜太薄。因为箱型钢结构不但要考虑板的强度、刚度和稳定性,而且制造和安装过程中的变形也是非常重要的。

4.6.1.2 合理选择焊缝尺寸和布置焊缝的位置

前面已分析,焊缝尺寸过大不但增加了焊接工作量,对焊件输入的热量也多,而且也增加了焊接变形。所以,在满足强度和工艺要求的前提下,尽可能地减少焊缝尺寸和焊缝数量,对联系焊缝在保证工件不相互窜动的前提下,可采用局部点固焊缝;对无密封要求的焊缝,尽可能采用断续焊缝。而对易淬火钢,要防止因焊缝尺寸过小产生淬硬组织。

设计焊缝时,尽量设计在构件截面中性轴的附近和对称于中性轴的位置,使产生的焊接变形尽可能相互抵消。如工字梁其截面是对称的,焊缝也对称于工字梁截面的中性轴,焊接时只要焊接顺序安排合理,焊接变形就可以得到有效的控制,特别是弯曲变形可以得到有效的控制。图 4-40 所示即为箱形梁的焊缝布置。

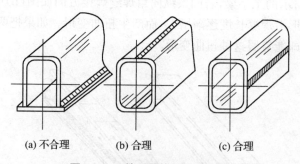

(a) 不合理　　(b) 合理　　(c) 合理

图 4-40　箱形结构的焊缝布置

4.6.1.3 合理选择焊缝的截面和坡口形式

开坡口和不开坡口的 T 形和十字接头,当强度相等时,开坡口填充的金属量要少于不开坡口的,这对减少焊接变形是有利的。对于厚板开坡口焊缝的经济意义更大,用开坡口来代替不开坡口的角焊缝,可节省大量人力和物力。开坡口的对接焊缝,不同的坡口形式所需的焊缝金属相差很大,选择填充焊缝金属少的坡口,有利于减小焊接变形。所以,要做到在保证焊缝承载能力的前提下,设计时应尽量采用焊缝截面尺寸小的焊缝。但要防止因焊缝尺寸过小,热量输入少,焊缝冷却速度快造成的裂纹、气孔、夹渣等缺欠。因此,应根据板厚、焊接方法、焊接工艺等合理地选择焊缝尺寸。

同时,要根据钢结构的形状、尺寸大小等选择坡口形式。如平板对接焊缝,一般选用对称的坡口,对于直径和板厚都较大的圆形对接筒体,可采用非对称坡口形式控制变形。在选择坡口形式时还应考虑坡口加工的难易、焊接材料用量、焊接时工件是否能够翻转及焊工的操作方便等问题。如直径比较小的筒体,由于在内部操作困难,所以纵焊缝或环焊缝可开单面V或U形坡口。

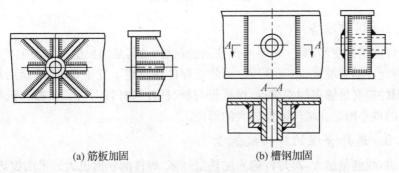

(a) 筋板加固　　　　　　　(b) 槽钢加固

图 4-41　轴承座的加固形式

4.6.1.4　尽量减少不必要的焊缝

在保证强度的前提下,钢结构中应尽量减少焊缝数量,避免不必要的焊缝。为防止薄板产生波浪变形,可适当采用筋板增加钢结构的刚度,用型钢和冲压件代替焊件。图 4-41(a)所示为传动箱轴承座的加固形式,原设计采用八条筋板加固,由于焊缝数量多、密集,对保证结构的稳定性不利。图 4-41(b)所示为改进后的方案,采用一段槽钢代替了筋板,减少了焊缝的数量,使轴承座的精度和稳定性得到了改善。

4.6.2　工艺措施

4.6.2.1　钢材的运输堆放

在购置钢结构钢材时,钢板要选用平整、厚度均匀的钢板,型钢选用无扭曲、弯曲变形的型钢,成分合格,符合国家标准。吊运薄板和细长杆件时,不能任意钩吊,必须合理布置吊点数量,制作专用吊具,吊运中避免发生碰撞、脱钩、断绳等事故,在吊运重量很大的有棱构件时,钢丝绳和棱之间要垫以木块或圆滑垫板,以免利棱将钢丝绳切断。在中途运输细长型材时,要相互进行捆绑,连成一体,要有足够的支撑点或专用托架;运输途中与板材接触面不得用石头、砖块支撑;堆放时钢材应分层堆放,最底层的钢材不得直接放在地面上,应放在由方木或型钢组成的垫架上,垫木厚度要基本一样,如图 4-42(a)所示;各类型材应按规格排列整齐,最好放在格式或支柱式架子上,不要将长短不一、不同的型钢堆放在一起或型钢交错堆放,如图 4-42(b)所示。钢材堆放应便于吊运。

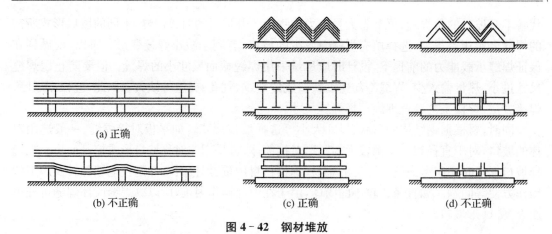

图 4-42 钢材堆放

4.6.2.2 焊前准备

为防止焊前钢材变形,对一些不马上使用的钢材(尤其是细长型材),在生产场地应将其放置整齐,不允许随意堆放、相互叠压。为防止焊件在自重下发生弯曲、焊接后焊件产生扭曲和错边,焊件应有足够多的支撑点,保证板与板、杆件与杆件对齐。支撑点的位置应尽量设置在焊件的重心附近和结构刚性较大的部位。

4.6.2.3 选择合理的焊接线能量

一般来讲,线能量越大,对焊件输入的热量越多,焊件的变形也大。采用加热面积小、能量集中的焊接方法,用多层焊代替单层单道焊,用断续焊、退焊、跳焊等代替连续焊,在保证焊缝质量的前提下焊接线能量尽量选得小一些(尤其是薄板和易淬火钢等措施),可减少对焊件的热量输入,将变形控制在最小范围。如采用 CO_2 气体保护焊来代替焊条手弧焊,除铸铁结构外一般不采用气焊等。此外,应严格控制焊角尺寸,不得随意超差。焊接中焊接速度要均匀,焊缝宽窄一致,否则会使焊接输入的热量不均匀,变形增大。

4.6.2.4 选择合理的装配焊接顺序

对于简单沿中性轴对称构件要一次对称装配、对称焊接,不得采用边装边焊;对于沿中性轴不对称的简单构件可利用调整焊接次序的办法减小变形,一般先焊焊缝少的一侧;拼接大面积薄板时,应先焊内部错开的短焊缝,由里向外进行焊接,最后焊接外部直通的长焊缝;对于细长杆件结构,如工字梁、T形梁、箱形梁等,利用分段退焊、跳焊、对称焊等来减少焊接变形;对于结构比较复杂的钢结构,首先将钢结构分成若干个结构简单的部件,单独进行焊接,然后再总装成整体。这种"化整为零,集零为整"的装配焊接方案是灵活多样的。每装配一件和焊接一条焊缝,都会对钢结构的变形有不同的影响。但在各种可能的装配焊接顺序中,总可以找到一个引起焊接变形最小的方案。

为了控制和减小焊接变形应遵守以下原则:

(1) 采用对称焊:钢结构中很多焊件、部件是对称的,在实际生产中各条焊缝的焊接顺序总是有先有后。所以,在焊接过程中随着焊缝数量的增多,焊件的刚度不断增加,先焊的焊缝容易使焊件产生变形,最后焊的焊缝则影响较小。因此,虽然焊缝对称,如果随意安排焊接顺序,焊后也会产生变形。为防止对称焊缝的变形,对于对称的焊缝最好由多名焊工对称的同时施焊,造成正反两方向变形获得抵消的效果。有时由于产品结构的特点,不可能做到同时进行对称焊接,出现类似情况时,允许焊缝焊接有先有后,但在焊接顺序上应尽量考虑对称焊接。

图 4-43 所示为焊条电弧焊圆筒体与底板的对称焊缝,图示箭头为焊接方向,数字为焊接顺序。焊接时,由 2~4 名焊工按图示在两边对称地焊接,这样不仅可以有效地减小变形,而且可大大减小焊接应力。

对称焊也适合对称的桁架结构,但焊接应从桁架中部的节点开始,逐步向两端支座方向施焊。

(2) 非对称焊缝:非对称焊缝应先焊焊缝少的一侧,后焊焊缝多的一侧,只有这样,焊缝多的一侧所造成的变形才能抵消焊缝少的一侧的变形,使总体变形减小。图

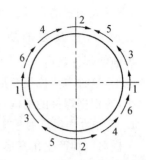

图 4-43 圆筒体的对称焊接顺序

4-44 所示为桥式吊车箱形梁。梁中所有焊缝按其所在位置,焊后发生的纵向(或横向)收缩都对梁的纵向缩短和弯曲(上拱、下挠或旁弯)变形发生影响。尤其是梁内许多大小筋板与上盖板连接的角焊缝,都集中于梁中性轴上侧,焊后对梁下挠变形影响很大。合理的装配与焊接顺序应当是:上、下盖板和左、右腹板单独预先拼装好,把上盖板拼焊时产生的横向收缩不对梁的弯曲变形发生影响;同样,把大、小筋板与上盖板的角焊缝,在总装前就单独焊好,如图 4-45 所示。这样,把对梁下挠变形影响最大的因素消除掉,后面组装和焊接中控制变形就变得简单容易。

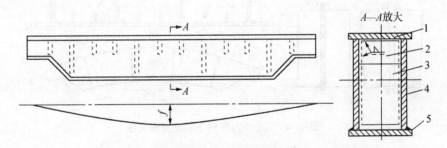

图 4-44 桥式吊车箱形主梁焊接接法结构示意图
1—上盖板;2—小筋板;3—大筋板;4—腹板;5—下盖板

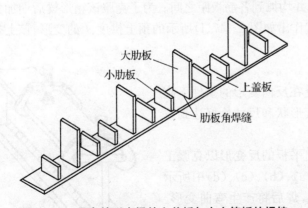

图 4-45 吊车箱形主梁的上盖板与大小筋板的焊接

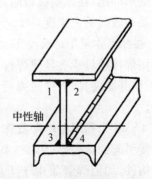

图 4-46 非对称截面工字梁

图 4-46 所示为槽钢和钢板组焊的工字梁,虽然中性轴两侧焊缝数量一样,但上下焊缝

距离中性轴尺寸不同，焊缝1和2离中性轴的距离大于3和4，所以焊后会产生下挠变形。为了减小变形，焊接1和2焊缝时，可采用小的线能量，多层焊；焊接3和4焊缝时，采用单层焊，选择大的线能量，用于抵消产生的挠曲变形。

4.6.2.5 反变形法

焊前使焊件具有一个与焊后变形方向相反、大小相当的变形，以便恰好能抵消焊接时产生的变形，这种方法称反变形法。此法很有效，但必须准确地估计焊后可能产生的变形方向和大小，并根据焊件的结构特点和生产条件灵活地运用。

1. 无外力作用下的反变形

平板对接焊产生角变形时，可按图4-47(a)所示方法；电渣焊产生终焊端横向变形大于始焊端问题，可以在安装定位时，使对缝的间隙下小上大，如图4-47(b)所示；T形接头焊后平板产生角变形，可以预先把平板压形，使之具有反方向的变形，然后进行焊接，如图4-47(c)所示；薄壁筒体对接从外侧单面焊时，产生接头向内凹的变形，可以预先在对接边缘作出向外弯边的变形下进行焊接，如图4-47(d)所示。

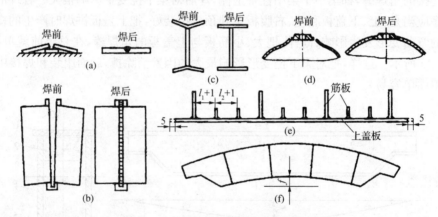

图4-47 无外力作用下的发变形方法

留收缩余量本质上也属反变形，例如桥式吊车箱形梁，上盖板与大小筋板焊接时，如图4-47(e)所示，若每条筋板角焊缝横向收缩0.5 mm，有20条角焊缝，则上盖板在备料时在长度上必须预留出10 mm的余量，并均摊到各筋板距之间。为了克服该箱形梁后期加工引起下挠变形问题，在预制腹板时，就作出如图4-47(f)所示的预上拱度 f 的变形，该上拱度大于成品验收时的上拱度。

2. 在外力作用下的反变形

利用焊接胎具或夹具使焊件处在反向变形的条件下施焊，焊后松开胎夹具，焊件回弹后其形状和尺寸恰好达到技术要求。

图4-48为利用简单夹具作出平板的反变形以克服工字梁焊接引起的角变形；图4-49(a)、(b)、(c)、(d)中所示的空心构件，均因焊缝集中于上侧，焊后将产生弯曲变形。采用如图4-49(e)所示的转胎，使两根相同截面的构件"背靠背"地两端夹紧中间垫高，于是每根构件均处在反向弯曲

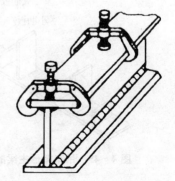

图4-48 工字梁上翼板强制反变形

情况下施焊。该转胎使施焊方便,而且还提高生产效率。

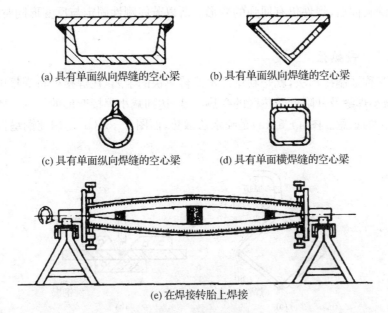

图 4-49 弹性支撑法
(a)、(b)、(c) 具有单面纵向焊缝的空心梁;(d) 具有单面横焊缝的空心梁;(e) 在焊接转胎上焊接

4.6.2.6 刚性固定法

刚性固定是指将焊件强制固定,焊接中焊件不能因变形移动,用强制手段减少变形的一种方法。通常是利用简单夹具把焊件夹到与之相适应的胎具或工作平台上,胎具和工作台的刚性足以抑制焊接时的变形。有时可以充分利用焊件结构特点,通过夹具等方法组装成一个能相互制约的构件进行施焊。

图 4-50 为 T 形梁焊接。图中(a)是把平板钢固到工作平台上进行焊接,可以减小角变形。根据 T 形梁结构特点,可以把两根 T 形梁组装成图 4-48(b)所示十字形构件,两平板在刚性夹紧下施焊,也能起到减小角变形的作用,还可以把立板高度增加一倍,组装成工字梁进行焊接。焊后再从腹板中间切割开,使之成为两根 T 形梁。这样可以减小弯曲变形,而且生产效率可提高一倍,如图 4-50(c)所示。

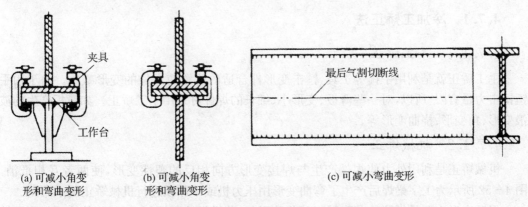

图 4-50 刚性固定法焊接 T 形梁方案

刚性固定法的优点是夹固后,可以自由施焊而不必考虑焊接顺序。缺点是只能减小变形。因为去除夹固后,焊件仍有回弹的变形。所以若能刚性固定与反变形同时配合使用,其效果最好。

4.6.2.7 散热法

散热法又称强制冷却法,就是利用冷水或传热快的金属,在焊接处将焊接中产生的热量迅速传走,减小焊缝及其附近受热区的受热程度,达到减小焊接变形的目的。图4-51所示为两种散热法的示意。图4-51(a)是喷水法散热,而图4-51(b)是用纯铜垫板中钻孔通水来散热。

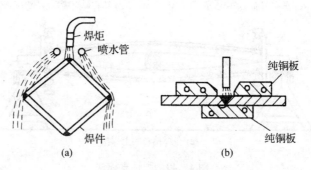

图4-51 两种散热法

采用散热法控制变形比较麻烦,一般不宜采用,尤其是淬火倾向高的钢材。

4.7 焊接变形的矫正

钢结构焊接生产中,矫正是一种补救措施,有些大型结构的变形是很难矫正的,所以,应立足采取各种措施对变形进行防止和焊接变形的控制,其次,对变形超过技术要求范围时,才考虑对焊件的变形进行矫正。

焊件矫正方法有冷加工法和热加工法。冷加工矫正法包括手工矫正和机械矫正。冷加工法矫正有时会使金属产生冷作硬化,并且会引起附加应力,一般对尺寸较小、变形较小的零件可以采用。对于变形较大、结构较大的应采用热加工法矫正(火焰矫正法)。

4.7.1 冷加工矫正法

4.7.1.1 手工矫正

手工矫正就是利用手锤等工具,锤击变形件合适的位置使焊件的变形减小。由于用手锤锤击力量有限,所以,对一些薄板、变形小、细长的焊件可采用手工矫正。如薄板产生的波浪变形、角变形、挠曲变形等。

4.7.1.2 机械矫正

机械矫正是利用外力使焊件产生与焊接变形方向相反的塑性变形,使两者互相抵消。图4-52所示为工字梁焊后产生了弯曲变形用压力机或千斤顶进行机械矫正的示意图。

焊后变形主要是焊缝及其附近区域收缩引起,若沿焊缝区锻打或碾压,使该区得到塑性延伸,就能补偿焊接时产生的塑性变形,达到消除变形的目的。小焊件且数量少一般用手锤锻打。对具有规则焊缝的薄板结构,可采用碾压设备对焊缝及其附近碾压,能收到很好的技术和经济效果。图4-53为用碾压机矫正铝制筒体焊后弯曲变形的示意图,图中是对纵焊缝进行碾压,改变压辊方向也可碾压环焊缝。碾压式锻打焊缝不仅能消除焊接残余变形,还能消除焊接残余应力。

机械矫正法只适用于结构简单的中、小型焊件。

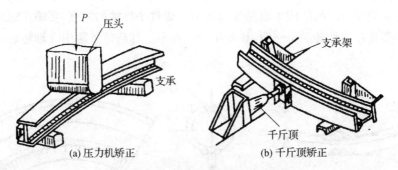

图4-52 工字梁焊后变形的机械矫正

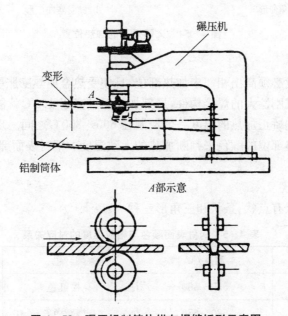

图4-53 碾压铝制筒体纵向焊缝矫形示意图

4.7.2 火焰矫正法

火焰矫正法是以火焰为热源对焊件的局部进行加热,使之产生压缩塑性变形,冷却时该金属发生收缩,利用收缩产生的变形抵消焊接引起的残余变形。

此法一般使用的是气焊炬,不需专门设备。操作简单方便,对机械无法矫正的变形,尤其是大型钢结构的变形,采用火焰矫正可达到较好的效果。

4.7.2.1 火焰矫正的三要素

决定火焰矫正效果有三个主要因素:加热位置、加热温度和加热区的形状。

1. 加热位置

它是成败的关键因素。加热位置确定的不合适,不但不会矫正原有的变形,反而会加重已有的变形。因此,所选的加热位置必须使它产生变形的方向与焊接残余变形方向相反,起到抵消作用。

产生弯曲或角变形的原因主要是焊缝集中于焊件中性轴的一侧,要矫正这两种变形,加热位置就必须选在中性轴的另一侧,如图 4-54 所示。加热位置距中性轴越远,矫正的效果越好。

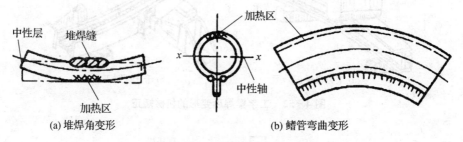

(a) 堆焊角变形　　　　　(b) 鳍管弯曲变形

图 4-54　火焰矫正的加热位置

2. 加热温度

加热部位的温度必须高出相邻未加热部位,且使受热金属热膨胀受阻,产生压缩塑性变形。对于厚碳钢板或刚性大的焊接构件,局部加热温度高于 100℃ 就能产生压缩塑性变形。生产中对结构钢火焰矫正加热的温度一般控制在 600～800℃ 之间。现场测温不方便时,一般是用眼睛观察加热部位的颜色来判断加热的大致温度。钢材表面部分颜色与温度的对应关系见表 4-5。

3. 加热区的形状

火焰加热区形状有点状、条状和三角形三种。

表 4-5　钢材表面颜色与相应温度的对应关系

颜　色	温度/℃	颜　色	温度/℃
深褐红色	550～580	亮樱红色	830～960
褐红色	580～650	橘黄色	960～1 050
暗樱红色	650～730	暗黄色	1 050～1 150
深樱红色	730～770	亮黄色	1 150～1 250
樱红色	770～800	白黄色	1 250～1 300
淡樱红色	800～830		

(1) 点状加热

点状加热是集中在金属表面的一个圆点上加热,加热后可以获得以点为心的均匀径向收缩效果。它非常适合薄板产生波浪变形的矫正,薄板加热时正背面温度基本相同,故易于矫平。单点加热效果很有限,变形量大时可以采取多点加热,常以梅花状均匀分布,见图4-55。加热点的直径 d 一般不小于 15 mm,厚板时应适当加大;加热点的间距 a 一般为 50~100 mm,变形量大时,a 取小值,变形量小时加热点应稀一些。为了提高效率,常在每加热完一个点后,立即用木锤锻打加热点及其周围区域,以增加压缩塑性变形(薄板锻打时,背面须设垫底),并浇水冷却。

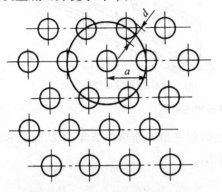

图 4-55 多点加热梅花状分布

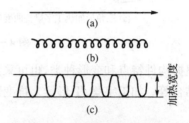

图 4-56 条状加热的三种形式

(2) 条状加热

条状加热是指火焰呈直线方向移动,或沿移动方向稍做横向摆动,连续加热金属表面,形成有一定宽度的加热带。条状加热又可分为直通加热、环形加热和带状加热,见图4-56。条状加热的特点是横向收缩量一般大于纵向收缩量,应充分利用此特点去安排加热位置。薄板矫平一般不作横向摆动的线状加热,需扩大加热面积时,从中间向两侧平行地增加加热线数,线间距视变形程度而定,变形量大宜密些,厚板矫正主要采用带状加热。图4-57(a)所示为箱形梁扭曲变形条状加热示意图;图4-57(b)所示为封闭箱体装配焊接后,翼板局部向箱体内凹陷,无法进入箱体内矫正,在凹陷处周围采用中性火焰线状加热,同时紧固螺栓,向外提拉,达到预期的效果。

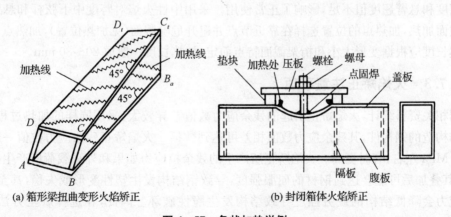

(a) 箱形梁扭曲变形火焰矫正　　　　(b) 封闭箱体火焰矫正

图 4-57 条状加热举例

(3) 三角形加热

三角形加热又称楔状加热。加热时面积上大下小,加热区呈三角形(见图4-58),可以获得三角形底边横向收缩大于顶端横向收缩的效果。所以三角形加热主要用于构件刚性较大、变形量大的弯曲变形,如图4-58(a)所示为工字梁上挠曲变形的矫正举例,图4-51(b)所示为T形梁挠曲变形用三角形加热矫正的举例。

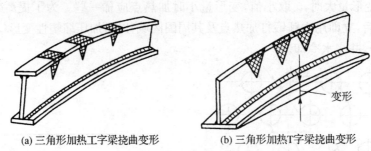

(a) 三角形加热工字梁挠曲变形　　(b) 三角形加热T字梁挠曲变形

图4-58　三角形加热举例

根据构件特点和变形种类,也可采用条状加热和三角形加热相结合,条状加热和点状加热相结合等。如工字梁、T形梁上挠变形即可采用。

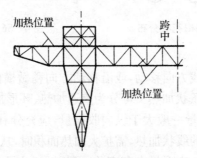

图4-59　桁架式主梁示意

构件局部加热可以用来矫正变形,同时利用火焰也可以将平直型钢弯曲成各种形状。图4-59所示为龙门起重机桁架式主梁装配焊接后出现变形矫正的举例。主梁装配焊接后出现宽度和悬臂翘度值不足,影响了正常使用。采用中性火焰对跨度中下弦杆和悬臂上弦杆全截面加热,加热点的位置选择在靠近节点并避开危险截面(见加热位置),加热点的数量和加热长度应根据变形大小和桁架截面特点而定,加热长度一般取20~80 mm。

4.7.3　火焰矫正注意事项

据相关资料统计,火焰矫正引起的残余应力数值差异较大,采用同样的加热过程,不同截面和构造的钢构件,其残余应力数值相差可达到数倍。火焰矫正残余应力数值一般能达到100 MPa左右,有时更高。火焰矫正所产生的残余拉应力如果和外来载荷所产生拉应力叠加,其叠加后可能会达到钢材的屈服强度,导致钢结构发生塑性变形或失稳,甚至断裂。残余应力会降低结构的疲劳强度导致结构发生脆性破坏。因此,在选择矫正方法时,应注意:

(1) 对刚性较大的钢结构产生的弯曲变形不宜采用冷矫正方法,否则将会在结构中产生较大的叠加应力或裂纹。应在与焊接部位所对称的位置采用火焰矫正法矫正,这样焊接残余应力与火焰矫正产生的残余应力可以相互抵消一部分。

(2) 火焰矫正时,要严格控制加热温度,尤其是温度过高时会使钢材的组织发生变化,并产生较大的残余应力,大大降低钢材的力学性能和结构的承载能力,一般加热温度不宜超过 800℃。

(3) 矫正前应仔细观察和分析变形情况,弄清变形原因,以便正确地确定加热位置。加热位置通常都远离焊缝,且尽量避免在结构危险截面的受拉区进行火焰矫正。对简支梁要避免在跨中加热。在承受中等载荷应力的截面内加热时,加热面积在每个截面都不要太大。

(4) 火焰矫正过程用水急冷的目的是限制热胀的范围;增加对加热区的挤压作用;可以立即看到矫正效果,不必等待。但对于有淬火倾向或刚性很大(如厚板结构)的工件,不宜使用。

(5) 对预设挠曲变形的承重梁,不允许采用火焰加热起拱,以免造成先天残余应力。

(6) 火焰矫正时,要考虑到下道工序的需要或对下道工序的影响。若后面工序是焊接或气割,可以在火焰矫正过程中作出后道工序所需的反变形量。

本章小结

1. 由于熔化焊接是一个不均匀加热过程,当钢结构局部加热,随温度的升高而膨胀时,由于受到周边未受热金属的限制,冷却后导致钢结构产生了内应力和变形即焊接残余应力和变形。按产生原因分类,焊接应力可以分为热应力、相变应力和塑变应力。

2. 当残余应力和变形超过某一范围时,将直接影响钢结构的承载能力、使用寿命、加工精度和尺寸,引起脆性断裂、疲劳断裂、应力腐蚀裂纹等。

3. 消除焊接残余应力的方法有热处理、锤击、振动法和加载法等。

4. 焊件矫正方法有冷加工法和热加工法。冷加工矫正包括手工矫正和机械矫正。

学习思考题

4-1 什么是焊接残余应力?什么是焊接残余变形?焊接残余应力和变形对钢结构有什么不利影响?

4-2 焊接残余应力和变形产生的原因有哪些?

4-3 消除焊接残余应力有哪些主要方法?

4-4 焊接残余变形如何进行矫正?

第 5 章 钢结构焊接生产工艺

学习目标

了解钢结构加工工艺的基本知识,掌握对钢结构进行焊接工艺审查的一般要求、内容和方式,掌握方案的设计,掌握钢结构的焊接工艺评定。

5.1 钢结构加工工艺的基本知识

钢结构焊接生产分为焊接生产的准备工作和焊接结构生产工艺过程。焊接生产的准备工作包括结构的工艺性审查、工艺方案和工艺规程设计、工艺评定、编制工艺文件(含定额编制)和质量保证文件、定购原材料和辅助材料、外购和自行设计制造装配-焊接设备和装备;焊接结构生产工艺过程从材料入库开始,包括材料复验入库、备料加工、装配-焊接、焊后热处理、质量检验、成品验收(其中还穿插返修、涂饰和喷漆),最后合格产品入库。典型的焊接生产工艺顺序,如图 5-1 所示。焊接是整个过程中的核心工序,焊前准备和焊后处理的各种工序都是围绕着获得符合焊接质量要求的产品而做的工作。质量检验贯穿在整个生产过程中,是为了控制和保证焊接生产的质量。每个工序的具体内容,由产品的结构特点、复杂程度、技术要求和产量大小等因素决定。

(1) 钢结构焊接生产的准备工作是钢结构制造工艺过程的开始。它包括了解生产任务,审查(重点是工艺性审查)与熟悉结构图样,了解产品技术要求,在进行工艺分析的基础上,制定全部产品的工艺流程,进行工艺评定,编制工艺规程及全部工艺文件、质量保证文件,订购金属材料和辅助材料,编制用工计划(以便着手进行人员调整与培训),能源需用计划(包括电力、水、压缩空气等),根据需要定购或自行设计制造装配-焊接设备和装备,根据工艺流程的要求,对生产面积进行调整和建设等。生产的准备工作很重要,做得越细致,越完善,未来组织生产越顺利,生产效率越高,质量越好。

(2) 材料库的主要任务是材料的保管和发放,它对材料进行分类、储存和保管并按规定发放。材料库主要有两种,一是金属材料库,主要存放保管钢材;二是焊接材料库,主要存放焊丝、焊剂和焊条。

(3) 焊接生产的备料加工工艺是在合格的原材料上进行的。首先进行材料预处理,包括矫正、除锈(如喷丸)、表面防护处理(如喷涂导电漆等)、预落料等。除材料预处理外,备料包括放样、划线(将图样给出的零件尺寸、形状划在原材料上)、号料(用样板来划线)、下料(冲剪与切割)、边缘加工、矫正(包括二次矫正)、成形加工(包括冷热弯曲、冲压)、端面加工以及号孔、钻(冲)孔等为装配-焊接提供合格零件的过程。备料工序通常以工序流水形式在备料车间或工段、工部组织生产。

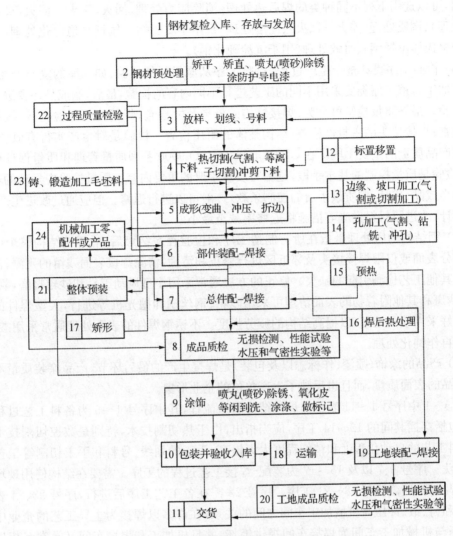

图 5-1 焊接结构制造工艺过程

(4) 装配-焊接工艺充分体现焊接生产的特点，它是两个既不相同又密不可分的工序。它包括边缘清理、装配（包括预装配）、焊接。绝大多数钢结构要经过多次装配-焊接才能制成，有的在工厂只完成部分装配-焊接和预装配，到使用现场再进行最后的装配-焊接。装配-焊接顺序可分为整装-整焊、部件装配焊接-总装配焊接、交替装焊三种类型，主要按产品结构的复杂程度、变形大小和生产批量选定。装配-焊接过程中时常还需穿插其他的加工，例如机械加工、预热及焊后热处理、零部件的矫形等，贯穿整个生产过程的检验工序也穿插其间。装配-焊接工艺复杂和种类多，采用何种装配-焊接工艺要由产品结构、生产规模、装配-焊接技术的发展决定。

(5) 焊后热处理是焊接工艺的重要组成部分，与焊件材料的种类、型号、板厚、所选用的焊接工艺及对接头性能的要求密切相关，是保证焊件使用特性和寿命的关键工序。焊后热处理不仅可以消除或降低结构的焊接残余应力，稳定结构的尺寸，而且能改善接头的金相组织，提高接头的各项性能，如抗冷裂性、抗应力腐蚀性、抗脆断性、热强性等。根据焊件材料的类别,可以选用下列不同种类的焊后热处理:消除应力处理、回火、正火＋回火(又称空气调质处理)、调质处理(淬火＋回火)、固溶处理(只用于奥氏体不锈钢)、稳定化处理(只用于稳定型奥氏体不锈钢)、时效处理(用于沉淀硬化钢)。

(6) 检验工序贯穿整个生产过程,检验工序从原材料的检验,如入库的复验开始,随后在生产加工每道工序都要采用不同的工艺进行不同内容的检验,最后,制成品还要进行最终质量检验。最终质量检验可分为:焊接结构的外形尺寸检查;焊缝的外观检查;焊接接头的无损检查;焊接接头的密封性检查;结构整体的耐压检查。检验是对生产实行有效监督,从而保证产品质量的重要手段。在 GB/T 19000-ISO 9000 系列质量管理和质量保证标准工作中,检验是质量控制的基本手段,是编写质量手册的重要内容。质量检验中发现的不合格工序和半成品、成品,按质量手册的控制条款,一般可以进行返修。但应通过改进生产工艺、修改设计、改进原材料供应等措施将返修率减至最小。

(7) 钢结构的后处理是指在所有制造工序和检验程序结束后,对焊接结构整个内外表面或部分表面或仅限焊接接头及邻近区进行修正和清理,清除焊接表面残留的飞溅,消除击弧点及其他工艺检测引起的缺欠。修正的方法通常采用小型风动工具和砂轮打磨,氧化皮、油污、锈斑和其他附着物的表面清理可采用砂轮、钢丝刷和抛光机等进行,大型焊件的表面清理最好采用喷丸处理,以提高结构的疲劳强度。不锈钢焊件的表面处理通常采用酸洗法,酸洗后再作钝化处理。

(8) 产品的涂饰(喷漆、作标志以及包装)是焊接生产的最后环节,产品涂装质量不仅决定了产品的表面质量,而且也反映了生产单位的企业形象。

图 5-1 中序号 1~11 表示出焊接结构制造流程,其中序号 1~5 为备料工艺过程的工序,还包括穿插其间的 12~14 工序,应当指出,由于热切割技术,特别是数控切割技术的发展,下料工艺的自动化程度和精细程度大大提高,手工的划线、号料和手工切割等工艺正逐渐被淘汰。序号 6、7 以及 15~17 为装配-焊接工艺过程的工序。需要在结构使用现场进行装配-焊接的,还需执行 18~21 工序。序号 22 需在各工艺工序后进行,序号 23、24 表明焊接车间和铸、锻、冲压与机械加工车间之间的关系,在许多以焊接为主导工艺的企业中,铸、锻、冲压与机械加工车间为焊接车间提供毛坯,并且机加工和焊接车间又常常互相提供零件、半成品。

5.2　钢结构焊接工艺审查

5.2.1　产品结构工艺性审查的一般要求和任务

生产准备工作最重要的任务之一,是审查与熟悉结构图样,了解产品技术要求。这些由生产纲领一起提供的图样,既有企业新设计和改进设计的产品,它们在设计过程中必须进行工艺审查,也有随订单来的外来图样,企业首次生产前,对这些外来图样也要进行工艺审查。

对产品结构进行工艺性审查的目的是使设计的产品在满足技术要求、使用功能的前提下,符合一定的工艺性指标。对钢结构焊接来说,主要有制造产品的劳动量、材料用量、材料利用系数、产品工艺成本、产品的维修劳动量、结构标准化系数等,以便在现有的生产条件下,能用比较经济、合理的方法将其制造出来,而且便于使用和维修。

5.2.2 工艺性审查的内容

在进行焊接结构工艺性审查前,除了要熟悉该结构的工艺特点和技术条件以外,还必须了解被审查产品的用途、工作条件、受力情况及产量等有关方面的问题。在进行焊接结构的工艺审查时,主要审查以下几个方面。

5.2.2.1 是否有利于减少焊接应力与变形

从影响和减少焊接应力与变形的因素来说,应注意以下几个方面:

1. 尽量减少焊缝数量

尽可能地减少结构上的焊缝数量和焊缝的填充金属量,这是设计焊接结构时一条最重要的原则。

图 5-2 所示的框架转角,就有两个设计方案,图 5-2(a)设计是用许多小肋板,构成放射形状来加固转角;图 5-2(b)设计是用少数肋板构成屋顶的形状来加固转角,这种方案不仅提高了框架转角处的刚度与强度,而且焊缝数量又少,减少了焊后的变形和复杂的应力状态。

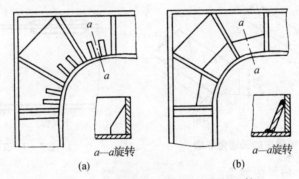

图 5-2 框架转角处加强肋布置的比较

2. 选用对称的构件截面

尽可能地选用对称的构件截面和焊缝位置。这种焊缝位置对称于截面重心,焊后能使弯曲变形控制在较小的范围。

3. 尽量减小焊缝尺寸

在不影响结构的强度与刚度的前提下,尽可能地减小焊缝截面尺寸或把连续角焊缝设计成断续角焊缝,减小了焊缝截面尺寸和长度,能减少塑性变形区的范围,使焊接应力与变形减少。

4. 尽量减少焊缝数量

对复杂的结构应采用分部件装配法,尽量减少总装焊缝数量并使之分布合理,这样能大大减少结构的变形。为此,在设计结构时就要合理地划分部件,使部件的装配焊接易于进行和焊后经矫正能达到要求,这样就便于总装。由于总装时焊缝少,结构刚性大,焊后的变形就很小。

5. 避免焊缝相交

尽量避免各条焊缝相交,因为在交点处会产生三轴应力,使材料塑性降低,并造成严重的应力集中。

5.2.2.2 是否有利于减少生产劳动量

在焊接结构生产中,如果不努力节约人力和物力,不提高生产率和降低成本,就会失去竞争能力。除了在工艺上采取一定的措施外,还必须从设计上使结构有良好的工艺性。

减少生产劳动量的办法很多,归纳起来主要有以下几个方面:

1. 合理地确定焊缝尺寸

确定工作焊缝的尺寸,通常用等强度原则来计算求得。但只靠强度计算有时还是不够的,还必须考虑结构的特点及焊缝布局等问题。如焊脚小而长度大的角焊缝,在强度相同情况下具有比大焊脚短焊缝省料省工的优点,图 5-3 中焊脚为 K、长度为 $2L$ 和焊脚为 $2K$、长度为 L 的角焊缝强度相等,但焊条消耗量前者仅为后者的一半。在板料对接时,应采用对接焊缝,避免采用斜焊缝。

合理地确定焊缝尺寸具有多方面的意义,不仅可以减少焊接应力与变形、减少焊接工时,而且在节约焊接材料、降低产品成本上也有重大意义。所以,焊缝金属占结构总重量的百分比,也是衡量结构工艺性的标志之一。

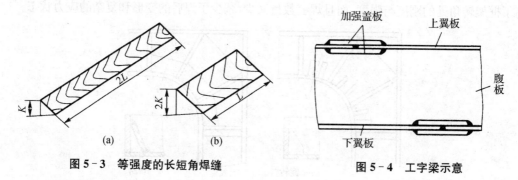

图 5-3 等强度的长短角焊缝　　图 5-4 工字梁示意

2. 尽量取消多余的焊接加工

对单面坡口背面不进行清根焊接的对接焊缝,若通过修整焊缝表面来提高接头的疲劳强度,就是多余的,因为焊缝反面依然存在应力集中。对结构中的联系焊缝,若要求开坡口或焊透也是多余的加工,因为焊缝受力不大。钢板拼接后能达到与母材等强度,有些设计者偏偏在接头处焊上盖板,以提高强度,如图 5-4 中工字梁的上下翼板拼接处焊上加强盖板,就是多余的,由于焊缝集中反而降低了工字梁承受动载荷的能力。

3. 尽量减少辅助工时

焊接结构生产中辅助工时一般占有较大的比例,减少辅助工时对提高生产率有重要意义。结构中焊缝所在位置应使焊接设备调整次数最少,焊件翻转的次数最少。

4. 尽量利用型钢和标准件

型钢具有各种形状,经过相互组合可以构成刚性更大的各种焊接结构,对同一结构如果用型钢来制造,则其焊接工作量会比用钢板制造要少得多。图 5-5 所示为一根变截面工字梁结构,图 5-5(a)是用三块钢板组成,如果用工字钢组成,可将工字钢用气割分开,见图 5-5(c),再组装焊接起来,见图 5-5(b),就能大大减少焊接工作量。

5. 尽量利用复合结构和继承性强的结构

复合结构具有发挥各种工艺长处的特点,它可以采用铸造、锻造和压制工艺,将复杂的接头简化,把角焊缝改成对接焊缝。图 5-6 所示为采用复合结构把 T 形接头转化为对接接头的应用实例,不仅降低了应力集中,而且改善了工艺性。在设计新结构时,把原有结构成熟部分保留下来,称继承性结构。继承性强的结构一般来说工艺性是比较成熟的,有时还可利用原有的工艺设备,所以合理利用继承性结构对结构生产是有利的。

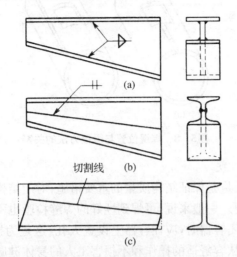

图 5-5 变截面工字梁

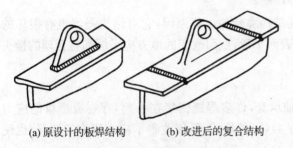

(a) 原设计的板焊结构　　(b) 改进后的复合结构

图 5-6 采用复合结构的应用实例

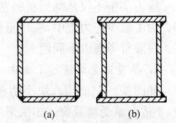

图 5-7 箱箱形结构

6. 有利于采用先进的焊接方法

埋弧焊的熔深比手工电弧焊大,有时不需要开坡口,从而节省工时;采用 CO_2 气体保护焊,不仅成本低、变形小而且不需清渣。在设计结构时应使接头易于使用上述较先进的焊接方法。图 5-7(a)箱形结构可用焊条手弧焊焊接,若做成图 5-7(b)形式,就可使用埋弧焊和 CO_2 气体保护自动焊。

5.2.2.3 是否有利于施工方便和改善工人的劳动条件

1. 尽量使结构具有良好的可焊到性

可焊到性是指结构上每一条焊缝都能得到很方便的施焊,在审查工艺性时要注意结构的可焊到性,避免因不好施焊而造成焊接质量不好。如厚板对接时,一般开成 X 形或双 U 形坡口,若在构件不能翻转的情况下,就会造成大量的仰焊焊缝,这不但劳动条件差,质量还很难保证,这时就必须采用 V 形或 U 形坡口来改善其工艺性。

2. 尽量有利于焊接机械化和自动化

当产品批量大、数量多的时候,必须考虑制造过程的机械化和自动化。原则上应减少零件的数量,减少短焊缝,增加长焊缝,尽量使焊缝排列规则和采用同一种接头形式。如采用焊条手弧焊时,图5-8(a)中的焊缝位置较合理,当采用自动焊时,则以图5-8(b)为好。

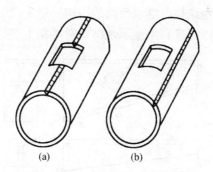

图5-8 焊缝位置与焊接方法的关系

3. 尽量有利于检验方便

严格检验焊接接头质量是保证结构质量的重要措施,对于结构上需要检验的焊接接头,必须考虑到是否检验方便。一般来说,可焊到性好的焊缝检验也不会困难。

此外,在焊接大型封闭容器时,应在容器上设置人孔,这是为操作人员出入方便和满足通风设备出入需要,使能从容舒适的操作和不损害工人的身体健康。

5.2.2.4 是否有利于减少应力集中

应力集中不仅是降低材料塑性引起结构脆断的主要原因,它对结构强度也有很坏的影响。为了减少应力集中,应尽量使结构表面平滑,截面改变的地方应平缓和有合理的接头形式。一般常考虑以下问题。

1. 尽量避免焊缝过于集中

如图4-41(a)用八块小肋板加强轴承套,许多焊缝密集在一起,存在着严重的应力集中,不适合承受动载荷。如果采用图4-41(b)的形式,不仅改善了应力集中的情况,也使工艺性得到改善。

2. 尽量使焊接接头形式合理,减小应力集中

对于重要的焊接接头应采用开坡口的焊缝,防止因未焊透而产生应力集中。是否开坡口除与板厚有关以外,还取决于生产技术条件。应设法将角接接头和T形接头,转化为应力集中系数较小的对接接头,见图5-9。

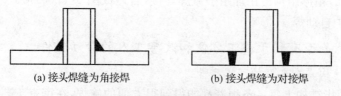

(a) 接头焊缝为角接焊　　　(b) 接头焊缝为对接焊

图5-9 两种接头方案的对比

3. 尽量避免构件截面的突变

在截面变化的地方必须采用圆滑过渡,不要形成尖角。如肋板存在尖角时,如图5-10(a),应将它改变成图5-10(b)所示的形式。在厚板与薄板或宽板与窄板对接时,均应在接合处有一定的斜度,使之平滑过渡。

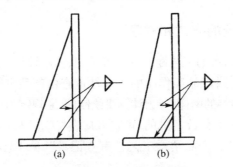

图 5-10 肋板的合理形式

4. 尽量应用复合结构

应用复合结构不仅能减少焊接工作量,而且可将应力集中系数较大的接头形式,转化为应力集中系数较小的对接接头。

5.2.2.5 是否有利于节约材料和合理使用材料

合理地节约材料和使用材料,不仅可以降低成本,而且可以减轻产品重量,便于加工和运输等,所以也是应关心的问题。

设计者在保证产品强度、刚度和使用性能的前提下,为了减轻产品重量而采用薄板结构,并用肋板提高刚度。这样虽能减轻产品的重量,但要花费较多的装配、焊接、矫正等工时,而使产品成本提高。因此,还要考虑产品生产中其他的消耗和工艺性,这样才能获得良好的经济效果。

1. 尽量选用焊接性好的材料来制造焊接结构

在结构选材时首先应满足结构工作条件和使用性能的需要,其次是满足焊接特点的需要。在满足第一个需要的前提下,首先考虑的是材料的焊接性,其次考虑材料的强度。现在有许多结构采用普通低合金结构钢来制造,这是从我国实际资源出发,冶炼出的一类钢种,其中强度钢已在工业各领域得到广泛使用,它具有强度高、塑性、韧性好、焊接及其他加工性能较好的性能。使用这类钢不仅能减轻结构的自重,还能延长结构的寿命,减少维修费用等。因此,它已被广泛用来制造各种焊接结构。另外,在结构设计的具体选材时,应立足国内,选用国产材料来制造。为了使生产管理方便,材料的种类、规格及型号也不宜过多。

2. 使用材料一定要合理

一般来说,零件的形状越简单,材料的利用率就越高。图 5-11(b) 所示为锯齿合成梁,如果用工字钢通过气割[见图 5-11(a)]再焊接成锯齿合成梁,就能节约大量的钢材和焊接工时。

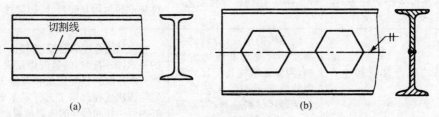

图 5-11 锯齿合成梁

5.2.3 工艺性审查的方式和程序

初步设计和技术设计阶段的工艺性审查一般采用各方(设计、工艺、制造部门的技术人员和主管)参加的会审方式。对产品工作图的工艺性审查由产品主管工艺师和各专业工艺师(员)对有设计、审核人员签字的图样(应为计算机绘制的,原规定为铅笔原图)分头进行审查。

全套图样审查完毕,无大修改意见的,审查者应在"工艺"栏内签字,对有较大修改意见的,暂不签字,审查者应填写"产品结构工艺性审查记录"(见 JB/Z 187.4—1988)与图样一并交设计部门。

设计者根据工艺性审查记录上的意见和建议进行修改设计,修改后工艺未签字的图样返回工艺部门复查签字。若设计者与工艺员意见不一,由双方协商解决。若协商不成,由厂技术负责人进行协调或裁决。

5.3 焊接工艺方案的设计

在生产准备工作中,进行工艺分析,编制工艺方案,是作为指导产品工艺准备工作的依据。除单件小批生产的简单产品外,都应具有工艺方案,它是工艺规程设计的依据。进行工艺分析可以设计出多个工艺方案,进行比较,确定一个最优方案供编制工艺规程和继续进行其他的焊接生产准备工作。因此,在制定工艺方案,编制工艺文件之前,仔细地进行焊接生产全过程的工艺分析是十分重要的。

5.3.1 工艺分析和编制工艺方案的原则

首先,从产品-焊接结构生产的要求入手,包括技术要求、经济要求、劳动保护、安全卫生,明确焊接结构生产的规模和方式,使确定的工艺方案在保证钢结构质量的同时,充分考虑生产周期、成本和环境保护;其次,根据本企业能力,积极采用国内外先进工艺技术和装备,以不断提高企业工艺水平和生产能力。

5.3.2 工艺分析的依据和内容

工艺分析和工艺方案编制的依据和内容如表 5-1 所示。

表 5-1 工艺分析和工艺方案编制的依据和内容

依 据	内 容	着眼点与考虑的措施
产品设计图样(已通过工艺性审查),生产的任务(生产纲领)及有关技术文件	结构采用何种焊接工艺	在此工艺条件下,如何保证产品技术条件规定的结构几何尺寸、焊接接头的质量
产品的生产性质和生产类型	钢结构的形式,焊缝的分布及其对变形和应力的影响,为保证结构几何尺寸和焊缝质量采取的工艺措施包括焊接材料选择、需要预热、后热和焊后热处理	相应采用合理的装配-焊接次序、各工序的要求,采用适当的装配焊接夹具和反变形。严格控制装配质量和焊接工艺参数,它应该建立在严格工艺评定基础之上、良好的可达性和最佳的施焊位置(平焊位置)

(续表)

依据	内容	着眼点与考虑的措施
本企业现有生产条件	结构与部件的划分	要与选定的装配—焊接工艺相适应；划分零件数量适当，装配焊接工作量最少、各工种工作量比较平衡、工种交替少、易于流水作业和这种划分的装配焊接顺序产生较小的焊接变形和应力，即使有了变形也容易矫正。与车间的起重和设备能力符合
国内外同类产品的工艺技术情报	可选用的工具、夹具和工艺装备	保证结构质量、减轻劳动强度、改善劳动条件和生产安全，达到提高劳动生产率
有关技术政策、市场信息，本企业领导和职工的目标	选择适当的检验方法、生产组织和管理	与结构图样和技术要求、工艺方法相适应，并要符合有关标准

工艺分析是在钢结构的焊接生产要求和可能实施的生产工艺过程之间，寻求矛盾和解决矛盾的办法。工艺分析的重点是装配与焊接两个工艺过程的分析。工艺分析总是优先考虑采用先进的焊接工艺，分析结构形式、生产规模，选用保证结构技术要求、有高的焊缝质量和劳动生产率、良好的劳动条件的焊接方法；其次，在保证产品技术条件和质量的前提下，要进行成本分析，千方百计降低产品成本。工艺分析的依据和内容及相应可考虑的措施见表5-1。通过工艺分析设计几种装配-焊接方案，根据不同方案的情况，进行比较，确定最佳方案。

工艺方案内容根据方案分类还有所不同，由新产品样机试制、新产品小批试制到批量生产，一步步深入，前一阶段的工艺小结是后一阶段工作的基础。以批量生产为例，其工艺方案主要包括：对小批试制阶段工艺、工装验证情况的小结；工艺关键件质量攻关措施意见和关键工序质量控制点设置意见；工艺文件和工艺装备的进一步修改、完善意见；专用设备或生产自动线的设计制造意见；采用有关新材料、新工艺的意见；对生产节拍的安排和投产方式的建议；装配方案和车间平面布置的调整意见等。

5.3.3　工艺方案设计的程序

根据工艺设计的依据及工艺分析的结论，由主管工艺人员提出几种工艺方案，组织讨论，确定最佳方案，经工艺主管审核，最后交由总工艺师或总工程师批准。

5.4　焊接加工工艺规程

工艺方案只规定产品制造中重大技术问题的解决办法和指导原则，要具体实施，须编制成指导工人操作和用于生产管理的各种技术文件，常称工艺文件，如产品零部件明细表、产品零部件工艺路线表、工艺流程图、工艺规程及专用工艺装备设计任务书等。

焊接加工工艺规程是一种经评定合格的书面焊接工艺文件，其目的是指导按法规的要求焊制产品焊缝。具体说，焊接加工工艺规程可用来指导焊工和焊接操作者施焊产品接头，以保证焊缝的质量符合法规的要求。

焊接工艺规程应当由生产该焊件的企业自行编制，而不应沿用其他企业的焊接工艺规程，也不允许委托其他单位编制用以指导本企业焊接生产的焊接工艺规程。同时，焊接工艺规程也是技术监督部门检查企业是否具有按法规要求生产焊接产品资格的证明文件之一，目前已成为钢结构焊接生产企业认证检查中的必查项目之一。所以焊接工艺规程是企业质量保证体系和产品质量计划中最重要的质量文件之一。

5.4.1 焊接加工工艺规程的内容

焊接加工工艺规程是指导焊工按法规要求焊制产品焊缝的工艺文件。因此一份完整的焊接加工工艺规程，应当列出为完成符合质量要求的焊缝所必需的全部焊接工艺参数，除了规定直接影响焊缝力学性能的重要工艺参数以外，也应规定可能影响焊缝质量和外形的次要工艺参数。具体项目包括：焊接方法，母材金属类别及钢号，厚度范围，焊接材料的种类、牌号、规格，预热和后热温度，热处理方法和制度，焊接工艺参数，接头及坡口形式，操作技术和焊后检查方法及要求。对于厚壁焊件或形状复杂的易变形的焊件还应规定焊接顺序。如焊接工艺规程编制者认为有必要，也可列入对按法规焊制焊件有用的其他工艺参数，如加可熔衬垫或其他焊接衬垫等。

对于一般的焊接结构和非法规产品，焊接工艺规程可直接按产品技术条件、产品图样、工厂有关焊接标准，焊接材料和焊接工艺试验报告以及已积累的生产经验数据编制焊接工艺规程，经过一定的审批程序即可投入使用，无须事先经过焊接工艺评定。而对于受监督的重要焊接结构和法规产品，每一份焊接工艺规程必须有相应的焊接工艺评定报告作为支持，即应根据已评定合格的工艺评定报告来编制焊接工艺规程。如果拟订的焊接工艺规程的重要焊接工艺参数，已超出本企业现有焊接工艺评定报告中规定的参数范围，则该焊接工艺规程必须按下节所规定的程序进行焊接工艺评定试验。只有经评定合格的焊接工艺规程才能用于指导生产。

焊接工艺规程原则上是以产品接头形式为单位进行编制。如焊接 H 形钢梁的翼缘与腹板连接的角焊缝、翼缘拼接的对接焊缝、腹板拼接的对接焊缝都应分别编制一份焊接工艺规程。如翼缘拼接的对接焊缝、腹板拼接的对接焊缝采用相同的焊接方法、相同的重要工艺参数，则可以用一份焊接工艺评定报告支持两份焊接工艺规程。如某一焊接接头需采用两种或两种以上焊接方法焊成，则这种焊接接头的焊接工艺规程应以相对应的两份或两份以上的焊接工艺评定报告为依据。

5.4.2 工艺规程的文件形式和格式

1. 文件形式

为了便于生产和管理，工艺规程有各种文件形式，如表 5-2 所示，可按生产类型、产品复杂程度和企业条件等选用。

2. 文件格式

为了标准化，便于企业管理和便于工人使用，文件应有统一的格式，机械工业部颁布的《工艺规程格式》(JB/T 9165.2—1998)规定了30多种文件的格式，无特殊要求的都应采用。

这里只介绍工艺规程表头、表尾的格式(见表5-3)、焊接工艺卡片(见表5-4)、装配工艺过程卡片(见表5-5)、装配工序卡(见表5-6)和工艺守则(见表5-7)。

表5-2 工艺规程常用文件形式

文件形式	特　点	适用范围
工艺过程卡片	以工序为单位,简要说明产品或零部件的加工活装配过程	单件小批生产的产品
工艺卡片	按产品或零、部件的某一工艺阶段编制,以工序为单元详细说明各工序名称、内容、工艺参数、操作要求及所用设备与工装	适于各种批量生产的产品
工序卡片	在工艺卡片基础上,针对某一工序而编制,比工艺卡片更详尽,规定了操作步骤、每一工步内容、设备、工艺参数、工艺定额等,常有工序简图	大批量生产的产品和单件小批生产中的关键工序
工艺守则	按某一专业工种而编制的基本操作规程,具有通用性	单件、小批、多品种生产

5.4.3 工艺规程编写的基本要求

编写工艺规程并不是简单地填写表格,而是一种创造性的设计过程。须把工艺方案的原则具体化,同时要解决工艺方案中尚未解决的具体施工问题。如确定加工的详细顺序、选用设备的型号规格、确定工艺要求、加工余量、工艺参数、材料消耗、工时定额等,是一件细致、繁重的工作。现在已逐渐用微机来编制。编制时应达到下列要求:

(1) 工艺规程是直接指导现场生产操作的重要技术文件,应做到正确、完整、统一、清晰。

(2) 在充分利用本厂现有生产条件基础上,尽可能采用国内外先进工艺技术和经验。

(3) 在保证产品质量基础上,尽可能提高生产率和降低消耗。

(4) 必须考虑生产安全和工业卫生(环境保护),采取相应措施。

(5) 结构和工艺特征相近的构件、零件应尽量设计典型工艺规程。

(6) 各专业工艺规程在设计过程中应协调一致,不得相互矛盾。

(7) 工艺规程中所用的术语、符号、代号要符合相应标准的规定。

(8) 工艺规程中的计量单位应全部采用法定计量单位。

(9) 工艺规程的格式、幅面与填写方法和编号应分别按 JB/Z 187.3、JB/Z 254—1988 执行。

表 5-3 工艺规程幅面、表头、表尾及附加栏格式

表中填写内容:
(1) 企业名称;
(2) 文件名称;
(3)~(6) 按产品图样中的规定填写;
(7) 按JB/Z 254规定填写文件编号;
(8)~(9) 分别用阿拉伯数字填写每个零件卡片的总页数和顺页数;
(10)~(11) 分别由填图员和校对者签字;
(12)~(13) 分别填写底图号和装订编号;
(14) 分别填写更改所使用的标记,一律用ⓐ、ⓑ、ⓒ、……;
(15) 填写每次更改所使用的标记,一律用ⓐ、ⓑ、ⓒ、……;
(16) 填写同一次更改处数,一律用1、2、3、……填写;
(17) 填写更改通知单的编号;
(18) 更改人签字;
(19) 更改更改日期;
(20)~(23) 责任者签字并注明日期;
(14)、(24) 可根据需要填写。

表 5-4 焊接工艺卡片格式

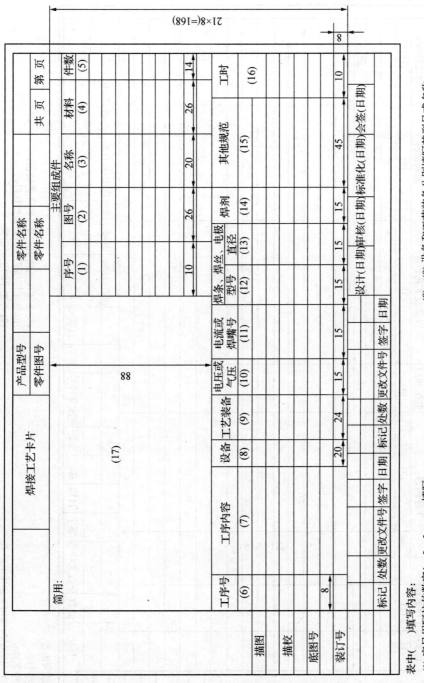

表中( )填写内容：
(1)序号用阿拉伯数字1、2、3、……填写；
(2)~(5)分别填写焊接的零、部件图号名称，材料牌号和件数，按设计要求填写；
(6)工序号；
(7)每工序的焊接操作内容和主要技术要求；
(8)、(9)设备和工艺装备分别填写其型号或名称，必要时写其编号；
(10)~(16)可根据实际需要填写；
(17)绘制焊接简图。

表 5-5 装配工艺过程卡片格式

装配工艺过程卡片	产品型号		零件图号		共 页	
	产品名称		零件名称		第 页	
工序号 (1)	工序名称 (2)	工序内容 (3)	装配部门 (4)	设备及工艺装备 (5)	辅助材料 (6)	工时定额(min) (7)

描图							
描校							
底图号					设计(日期)	审核(日期)	标准化(日期)	会签(日期)
装订号								
	标记	处数	更改文件号	签字	日期	标记	处数	更改文件号	签字	日期

表中:填写内容:
(1) 工序号;
(2) 工序名称;
(3) 各工序装配内容和主要技术要求;
(4) 装配车间、工段或班组;
(5) 各工序所使用的设备和工艺装备;
(6) 各工序所需使用的辅助材料;
(7) 各工序的工时定额。

表 5-6 装配工序卡片格式

装配工序卡片格式

工序号	工序名称	装配工序卡片	车间	产品型号 产品名称		零件图号 零件名称		工序工时	共 页 第 页
(1)			(2)	(3)	(4)	(5)	设备		(6)

简图：

(7)

工步号	工步内容		工艺装备	辅助材料	工时定额(min)
(8)	(9)		(10)	(11)	(12)

描图			设计(日期)	审核(日期)	标准化(日期)	会签(日期)
描校						
底图号						
装订号	标记	处数	更改文件号	签字	日期	
	标记	处数	更改文件号	签字	日期	

表中（）填写内容：
(1) 工序号；
(2) 装配本工序的名称；
(3) 执行本工序的车间名称或代号；
(4) 执行本工序的工段名称或代号；
(5) 本工序所使用的设备型号名称；
(6) 本工序所需工时；
(7) 绘制装配图简图或装配系统图；
(8) 工步号；
(9) 各工步名称、操作内容和主要技术要求；
(10) 各工步所需使用的工艺装备型号名称或其编号；
(11) 各工步所需使用的辅助材料；
(12) 工时定额。

表 5-7 工艺守则格式（JB/Z 187.3—1988）

表中( )填写内容：
(1) 工艺守则的类别，如"焊接"、"热处理"等；
(2) 工艺守则的编号(按JB/Z 254规定)；
(3)-(4) 该守则的总页数和顺页数；
(5) 工艺守则的具体内容；
(6)-(15) 填写内容同"表头、表尾及附加栏"的格式(见表5-3)中的(9)-(18)；
(16) 编写该守则的参考技术资料；
(17) 编写该守则的部门；
(18)-(22) 责任者签字；
(23) 各责任者签字后填写日期。

5.4.4 设计工艺规程的主要依据和审批程序

工艺规程设计的依据是产品的工艺方案,以及有关的焊接实验或焊接工艺评定,还有产品零部件工艺路线表(有的工厂称为工艺-工序流程图),车间分工明细表,有关的工艺标准、设备和工艺装备资料、国内外同类产品的有关工艺资料等。它是编制焊接工艺规程最重要的依据之一。

工艺规程编制好后,要经过审核、标准化审查、会签,最后批准的审批程序。工艺工程师设计的工艺规程首先经主管工艺师(或工艺组长)审核,关键工艺规程可由工艺处(科、室)负责人审核。按照JB/Z 338.7—1988进行工艺规程标准化审查。经审查和标准化审查后的工艺规程应送交有关生产车间,车间根据本车间的生产能力,审查工艺规程中安排的加工和(或)装配-焊接内容在本车间能否完成;工艺规程中选用的设备和工艺装备是否合理等内容,进行会签。此后成套工艺规程,一般经由工艺处(科、室)负责人批准,成批生产的产品和单件生产的关键产品的工艺规程,应由总工艺师或总工程师批准。

5.5 钢结构的焊接工艺评定

焊接工艺评定就是对事前拟定的焊接工艺能否焊出合乎质量要求的焊接接头进行评价,是焊接结构生产质量控制的一个重要步骤和环节。为了保证生产者能制造出合乎质量要求的焊接结构,生产者在实际生产前必须对准备用于指导产品生产的焊接工艺规程进行焊接工艺评定。基本做法是利用所拟定的焊接工艺对试件进行焊接,然后检验所焊接头的质量,经评定合格后才能用于指导实际生产。

焊接工艺评定是在材料焊接性试验之后,产品投产之前,在施焊单位的具体条件下进行的。试验用的试件必须反映产品结构的特点,其形状和尺寸由国家标准统一规定。焊接试件所用的工艺为准备采用的焊接工艺。评定的内容是对用该工艺焊接的接头的使用性能进行评定,其中主要是力学性能。评定接头质量的标准是国家有关法规和产品的技术要求。因此,通过焊接工艺评定可以证明施焊单位是否有能力制造出符合有关法规、标准和产品技术要求的焊接接头。通过评定试验,施焊单位获得了符合产品质量要求的可靠焊接工艺,并以此为依据编制直接指导生产的焊接工艺规程,最终达到确保产品焊接质量的目的。

焊接工艺评定的最终目的是使产品的焊接质量获得可靠保证,其工作量一般都很大。重要的钢结构如压力容器、锅炉、能源与电力设备的金属结构、桥梁、重要的建筑结构等,在编制焊接工艺规程之前都要进行焊接工艺评定。

5.5.1 焊接工艺评定的程序

各生产单位产品质量管理机构不尽相同,工艺评定程序可能有一定差别。以下是一般程序:

(1) 焊接工艺评定立项

通常由生产单位的设计或工艺技术管理部门根据新产品结构、材料、接头形式、所采用的焊接方法和钢板厚度范围,以及老产品在生产过程中因结构、材料或焊接工艺的重大改变,需重新编制焊接工艺规程时,提出需要焊接工艺评定的项目。

(2) 下达焊接工艺评定任务书

所提出的焊接工艺评定项目经过一定审批程序后,根据有关法规和产品的技术要求编制焊接工艺评定任务书。其内容包括：产品订货号、接头形式、母材金属牌号与规格、对接头性能要求、检验项目和合格标准等。其推荐格式见表5-8。

(3) 编制焊接工艺评定指导书

又称焊接工艺规程设计书,由焊接工艺工程师按照焊接工艺评定任务书提出的条件和技术要求进行编制。其内容有母材的钢号、分类号和规格,接头形式、坡口及尺寸,焊接方法、焊接参数及热参数(预热、后热及焊后热处理参数),焊接材料(包括焊条、焊丝、焊剂、气体等),焊接位置(立焊还包括焊接方向)以及包括焊前准备、焊接要求、清根、锤击等在内的其他技术要求等,还应有编制的日期、编制人、审批人的签字和文件的编号。

(4) 编制焊接工艺评定试验执行计划

计划内容包括为完成所列焊接工艺评定试验的全部工作,从试件备料、坡口加工、试件组焊、焊后热处理、无损检测和理化检验等的计划进度,费用预算,负责单位、协作单位分工及要求等。

(5) 试件的准备和焊接

试验计划经批准后即按焊接工艺指导书,领料、加工试件、组装试件、焊材烘干和焊接。试件的焊接应由考试合格的熟练焊工,按照焊接工艺指导书规定的各种工艺参数焊接。焊接全过程在焊接工程师监督下进行,并记录焊接工艺参数的实测数据。如试件要求焊后热处理,则应记录热处理过程的实际温度和保温时间。

(6) 试件的检验

试件焊完后先进行外观检查,后进行无损探伤,最后进行接头的力学性能试验。如检验不合格,则分析原因,重新编制焊接工艺指导书,重焊试件。

(7) 编写焊接工艺评定报告

所要求评定的项目经检验全部合格后,即可编写焊接工艺评定报告。报告内容大体分成两大部分：第一部分是记录焊接工艺评定试验的条件,包括试件材料牌号、类别号、接头形式、焊接位置、焊接材料、保护气体、预热温度、焊后热处理制度、焊接能量参数等;第二部分是记录各项检验结果,其中包括拉伸,弯曲、冲击、硬度、宏观金相、无损检验和化学成分分析结果等。报告由完成该项评定试验的焊接工程师填写并签字,内容必须真实完整。

焊接工艺评定按图5-12所示焊接工艺评定流程进行。

第5章 钢结构焊接生产工艺

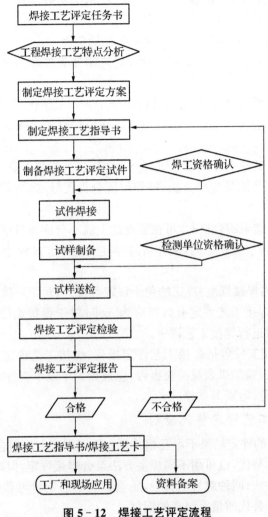

图 5-12 焊接工艺评定流程

5.5.2 规范中对于焊接工艺评定的规定

《钢结构焊接规范》(GB 50661—2011)中对于钢结构焊接工艺评定做了相应的规定,具体如下文所述。

5.5.2.1 一般规定

(1) 除符合《钢结构焊接规范》(GB 50661—2011)中规定的免予评定条件外,施工单位首次采用的钢材、焊接材料、焊接方法、接头形式、焊接位置、焊后热处理制度以及焊接工艺参数、预热和后热措施等各种参数的组合条件,应在钢结构构件制作及安装施工之前进行焊接工艺评定。

(2) 应由施工单位根据所承担钢结构的设计节点形式,钢材类型、规格,采用的焊接方法、焊接位置等,制订焊接工艺评定方案,拟定相应的焊接工艺评定指导书,按规范的规定施焊试件、切取试样并由具有相应资质的检测单位进行检测试验,测定焊接接头是否具有所要求的使用性能,并出具检测报告;应由相关机构对施工单位的焊接工艺评定施焊过程进行见证,并由具有相应资质的检查单位根据检测结果及《钢结构焊接规范》的相关规定对拟定的焊接工艺进行评定,并出具焊接工艺评定报告。

(3) 焊接工艺评定的环境应反映工程施工现场的条件。

(4) 焊接工艺评定中的焊接热输入、预热、后热制度等施焊参数,应根据被焊材料的焊接性制订。

(5) 焊接工艺评定所用设备、仪表的性能应处于正常工作状态,焊接工艺评定所用的钢材、栓钉、焊接材料必须能覆盖实际工程所用材料并应符合相关标准要求,并应具有生产厂出具的质量证明文件。

(6) 焊接工艺评定试件应由该工程施工企业中持证的焊接人员施焊。

(7) 焊接工艺评定所用的焊接方法、施焊位置分类代号、接头形式应符合《钢结构焊接规范》的规定。

(8) 焊接工艺评定结果不合格时,可在原焊件上就不合格项目重新加倍取样进行检验。如还不能达到合格标准,应分析原因,制订新的焊接工艺评定方案,按原步骤重新评定,直到合格为止。

(9) 除符合《钢结构焊接规范》规定的免予评定条件外,对于焊接难度等级为 A、B、C 级的钢结构焊接工程,其焊接工艺评定有效期应为 5 年;对于焊接难度等级为 D 级的钢结构焊接工程应按工程项目进行焊接工艺评定。

(10) 焊接工艺评定文件包括焊接工艺评定报告、焊接工艺评定指导书、焊接工艺评定记录表、焊接工艺评定检验结果表及检验报告,应报相关单位审查备案。焊接工艺评定文件宜采用《钢结构焊接规范》附录 B 的格式。

5.5.2.2 焊接工艺评定替代规则

(1) 不同焊接方法的评定结果不得互相替代。不同焊接方法组合焊接可用相应板厚的单种焊接方法评定结果替代,也可用不同焊接方法组合焊接评定,但弯曲及冲击试样切取位置应包含不同的焊接方法;同种牌号钢材中,质量等级高的钢材可替代质量等级低的钢材,质量等级低的钢材不可替代质量等级高的钢材。

(2) 除栓钉焊外,不同钢材焊接工艺评定的替代规则应符合下列规定:

① 不同类别钢材的焊接工艺评定结果不得互相替代;

② Ⅰ、Ⅱ类同类别钢材中当强度和质量等级发生变化时,在相同供货状态下,高级别钢材的焊接工艺评定结果可替代低级别钢材;Ⅲ、Ⅳ类同类别钢材中的焊接工艺评定结果不得相互替代;除Ⅰ、Ⅱ类别钢材外,不同类别的钢材组合焊接时应重新评定,不得用单类钢材的评定结果替代;

③ 同类别钢材中轧制钢材与铸钢、耐候钢与非耐候钢的焊接工艺评定结果不得互相替代,控轧控冷(TMCP)钢、调质钢与其他供货状态的钢材焊接工艺评定结果不得互相替代;

④ 国内与国外钢材的焊接工艺评定结果不得互相替代。

(3) 接头形式变化时应重新评定,但十字形接头评定结果可替代 T 形接头评定结果,全焊透或部分焊透的 T 形或十字形接头对接与角接组合焊缝评定结果可替代角焊缝评定结果。

(4) 评定合格的试件厚度在工程中适用的厚度范围应符合表 5-8 的规定。

(5) 评定合格的管材接头,壁厚的覆盖范围应符合第(4)条的规定,直径的覆盖原则应符合下列规定:

① 外径小于 600 mm 的管材,其直径覆盖范围不应小于工艺评定试验管材的外径;
② 外径不小于 600 mm 的管材,其直径覆盖范围不应小于 600 mm。

(6) 板材对接与外径不小于 600 mm 的相应位置管材对接的焊接工艺评定可互相替代。

(7) 除栓钉焊外,横焊位置评定结果可替代平焊位置,平焊位置评定结果不可替代横焊位置。立、仰焊接位置与其他焊接位置之间不可互相替代。

(8) 有衬垫与无衬垫的单面焊全焊透接头不可互相替代;有衬垫单面焊全焊透接头和反面清根的双面焊全焊透接头可互相替代;不同材质的衬垫不可互相替代。

(9) 当栓钉材质不变时,栓钉焊被焊钢材应符合下列替代规则:
① Ⅲ、Ⅳ类钢材的栓钉焊接工艺评定试验可替代Ⅰ、Ⅱ类钢材的焊接工艺评定试验;
② Ⅰ、Ⅱ类钢材的栓钉焊接工艺评定试验可互相替代;
③ Ⅲ、Ⅳ类钢材的栓钉焊接工艺评定试验不可互相替代。

表 5-8 评定合格的试件厚度与工程适用厚度范围

焊接方法类别号	评定合格试件厚度 (t)(mm)	工程适用厚度范围	
		板厚最小值	板厚最大值
1、2、3、4、5、8	≤25	3 mm	2t
	25<t≤70	0.75t	2t
	>70	0.75t	不限
6	≥18	0.75t 最小 18 mm	1.1t
7	≥10	0.75t 最小 10 mm	1.1t
9	1/3ϕ≤t<12	t	2t,且不大于 16 mm
	12<t≤25	0.75t	2t
	t≥25	0.75t	1.5t

注:ϕ 为栓钉直径。

5.5.2.3 重新进行工艺评定的规定

(1) 焊条电弧焊,下列条件之一发生变时,应重新进行工艺评定:
① 焊条熔敷金属抗拉强度级别变化;
② 由低氢型焊条改为非低氢型焊条;
③ 焊条规格改变;
④ 直流焊条的电流极性改变;
⑤ 多道焊和单道焊的改变;
⑥ 清焊根改为不清焊根;
⑦ 立焊方向改变;
⑧ 焊接实际采用的电流值、电压值的变化超出焊条产品说明书的推荐范围。

(2) 熔化极气体保护焊,下列条件之一发生变化时,应重新进行工艺评定:
① 实心焊丝与药芯焊丝的变换;

② 单一保护气体种类的变化；混合保护气体的气体种类和混合比例的变化；

③ 保护气体流量增加 25% 以上，或减少 10% 以上；

④ 焊炬摆动幅度超过评定合格值的 ±20%；

⑤ 焊接实际采用的电流值、电压值和焊接速度的变化分别超过评定合格值的 10%、7% 和 10%；

⑥ 实心焊丝气体保护焊时熔滴颗粒过渡与短路过渡的变化；

⑦ 焊丝型号改变；

⑧ 焊丝直径改变；

⑨ 多道焊和单道焊的改变；

⑩ 清焊根改为不清焊根。

(3) 非熔化极气体保护焊，下列条件之一发生变化时，应重新进行工艺评定：

① 保护气体种类改变；

② 保护气体流量增加 25% 以上，或减少 10% 以上；

③ 添加焊丝或不添加焊丝的改变；冷态送丝和热态送丝的改变；焊丝类型、强度级别型号改变；

④ 焊炬摆动幅度超过评定合格值的 ±20%；

⑤ 焊接实际采用的电流值和焊接速度的变化分别超过评定合格值的 25% 和 50%；

⑥ 焊接电流极性改变。

(4) 埋弧焊，下列条件之一发生变化时，应重新进行工艺评定：

① 焊丝规格改变焊丝与焊剂型号改变；

② 多丝焊与单丝焊的改变；

③ 添加与不添加冷丝的改变；

④ 焊接电流种类和极性的改变；

⑤ 焊接实际采用的电流值、电压值和焊接速度变化分别超过评定合格值的 10%、7% 和 15%；

⑥ 清焊根改为不清焊根。

(5) 电渣焊，下列条件之一发生变化时，应重新进行工艺评定：

① 单丝与多丝的改变；板极与丝极的改变；有、无熔嘴的改变；

② 熔嘴截面积变化大于 30%，熔嘴牌号改变；焊丝直径改变；单、多熔嘴的改变；焊剂型号改变；

③ 单侧坡口与双侧坡口的改变；

④ 焊接电流种类和极性的改变；

⑤ 焊接电源伏安特性为恒压或恒流的改变；

⑥ 焊接实际采用的电流值、电压值、送丝速度、垂直提升速度变化分别超过评定合格值的 20%、10%、40%、20%；

⑦ 偏离垂直位置超过 10°；

⑧ 成形水冷滑块与挡板的变换；

⑨ 焊剂装入量变化超过 30%。

(6) 气电立焊,下列条件之一发生变化时,应重新进行工艺评定:
① 焊丝型号和直径的改变;
② 保护气种类或混合比例的改变;
③ 保护气流量增加25%以上,或减少10%以上;
④ 焊接电流极性改变;
⑤ 焊接实际采用的电流值、送丝速度和电压值的变化分别超过评定合格值的15%、36%和10%;
⑥ 偏离垂直位置变化超过10°;
⑦ 成形水冷滑块与挡板的变换。

(7) 栓钉焊,下列条件之一发生变化时,应重新进行工艺评定:
① 栓钉材质改变;
② 栓钉标称直径改变;
③ 瓷环材料改变;
④ 非穿透焊与穿透焊的改变;
⑤ 穿透焊中被穿透板材厚度、镀层量增加与种类的改变;
⑥ 栓钉焊接位置偏离平焊位置25°以上的变化或平焊、横焊、仰焊位置的改变;
⑦ 栓钉焊接方法改变;
⑧ 预热温度比评定合格的焊接工艺降低20℃或高出50℃以上;
⑨ 焊接实际采用的提升高度、伸出长度、焊接时间、电流值、电压值的变化超过评定合格值的±5%;
⑩ 采用电弧焊时焊接材料改变。

5.5.2.4 试件和检验试样的制备

(1) 试件制备应符合下列要求:
① 选择试件厚度应符合《钢结构焊接规范》(GB 50661—2011)中规定的评定试件厚度对工程构件厚度的有效适用范围;
② 试件的母材材质、焊接材料、坡口形式、尺寸和焊接必须符合焊接工艺评定指导书的要求;
③ 试件的尺寸应满足所制备试样的取样要求。各种接头形式的试件尺寸、试样取样位置应符合《钢结构焊接规范》的要求。

(2) 检验试样种类及加工应符合下列规定:
① 检验试样种类和数量应符合表5-9的规定。
② 对接接头检验试样的加工应符合下列要求:
a. 拉伸试样的加工应符合现行国家标准《焊接接头拉伸试验方法》(GB/T 2651—2008)的有关规定,根据试验机能力可采用全截面拉伸试样或沿厚度方向分层取样,分层取样时试样厚度应覆盖焊接试件的全厚度,应按试验机的能力和要求加工。
b. 弯曲试样的加工应符合现行国家标准《焊接接头弯曲试验方法》(GB/T 2653—2008)的有关规定,焊缝余高或衬垫应采用机械方法去除至与母材齐平,试样受拉面应保留母材原轧制表面,当板厚大于40 mm时可分片切取,试样厚度应覆盖焊接试件的全厚度。
c. 冲击试样的加工应符合现行国家标准《焊接接头冲击试验方法》(GB/T 2650—

2008)的有关规定,其取样位置单面焊时应位于焊缝正面,双面焊时应位于后焊面,与母材原表面的距离不应大于 2 mm,热影响区冲击试样缺口加工位置应符合图 5-13 的要求,不同牌号钢材焊接时其接头热影响区冲击试样应取自对冲击性能要求较低的一侧,不同焊接方法组合的焊接接头,冲击试样的取样应能覆盖所有焊接方法焊接的部位(分层取样)。

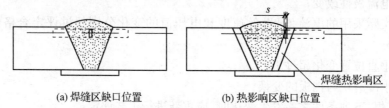

(a) 焊缝区缺口位置　　　　　(b) 热影响区缺口位置

图 5-13　对接接头冲击试样缺口加工位置

注:热影响区冲击试样根据不同焊接工艺,缺口轴线至试样轴线与熔合线交点的距离 S=0.5 mm~1 mm,并应尽可能使缺口多通过热影响区。

d. 宏观酸蚀试样的加工应符合图 5-14 的要求。每块试样应取一个面进行检验,不得将同一切口的两个侧面作为两个检验面。

表 5-9　检验试样种类和数量

母材形式	试件形式	试件厚度(mm)	无损探伤	试样数量								
				全断面拉伸	拉伸	面弯	背弯	侧弯	30°弯曲	冲击 d		宏观酸蚀及硬度 e,f
										焊缝中心	热影响区	
板、管	对接接头	<14	要	管2b	2	2	2	—	—	3	3	—
		≥14	要		2	—	—	4	—	3	3	—
板、管	板T形、斜T形和管T、K、Y形角接接头	任意	要	—	—	—	—	—	—	—	—	板2g、管4
板	十字形接头	任意	要	—	2	—	—	—	—	3	3	2
管-管	十字形接头	任意	要	2C	—	—	—	—	—	—	—	4
管-球	—											2
板-焊钉	栓钉焊接头	底板≥12	—	5	—	—	—	—	5	—	—	—

注:a. 当相应标准对母材某项力学性能无要求时,可免做焊接接头的该项力学性能试验;
　　b. 管材对接全截面拉伸试样适用于外径不大于 76 mm 的圆管对接试件,当管径超过该规定时,应按《规范》截取拉伸试件;
　　c. 管-管、管-球接头全截面拉伸试样适用的管径和壁厚由试验机的能力决定;
　　d. 是否进行冲击试验以及试验条件按设计选用钢材的要求确定;
　　e. 硬度试验根据工程实际情况确定是否需要进行;
　　f. 圆管T、K、Y形和十字形相贯接头试件的宏观酸蚀试样在接头的趾部、侧面及跟部各取一件;矩形管接头全焊透T、K、Y形接头试件的宏观酸蚀试样应在接头的角部各取一个。
　　g. 斜T形接头(锐角根部)按《规范》进行宏观酸蚀检验。

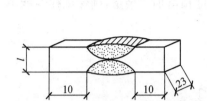

图 5-14 对接接头宏观酸蚀试样　　　　图 5-15 角接接头宏观酸蚀试样

③ T 形角接接头宏观酸蚀试样的加工 J 应符合图 5-15 的要求；

④ 十字形接头检验试样的加工应符合下列要求。

a. 接头拉伸试样的加工应符合图 5-16 的要求；

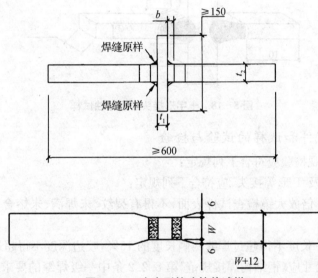

图 5-16 十字形接头拉伸试样

注：t_2—试验材料厚度；b—根部间隙；$t_2 < 36$ mm 时，$W=35$ mm，$t_2 \geq 36$ mm 时，$W=25$ mm；平行区长度：$t_1+2b+12$ mm

b. 接头冲击试样的加工应符合图 5-17 的要求；

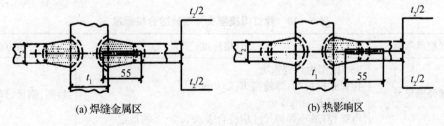

(a) 焊缝金属区　　　　　　　　　　(b) 热影响区

图 5-17 十字形接头冲击试验的取样位置

c. 接头宏观酸蚀试样的加工应符合图 5-18 的要求，检验面的选取应符合本条第 2 款第4项的规定。

⑤ 斜T形角接接头、管-球接头、管-管相贯接头的宏观酸蚀试样的加工宜符合图5-14的要求，检验面的选取应符合本条②中 d 的规定。

⑥ 采用热切割取样时，应根据热切割工艺和试件厚度预留加工余量，确保试样性能不受热切割的影响。

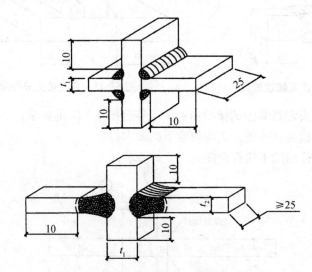

图5-18 十字形接头宏观酸蚀试样

5.5.2.5 试件和试样的试验与检验

(1) 试件的外观检验应符合下列规定：

① 对接、角接及T形等接头，应符合下列规定：

a. 用不小于5倍放大镜检查试件表面，不得有裂纹、未焊满、未熔合、焊瘤、气孔、夹渣等超标缺陷；

b. 焊缝咬边总长度不得超过焊缝两侧长度的15%，咬边深度不得超过0.5mm；

c. 焊缝外观尺寸应《钢结构焊接规范》第8.2.2条中一级焊缝的要求（需疲劳验算结构的焊缝外观尺寸应符合《钢结构焊接规范》第8.3.2条的要求）；试件角变形可以冷矫正，可以避开焊缝缺陷位置取样。

② 栓钉焊接接头外观检验应符合表5-10的要求。当采用电弧焊方法进行栓钉焊接时，其焊缝最小焊脚尺寸还应符合表5-11的要求。

表5-10 栓钉焊接接头外观检验合格标准

外观检验项目	合格标准	检验方法
焊缝外形尺寸	360°范围内焊缝饱满 拉弧式栓钉焊：焊缝高 $K_1 \geqslant 1$ mm； 焊缝宽 $K_1 \geqslant 0.5$ mm 电弧焊：最小焊脚尺寸应符合表6.5.1-2的规定	目测、钢尺、焊缝量规
焊缝缺欠	无气孔、夹渣、裂纹等缺欠	目测、放大镜(5倍)

(续表)

外观检验项目	合格标准	检验方法
焊缝咬边	咬边深度≤0.5 mm,且最大长度不得大于1倍的栓钉直径	钢尺、焊缝量规
栓钉焊后高度	高度偏差≤±2 mm	钢尺
栓钉焊后倾斜角度	倾斜角度偏差θ≤5°。	钢尺、量角器

表5-11 采用电弧焊方法的栓钉焊接接头最小焊脚尺寸

栓钉直径(mm)	角焊缝最小焊脚尺寸(mm)
10,13	6
16,19,22	8
25	10

(2) 试件的无损检测应在外观检验合格后进行,无损检测方法应根据设计要求确定。射线探伤应符合现行国家标准《金属熔化焊焊接接头射线照相》(GB/T 3323—2005)的有关规定,焊缝质量不低于BⅡ级;超声波探伤应符合现行国家标准《焊缝无损检测超声检测技术、检测等级和评定》(GB/T 11345—2013)的有关规定,焊缝质量不低于BⅡ级。

(3) 试样的力学性能、硬度及宏观酸蚀试验方法应符合下列规定:

① 拉伸试验方法应符合下列规定:

a. 对接接头拉伸试验应符合现行国家标准《焊接接头拉伸试验方法》(GB/T 2651—2008)的有关规定;

b. 栓钉焊接头拉伸试验应符合图5-19的要求。

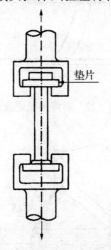

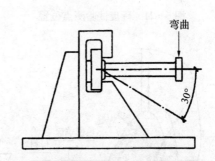

图5-19 栓钉焊接头试样拉伸试验方法　　图5-20 栓钉焊接头试样弯曲试验方法

② 弯曲试验方法应符合下列规定:

a. 对接接头弯曲试验应符合现行国家标准《焊接接头弯曲试验方法》(GB/T 2653—2008)的有关规定,弯心直径为4δ(δ为弯曲试样厚度),弯曲角度为180°;面弯、背弯时试样厚度应为试件全厚度(δ<14 mm);侧弯时试样厚度δ=10 mm,试件厚度不大于40 mm时,

试样宽度应为试件的全厚度,试件厚度大于 40 mm 时,可按 20～40 mm 分层取样;

b. 栓钉焊接头弯曲试验应符合图 5-20 的要求。

③ 冲击试验应符合现行国家标准《焊接接头冲击试验方法》(GB/T 2650—2008)的有关规定。

④ 宏观酸蚀试验应符合现行国家标准《钢的低倍组织及缺陷酸蚀检验法》(GB 226—1991)的有关规定。

⑤ 硬度试验应符合现行国家标准《焊接接头硬度试验方法》(GB/T 2654—2008)的有关规定;采用维氏硬度 HV_{10},硬度测点分布应符合图 5-21～图 5-23 的要求,焊接接头各区域硬度测点为 3 点,其中部分焊透对接与角接组合焊缝在焊缝区和热影响区测点可为 2 点,若热影响区狭窄不能并排分布时,该区域测点可平行于焊缝熔合线排列。

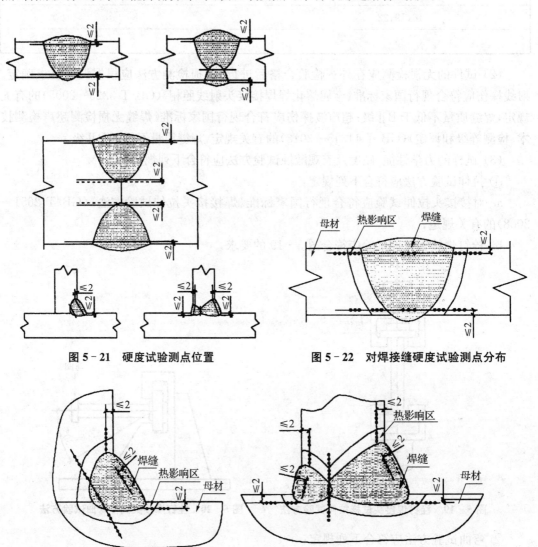

图 5-21 硬度试验测点位置   图 5-22 对焊接缝硬度试验测点分布

图 5-23 对接与角接组合焊缝硬度试验测点分布

(4) 试样检验合格标准应符合下列规定：

① 接头拉伸试验应符合下列规定：

a. 接头母材为同钢号时，每个试样的抗拉强度不应小于该母材标准中相应规格规定的下限值；对接接头母材为两种钢号组合时，每个试样的抗拉强度不应小于两种母材标准中相应规格规定下限值的较低者；厚板分片取样时，可取平均值。

b. 栓钉焊接头拉伸时，当拉伸试样的抗拉荷载大于或等于栓钉焊接端力学性能规定的最小抗拉荷载时，则无论断裂发生于何处，均为合格。

② 接头弯曲试验应符合下列规定：

a. 对接接头弯曲试验：试样弯至180°后应符合下列规定：各试样任何方向裂纹及其他缺欠单个长度不应大于3 mm；各试样任何方向不大于3 mm的裂纹及其他缺欠的总长不应大于7 mm；四个试样各种缺欠总长不应大于24 mm；

b. 栓钉焊接头弯曲试验：试样弯曲至30°后焊接部位无裂纹。

③ 冲击试验应符合下列规定：

焊缝中心及热影响区粗晶区各三个试样的冲击功平均值应分别达到母材标准规定或设计要求的最低值，并允许一个试样低于以上规定值，但不得低于规定值的70%。

④ 宏观酸蚀试验应符合下列规定：

试样接头焊缝及热影响区表面不应有肉眼可见的裂纹、未熔合等缺陷，并应测定根部焊透情况及焊脚尺寸、两侧焊脚尺寸差、焊缝余高等。

⑤ 硬度试验应符合下列规定：

Ⅰ类钢材焊缝及母材热影响区维氏硬度值不得超过HV280，Ⅱ类钢材缝及母材热影响区维氏硬度值不得超过HV350，Ⅲ、Ⅳ类钢材焊缝及热影响区硬度应根据工程要求进行评定。

5.5.2.6 免予焊接工艺评定

(1) 免予评定的焊接工艺必须由该施工单位焊接工程师和单位技术负责人签发书面文件，文件宜采用《钢结构焊接规范》(GB/T 50661—2011)附录B的格式。

(2) 免予焊接工艺评定的适用范围应符合下列规定：

① 免予评定的焊接方法及施焊位置应符合表5-12的规定。

表5-12 免予评定的焊接方法及施焊位置

焊接方法类别号	焊接方法	代 号	施焊位置
1	焊条电弧焊	SMAW	平、横、立
2-1	半自动实心焊丝二氧化碳气体保护焊（短路过渡除外）	GMAW-CO_2	平、横、立
2-2	半自动实心焊丝富氩+二氧化碳气体保护焊	GMAW-Ar	平、横、立
2-3	半自动药芯焊丝二氧化碳气体保护焊	FCAW-G	平、横、立
5-1	单丝自动埋弧焊	SAW(单丝)	平、平角
9-2	非穿透栓钉焊	SW	平

② 免予评定的母材和焊缝金属组合应符合表5-13的规定，钢材厚度不应大于40 mm，

质量等级应为 A、B 级。

表 5-13 免予评定的母材和匹配的焊缝金属要求

母材			焊条(丝)和焊剂-焊丝组合分类等级			
钢材类别	母材最小标称屈服强度	钢材牌号	焊条电弧焊 SMAW	实心焊丝气体保护焊 GMAW	药芯焊丝气体保护焊 FCAW-G	埋弧焊 SAW(单丝)
Ⅰ	<235 MPa	Q195 Q215	GB/T 5117： E43XX	GB/T 8110： ER49-X	GB/T 10045： E43XT-X	GB/T 5293： F4AX-H08A
Ⅰ	≥235 MPa 且 <300 MPa	Q235 Q275 Q235GJ	GB/T 5117： E43XX E50XX	GB/T 8110： ER49-X ER50-X	GB/T 10045： E43XT-X E50XT-X	GB/T 5293： F4AX-H08A GB/T 12470： F48AX-H08MnA
Ⅱ	≥300 MPa 且 ≤355 MPa	Q345 Q345GJ	GB/T 5117： E50XX GB/T 5118： E5015 E5016-X	GB/T 8110： ER50-X	GB/T 17493： E50XT-X	GB/T 5293： F5AX-H08MnA GB/T 12470： F48AX-H08MnA F48AX-H10Mn2 F48AX-H10Mn2A

③ 免予评定的最低预热、道间温度应符合表 5-14 的规定。

表 5-14 免予评定的钢材最低预热、道间温度

钢材类别	钢材牌号	设计对焊接材料要求	接头最厚部件的板厚/(mm)	
			$t \leq 20$	$20 < t \leq 40$
Ⅰ	Q195、Q215、Q235、 Q235GJ、Q275、20	非低氢型	5℃	20℃
		低氢型		5℃
Ⅱ	Q345、Q345GJ	非低氢型		40℃
		低氢型		20℃

注：1. 接头形式为坡口对接，一般拘束度；
  2. SMAW、GMAW、FCAW-G 热输入约为 15～25 kJ/cm；SAW-S 热输入约为 15～45 kJ/cm；
  3. 采用低氢型焊材时，熔敷金属扩散氢(甘油法)含量应符合下列规定：焊条 E4315、E4316 不应大于 8 mL/100 g；焊条 E5015、E5016 不应大于 6 mL/100 g；药芯焊丝不应大于 6 mL/100 g。
  4. 焊接接头板厚不同时，应按最大板厚确定预热温度；焊接接头材质不同时，应按高强度、高碳当量的钢材确定预热温度；
  5. 环境温度不应低于 0℃。

④ 焊缝尺寸应符合设计要求，最小焊脚尺寸、最大单道焊焊缝尺寸应符合《钢结构焊接规范》(GB/T 50661—2011)的规定。

⑤ 焊接工艺参数应符合下列规定：
  a. 免予评定的焊接工艺参数应符合表 5-17 的规定；

b. 要求完全焊透的焊缝,单面焊时应加衬垫,双面焊时应清根;

c. 焊条电弧焊焊接时焊道最大宽度不应超过焊条标称直径的 4 倍,实心焊丝气体保护焊、药芯焊丝气体保护焊焊接时焊道最大宽度不应超过 20 mm;

d. 导电嘴与工件距离:埋弧自动焊 40 mm±10 mm;气体保护焊 20 mm±7 mm;

e. 保护气种类:二氧化碳、富氩气体,混合比例为氩气 80%+二氧化碳 20%;

f. 保护气流量:20~50 L/min。

⑥ 免予评定的各类焊接节点构造形式、焊接坡口的形式和尺寸必须符合《钢结构焊接规范》(GB/T 50661—2011)第 5 章的要求,并应符合下列规定:

a. 斜角角焊缝两面角 ψ>30°;

b. 管材相贯接头局部两面角 ψ>30°。

⑦ 免予评定的结构荷载特性应为静载。

⑧ 焊丝直径不符合表 5-15 的规定时,不得免予评定。

⑨ 当焊接工艺参数按表 5-15、表 5-16 的规定值变化范围超过《钢结构焊接规范》(GB/T 50661—2011)第 6.3 节的规定时,不得免予评定。

(3) 免予焊接工艺评定的钢材表面及坡口处理、焊接材料储存及烘干、引弧板及引出板、焊后处理、焊接环境、焊工资格等要求应符合《钢结构焊接规范》(GB/T 50661—2011)的规定。

表 5-15 各种焊接方法免予评定的焊接工艺参数范围

焊接方法代号	焊条或焊丝型号	焊条或焊丝直径(mm)	电流(A)	电流极性	电压(V)	焊接速度(cm/min)
SMAW	EXX15	3.2	80~140	EXX15:直流反接	18~26	8~18
	EXX16	4.0	110~210	EXX16:交、直流	20~27	10~20
	EXX03	5.0	160~230	EXX03:交流	20~27	10~20
GMAW	ER-XX	1.2	打底 180~260 填充 220~320 盖面 220~280	直流反接	25~38	25~45
FCAW	EXX1T1	1.2	打底 160~260 填充 220~320 盖面 220~280	直流反接	25~38	30~55
SAW	HXXX	3.2 4.0 5.0	400~600 450~700 500~800	直流反接或交流	24~40 24~40 34~40	25~65

注:表中参数为平、横焊位置。立焊电流应比平、横焊减小 10%~15%。

表 5-16 拉弧式栓钉焊免予评定的焊接工艺参数范围

焊接方法代号	栓钉直径(mm)	电流(A)	电流极性	焊接时间(S)	提升高度(mm)	伸出长度(mm)
SW	13	900～1 000	直流正接	0.7	1～3	3～4
	16	1 200～1 300		0.8		4～5

5.5.3 钢结构焊接工艺评定报告

焊接工艺评定试验完成后,需将试验结果填入焊接工艺评定报告。一份完整的焊接工艺评定报告应记录评定试验时所使用的全部重要参数。通常为便于对照,还应事先编制一份焊接工艺评定指导书作为焊接工艺评定报告的附件。

(1) 钢结构焊接工艺评定报告封面如图 5-24 所示。

(2) 钢结构焊接工艺评定报告目录应符合表 5-17 的规定。

(3) 钢结构焊接工艺评定报告格式应符合表 5-18～表 5-29 的规定。

钢结构焊接工艺评定报告

报告编号：

编制：_____

审核：_____

批准：_____

单位：_____

日期：___年___月___日

图 5-24　钢结构焊接工艺评定报告封面

表 5-17 焊接工艺评定报告目录

序 号	报告名称	报告编号	页 数
1			
2			
3			
4			
5			
6			
7			
8			
9			
10			
11			
12			
13			
14			
15			
16			
17			
18			
19			
20			

表5-18 焊接工艺评定报告

共 页 第 页

工程(产品)名称		评定报告编号		
委托单位		工艺指导书编号		
项目负责人		依据标准	《钢结构焊接规范》(GB 50661—2011)	
试样焊接单位		施焊日期		
焊工	资格代号		级别	
母材钢号	板厚或管径×壁厚	轧制或热处理状态		生产厂

化学成分(%)和力学性能

	C	Mn	Si	S	P	Cr	Mo	V	Cu	Ni	B	$R_{eH}(R_{el})$ (N/mm²)	R_m (N/mm²)	A (%)	Z (%)	A_{kv} (J)
标准																
合格证																
复验																

| $C_{eq,\text{IIW}}$ (%) | $C+\dfrac{Mn}{6}+\dfrac{Cr+Mo+V}{5}+\dfrac{Cu+Ni}{15}=$ | | P_{cm}(%) | $C+\dfrac{Si}{30}+\dfrac{Mn+Cu+Cr}{20}+\dfrac{Ni}{60}+\dfrac{Mo}{15}+\dfrac{V}{10}+5B=$ | |

焊接材料	生产厂	牌号	类型	直径(mm)	烘干制度(℃×h)	备注
焊条						
焊丝						
焊剂或气体						
焊接方法			焊接位置		接头形式	
焊接工艺参数	见焊接工艺评定指导书			清根工艺		
焊接设备型号				电源及极性		
预热温度(℃)		道间温度(℃)		后热温度(℃)及时间(min)		
焊后热处理						

评定结论:本评定按《钢结构焊接规范》(GB 50661—2011)的规定,根据工程情况编制工艺评定指导书、焊接试件、制取并检验试样、测定性能,确认试验记录正确,评定结果为:_____。焊接条件及工艺参数适用范围按本评定指导书规定执行

评定	年 月 日	评定单位: (签章) 年 月 日
审核	年 月 日	
技术负责	年 月 日	

表 5-19 焊接工艺评定指导书

共 页 第 页

工程名称				指导书编号		
母材钢号		板厚或管径×壁厚		轧制或热处理状态	生产厂	
焊接材料	生产厂	牌号	型号	类型	烘干制度(℃×h)	备注
焊条						
焊丝						
焊剂或气体						
焊接方法				焊接位置		
焊接设备型号				电源及极性		
预热温度(℃)		道间温度			后热温度(℃)及时间(min)	
焊后热处理						

接头及坡口尺寸图	焊接顺序图

	道次	焊接方法	焊条或焊丝		焊剂或保护气	保护气体流量(L/min)	电流(A)	电压(V)	焊接速度(cm/min)	热输入(kJ/cm)	备注
			牌号	φ(mm)							
焊接工艺参数											

技术措施	焊前清理		道间清理	
	背面清根			
	其他:			

编制		日期	年 月 日	审核		日期	年 月 日

表 5-20 焊接工艺评定记录表

共 页 第 页

工程名称				指导书编号			
焊接方法		焊接位置		设备型号		电源及极性	
母材钢号		类别		生产厂			
母材板厚或管径×壁厚				轧制或热处理状态			

接头尺寸施焊道次顺序	焊接材料						
	焊条	牌号		型号		类型	
		生产厂			批号		
		烘干温度(℃)			时间(min)		
	焊丝	牌号		型号		规格(mm)	
		生产厂			批号		
	焊剂或气体	牌号			规格(mm)		
		生产厂					
		烘干温度(℃)			时间(min)		

施焊工艺参数记录									
道次	焊接方法	焊条(焊丝)直径(mm)	保护气体流量(L/min)	电流(A)	电压(V)	焊接速度(cm/min)	热输入(kJ/cm)	备注	

施焊环境	室内/室外		环境温度(℃)		相对湿度		%
预热温度(℃)		道间温度(℃)			后热温度(℃)		时间(min)
技术措施	后热处理						
	焊前清理			道间清理			
	背面清根						
	其他						
焊工姓名		资格代号		级别		施焊日期	年 月 日
记录		日期 年 月 日		审核		日期	年 月 日

表 5-21 焊接工艺评定检验结果

共 页 第 页

非破坏检验				
试验项目	合格标准	评定结果	报告编号	备注
外观				
X 光				
超声波				
磁粉				

拉伸试验				报告编号		弯曲试验		报告编号	
试样编号	R_{eH} (R_{el}) (MPa)	R_m (MPa)	断口位置	评定结果	试样编号	试验类型	弯心直径 D(mm)	弯曲角度	评定结果

冲击试验	报告编号				宏观金相	报告编号	
试样编号	缺口位置	试验温度(℃)	冲击功 A_{kv}(J)				
					评定结果:		
				硬度试验	报告编号		
					评定结果:		
评定结果:							

其他检验:

检验		日期	年 月 日	审核		日期	年 月 日

表 5-22 栓钉焊焊接工艺评定报告

共 页 第 页

工程(产品)名称						
委托单位				评定报告编号		
项目负责人				工艺指导书编号		
式样焊接单位				依据标准		
				施焊日期		
焊工		资格代号			级别	
施焊材料	编号	型号或材质	规格	热处理或表面状态	烘干制度(℃×h)	备注
焊接材料						
母材						
穿透焊板材						
焊钉						
瓷环						
焊接方法			焊接位置		接头形式	
焊接工艺参数			见焊接工艺评定指导书			
焊接设备型号				电源及极性		

备注：

评定结论：
　　本评定按《钢结构焊接规范》(GB 50661—2011)的规定，根据工程情况编制工艺评定指导书、焊接时间、制取并检验试样、测定性能，确认试验记录正确，评定结果为：_____。
　　焊接条件及工艺参数使用范围应按本评定指导书规定执行

评定	年 月 日	检测评定单位：	(签章)
审核	年 月 日		
技术负责	年 月 日		年 月 日

表 5‑23 栓钉焊焊接工艺评定指导书

共 页 第 页

工程名称				指导书编号			
焊接方法				焊接位置			
设备型号				电源及极性			
母材钢号		类别		厚度(mm)		生产厂	

接头及试件形式		施焊材料					
		焊接材料	牌号		型号		规格(mm)
			生产厂				批号
		穿透焊钢材	牌号				规格(mm)
			生产厂				表面镀层
		焊钉	牌号				规格(mm)
			生产厂				
		瓷环	牌号				规格(mm)
			生产厂				
		烘干温度(℃)及时间(min)					

焊接工艺参数	序号	电流(A)	电压(V)	时间(s)	保护气体流量(L/min)	伸出长度(mm)	提升高度(mm)	备注
	1							
	2							
	3							
	4							
	5							
	6							
	7							
	8							
	9							
	10							

技术措施	焊前母材清理						
	其他:						

编制		日期	年 月 日	审核		日期	年 月 日

表 5-24 栓钉焊焊接工艺评定记录表

共 页 第 页

工程名称				指导书编号			
焊接方法				焊接位置			
设备型号				电源及极性			
母材钢号		类别		厚度(mm)		生产厂	

接头及试件形式	施焊材料						
	焊接材料	牌号		型号		规格(mm)	
		生产厂				批号	
	穿透焊钢材	牌号				规格(mm)	
		生产厂				表面镀层	
	焊钉	牌号				规格(mm)	
		生产厂					
	瓷环	牌号				规格(mm)	
		生产厂					
	烘干温度(℃)及时间(min)						

施焊工艺参数记录

序号	电流(A)	电压(V)	时间(S)	保护气体流量(L/min)	伸出长度(mm)	提升高度(mm)	环境温度(V)	相对湿度(%)	备注
1									
2									
3									
4									
5									
6									
7									
8									
9									

技术措施	焊前母材清理						
	其他：						

焊工姓名		资格代号		级别		施焊日期	年 月 日
编制		日期	年 月 日	审核		日期	年 月 日

表 5‑25 栓钉焊焊接工艺评定试样检验结果

共 页 第 页

焊缝外观检查						
检验项目	实测值(mm)				规定值(mm)	检验结果
	0°	90°	180°	270°		
焊缝高					>1	
焊缝宽					>0.5	
咬边深度					<0.5	
气孔					无	
夹渣					无	
拉伸试验	报告编号					
试样编号	抗拉强度 R_m(MPa)		断口位置		断裂特征	检验结果
弯曲试验	报告编号					
试样编号	试验类型		弯曲角度		检验结果	备注
	锤击		30°			
	锤击		30°			
	锤击		30°			
	锤击		30°			
	锤击		30°			
其他检验：						

检验		日期	年 月 日	审核		日期	年 月 日

表 5-26 免予评定的焊接工艺报告

共 页 第 页

工程(产品)名称			评定报告编号			
委托单位			工艺指导书编号			
项目负责人			依据标准	《钢结构焊接规范》GB 50661—2011		
试样焊接单位			施焊日期			
焊工		资格代号		级别		
母材钢号		板厚或管径×壁厚		轧制或热处理状态		生产厂

化学成分(%)和力学性能

	C	Mn	Si	S	P	Cr	Mo	V	Cu	Ni	B	$R_{eH}(R_{el})$ (N/mm²)	R_m (N/mm²)	A (%)	Z (%)	A_{kv} (J)
标准																
合格证									Ⅱ							
复验																

$C_{eq,II}$ (%)	$C+\dfrac{Mn}{6}+\dfrac{Cr+Mo+V}{5}+\dfrac{Cu+Ni}{15}=$	$P_{cm}(\%)$	$C+\dfrac{Si}{30}+\dfrac{Mn+Cu+Cr}{20}+\dfrac{Ni}{60}+\dfrac{Mo}{15}+\dfrac{V}{10}+5B=$

焊接材料	生产厂	牌号	类型	直径(mm)	烘干制度(℃×h)	备注
焊条						
焊丝						
焊剂或气体						

焊接方法		焊接位置		接头形式	
焊接工艺参数	见焊接工艺评定指导书		清根工艺		
焊接设备型号			电源及极性		
预热温度(℃)		道间温度(℃)		后热温度(℃)及时间(min)	
焊后热处理					

本报告按《钢结构焊接规范》(GB 50661—2011)第 6.6 节关于免予评定的焊接工艺的规定,根据工程情况编制免予评定的焊接工艺报告。焊接条件及工艺参数适用范围按本报告规定执行

编制	年 月 日	编制单位: (签章)
审核	年 月 日	年 月 日
技术负责	年 月 日	

表5-27 免于评定的焊接工艺

共　页　第　页

工程名称				工艺编号			
母材钢号		板厚或管径×壁厚		轧制或热处理状态		生产厂	
焊接材料	生产厂	牌号	型号	类型		烘干制度（℃）	备注
焊条							
焊丝							
焊剂或气体							
焊接方法				焊接位置			
焊接设备型号				电源及极性			
预热温度（℃）		道间温度			后热温度（℃）及时间（min）		
焊后热处理							

接头及坡口尺寸图	焊接顺序图

焊接工艺参数	道次	焊接方法	焊条或焊丝		焊剂或保护气	保护气体流量（L/min）	电流（A）	电压（V）	焊接速度（cm/min）	热输入（kJ/cm）	备注
			牌号	φ(mm)							

技术措施	焊前清理		道间清理	
	背面清根			
	其他：			

编制	11	日期	年　月　日	审核		日期	年　月　日

表 5‑28　免于评定的栓钉焊焊接工艺报告

共　页　第　页

工程(产品)名称				报告编号		
施工单位				工艺编号		
项目负责人				依据标准		
施焊材料	牌号	型号或材质	规格	热处理或表面状态	烘干制度 (℃×h)	备注
焊接材料						
母材						
穿透焊板材						
焊钉						
瓷环						
焊接方法		焊接位置		接头形式		
焊接工艺参数	见免于评定的栓钉焊焊接工艺(编号:_____)					
焊接设备型号				电源及极性		

备注:

本报告按《钢结构焊接规范》(GB 50661—2011)第 6.6 节关于免于评定的焊接工艺的规定,根据工程情况编制免于评定的栓钉焊焊接工艺。焊接条件及工艺参数适用范围按本报告规定执行。

编制		年 月 日	编制单位:	(签章)
审核		年 月 日		
技术负责		年 月 日		年 月 日

表 5-29 免予评定的栓钉焊焊接工艺

共　页　第　页

工程名称				工艺编号				
焊接方法				焊接位置				
设备型号				电源及极性				
母材钢号		类别		厚度(mm)		生产厂		

接头及试件形式								
		施焊材料						
		焊接材料	牌号		型号		规格(mm)	
			生产厂		批号			
		穿透焊钢材	牌号				规格(mm)	
			生产厂				表面镀层	
		焊钉	牌号				规格(mm)	
			生产厂					
		瓷环	牌号				规格(mm)	
			生产厂					
		烘干温度(℃)及时间(min)						

焊接工艺参数	序号	电流(A)	电压(V)	时间(S)	伸出长度(mm)	提升高度(mm)	备注

技术措施	焊前母材清理	
	其他：	

编制		日期	年　月　日	审核		日期	年　月　日

本章小结

1. 钢结构焊接生产分为焊接生产的准备工作和焊接结构制造工艺过程。焊接生产的准备工作包括结构的工艺性审查、工艺方案和工艺规程设计、工艺评定、编制工艺文件和质量保证文件、定购原材料和辅助材料、外购和自行设计制造装配-焊接设备和装备；焊接结构制造工艺过程从材料入库开始，包括材料复验入库、备料加工、装配-焊接、焊后热处理、质量检验、成品验收，最后合格产品入库。

2. 对产品结构进行工艺性审查的目的是使设计的产品在满足技术要求、使用功能的前提下，符合一定的工艺性指标。对钢结构焊接来说，主要有制造产品的劳动量、材料用量、材料利用系数、产品工艺成本、产品的维修劳动量、结构标准化系数等内容，以便在现有的生产条件下，能用比较经济、合理的方法将其制造出来，而且便于使用和维修。

3. 焊接工艺评定试验完成后，需将试验结果填入焊接工艺评定报告。

学习思考题

5-1 焊接生产的准备工作包括哪些内容？熟悉钢结构焊接制造的工艺顺序。
5-2 焊接生产的备料加工工艺包括哪些内容？
5-3 为什么要对焊接生产进行工艺性审查？其内容有哪些？
5-4 设计工艺规程的基本要求有哪些？
5-5 钢结构的焊接工艺评定的程序怎样？
5-6 什么情况下需要重新进行焊接工艺评定？

第6章　焊缝质量检验与验收

> **学习目标**
>
> 了解焊接检验方法与分类,了解焊接检验的依据,了解焊接缺欠及其形式,掌握焊接质量要求及其缺欠分级与等级,了解焊缝破坏性检验与非破坏性检验,熟练掌握常见无损探伤方法质量评定,掌握钢结构焊接工程质量验收规范。

6.1　焊接检验的意义及依据

6.1.1　焊接检验的意义

焊接生产的质量检验简称焊接检验,它是根据产品的有关标准和技术要求,对焊接生产过程中的原材料、半成品、成品的质量以及工艺过程进行检查和验证。目的是保证产品符合质量要求,防止废品的产生。焊接检验既关系到企业的经济效益,也关系到社会效益:

(1) 生产过程中若每一道工序都进行检验,就能及时发现问题及时进行处理,避免了最后发现大量缺欠,难以返修而报废,造成时间、材料和劳力浪费,使制造成本增加。

(2) 新产品试制过程中通过焊接检验就可以发现新产品设计和工艺中存在的问题,从而可以改进产品设计和焊接工艺,使新产品的质量得以保证和提高。为社会提供适用而安全可靠的新产品。

(3) 产品在使用过程中,定期进行焊接检验,可以发现由于使用过程产生尚未导致破坏的缺欠,及时消除得以防止事故发生,从而延长产品的使用寿命。

焊接检验对于生产者,是保证产品质量的手段;对于主管部门,是对企业进行质量评定和监督的手段;对于用户,则是对产品进行验收的重要手段。检验结果是产品质量、安全和可靠性评定的依据。

6.1.2　焊接检验的依据

焊接生产中必须按图样、技术标准和检验文件以及订货合同的规定进行检验。

6.1.2.1　施工图样

图样是生产中使用的最基本资料,加工制作应按图样的规定进行。图样规定了原材料、焊缝位置、坡口形状和尺寸及焊缝的检验要求。

6.1.2.2　技术标准

包括有关的技术条件,它规定焊接产品的质量要求和质量评定方法,是从事检验工作的指导性文件。

6.1.2.3 产品制造的工艺文件

如工艺规程等,在这些文件中根据工艺特点提出必须满足的工艺要求。

6.1.2.4 订货合同

在订货合同中有时对产品提出附加要求,作为图样和技术文件的补充规定,同样是制造和验收的依据。

目前,在我国焊接生产中已经颁布的可作为检验依据的国家通用标准有:
(1)《气焊、焊条电弧焊、气体保护焊和高能束焊的推荐坡口》(GB/T 985.1—2008);
(2)《埋弧焊的推荐坡口》(GB/T 985.2—2008);
(3)《焊接结构的一般尺寸公差和形位公差》(GB/T 19804—2005);
(4)《钢的弧焊接头—缺欠质量分级指南》(GB/T 19418—2003);
(5)《金属熔化焊焊接接头射线照相》(GB/T 3323—2005);
(6)《钢焊缝手工超声波探伤方法和探伤结果分级》(GB/T 11345—1989);
(7)《无损检测 金属管道熔化焊环向对接接头射线照相检测方法》(GB/T 12605—2008);
(8)《承压设备无损检测》(JB/T 4730.1～6—2005);
(9)《无损检测 钢制管道环向焊缝对接接头超声检测方法》(GB/T 15830—2008);
(10)《无损检测 焊缝磁粉检测》(JB/T 6061—2007);
(11)《无损检测 焊缝渗透检测》(JB/T 6062—2007);
(12)《钎缝外观质量评定方法》(JB/T 6966—1993)。

6.2 焊接检验方法分类

焊接检验按其特点和内容可分为破坏性检验、非破坏性检验和声发射检测三种,每种中又有若干具体检验方法,见图 6-1。

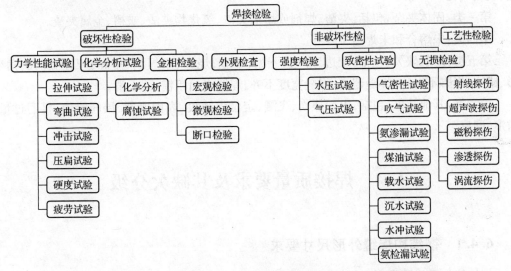

图 6-1 焊接检验方法分类

重要的焊接结构(件)的产品验收,必须采用不破坏其原有形状、不改变或不影响其使用性能的检测方法来保证产品的安全性和可靠性,因此无损检验技术在当今获得了很大的注意和蓬勃发展。

6.3 焊接缺欠

6.3.1 焊接缺欠的概念

工程上把焊接过程中在焊接接头中产生的不符合标准要求的欠缺称为焊接缺欠。焊接结构(件)中由于缺欠的存在,影响着焊接接头的质量。在焊接结构(件)中要获得无缺欠的焊接接头,在技术上是相当困难的,也是不经济的。为了满足焊接结构(件)的使用要求,应该把缺欠限制在一定的范围之内,使其对焊接结构(件)的运行不致产生危害。

评定焊接接头质量优劣的依据,是缺欠的种类、大小、数量、形态、分布及危害程度。若接头中存在着焊接缺欠,一般可通过补焊来修复,或者采取铲除焊缝后重新进行焊接,有时直接作为判废的依据。

6.3.2 焊接缺欠的分类

焊接缺欠的种类很多,本节主要介绍熔焊缺欠。

根据《金属熔化焊接头缺欠分类及说明》(GB 6417.1—2005)及缺欠的性质和特征,将熔焊缺欠分为六类。

第一类:裂纹,包括:横向裂纹、纵向裂纹、弧坑裂纹、放射状裂纹、支状裂纹、间断裂纹、微观裂纹。

第二类:孔穴,包括:球形气孔、均布气孔、布局密集气孔、链状气孔、条形气孔、虫形气孔、表面气孔。

第三类:固体夹杂,包括:夹渣、焊剂或熔剂夹渣、氧化物夹渣、皱褶、金属夹渣。

第四类:未熔合和未焊透。

第五类:形状缺欠,包括:咬边、焊瘤、下塌、下垂、烧穿、未焊满、角焊缝凸度过大、角变形、错边、焊脚不对称、焊缝超高、焊缝宽度不齐、焊缝表面粗糙、不平滑。

第六类:其他缺欠,包括:电弧擦伤、飞溅、定位焊缺欠、表面撕裂、层间错位、打磨过量、凿痕、磨痕。

6.4 焊接质量要求及其缺欠分级

6.4.1 钢结构焊缝外形尺寸要求

焊接接头质量要求通常是以相关现行的标准、法规或产品设计的技术要求为依据。在没有这些依据时,可参考如下内容。

为了获得符合要求的焊缝外形尺寸,焊前的坡口准备应符合《气焊、手工电弧焊及气体保护焊焊缝坡口的基本形式与尺寸》(GB/T 985.1~4—2008)的有关规定,焊后焊缝的外形应均匀、焊道与焊道、焊道与基本金属之间应平滑过渡。

(1) I 形坡口对接焊缝(包括 I 形带垫板对接焊缝),见图 6-2。它的焊缝宽度 $c=b+2a$,余高 h 值应符合表 6-1 的规定。

(2) 非 I 形坡口对接焊缝(GB/T 985.1—2008、GB/T 985.2—2008 中除 I 形坡口外的各种坡口形式的对接焊缝),见图 6-3。它的焊缝宽度 $c=g+2a$,余高 h 值也应符合表 6-1 的规定。g 值(见图 6-4)按下式计算。

表 6-1 余高 h 值 (mm)

焊接方法	焊缝形式	焊缝宽度 c		焊缝余高 h
		c_{min}	c_{max}	
埋弧焊	I 形焊缝	$b+8$	$b+28$	0~3
	非 I 形焊缝	$g+4$	$g+14$	
手工电弧焊及气体保焊	I 形焊缝	$b+4$	$b+8$	平焊:0~3 其余:0~4
	非 I 形焊缝	$g+4$	$g+8$	

注:1. 表中 b 值应符合 GB/T 985.1—2008、GB/T 985.2—2008 标准要求的实际装配值。
   2. g 值计算结果若带小数时,可利用数字修约法计算到整数位。

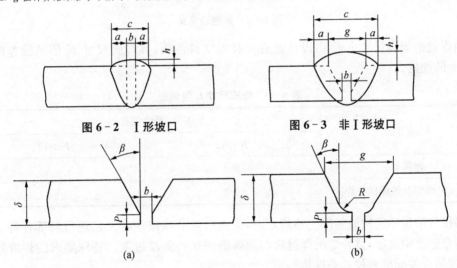

图 6-2 I 形坡口　　图 6-3 非 I 形坡口

图 6-4 V 形、U 形坡口 g 值的计算

V 形　　$g=2\tan\beta(\delta-P)+b$;
U 形　　$g=2\tan\beta(\delta-R-P)+2R+b$

焊缝最大宽度 c_{max} 和最小宽度 c_{min} 的差值,在任意 50 mm 焊缝长度范围内不得大于 4 mm,整个焊缝长度范围内不得大于 5 mm。

在任意 300 mm 连续焊缝长度内,焊缝边缘沿焊缝轴向的直线度 f 如图 6-5 所示,其值应符合表 6-2 的规定。

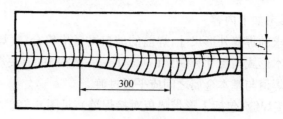

图 6-5 焊缝边缘直线度

表 6-2　焊缝边缘沿焊缝轴向的直线度 f 值　　　　　　　　　　　　　　(mm)

焊接方法	焊缝边缘直线度
埋弧焊	<4
手工电弧焊及气体保护焊	<3

焊缝表面凹凸,在焊缝任意 25 mm 长度范围内焊缝余高 $h_{max}-h_{min}$ 的差值不得大于 2 mm,见图 6-6。

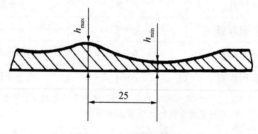

图 6-6 焊缝余高差

角焊缝的焊脚尺寸 K 值由设计或有关技术文件注明,其焊脚尺寸 K 值的偏差应符合表 6-3 的规定。

表 6-3　焊脚尺寸 K 值偏差　　　　　　　　　　　　　　(mm)

焊接方法	尺寸偏差	
	$K<12$	$K>12$
埋弧焊	+4	+5
手工电弧焊及气体保护焊	+3	+4

焊接外形尺寸经检验超出上述规定时,应进行修磨或按一定工艺进行局部补焊。返修后应符合标准中规定,且补焊的焊缝应与原焊缝间保持圆滑过渡。特殊要求的焊缝外形尺寸,可参照有关标准和技术条件执行。

6.4.2　钢熔化焊接接头缺欠分级

钢熔化焊接接头缺欠分级实质上就是缺欠容限的分级。国家标准《钢的弧焊接头缺欠质量分级指南》(GB/T 19418—2003)(等同国际标准 ISO 5817:1992)。该标准适用于厚度为 3~63 mm 的钢材,用弧焊方法在所有焊接位置上焊接的对接焊缝、角焊缝及支管接头,其接头缺欠质量分为 D(一般)、C(中等)、B(严格)三个等级。每个等级对焊接接头缺欠限值做了统一规定,见表 6-4。

表 6-4 焊接缺欠质量分级的限值（摘自 GB/T 19418—2003）

序号	缺欠名称	GB/T 6417.1~2—2005 代号	说明	缺欠质量分级限值		
				一般 D	中等 C	严格 B
1	裂纹	100	除显微裂纹（$hl\leqslant 1\ mm^2$）、弧坑裂纹（见序号2）以外的所有裂纹	不允许		
2	弧坑裂纹	104		允许	不允许	
3	气孔及密集气孔	2011 2012 2014 2017	缺欠必须满足下列条件及限值： a. 投影区域或断裂面内缺欠总和的最大尺寸 b. 单个气孔的最大尺寸 　对接焊缝 　角焊缝 c. 单个气孔的最大尺寸	4% $d\leqslant 0.5s$ $d\leqslant 0.5a$ 5 mm	2% $d\leqslant 0.4s$ $d\leqslant 0.4a$ 4 mm	1% $d\leqslant 0.3s$ $d\leqslant 0.3a$ 3 mm
4	局部密集气孔	2013	密集气孔的整个区域应合计并计算下述两个区域（即包含所有气孔的封闭区或以焊缝宽度为直径的圆）中面积较大者的百分比 多孔区应当是局部性的，应当考虑隐藏其他种类缺陷的可能性 缺欠必须满足下列条件和限值： a. 投影区域或断裂面内缺陷总和的最大尺寸 b. 单个气孔的最大尺寸 　对接焊缝 　角焊缝 c. 局部密集气孔的最大尺寸	16% $d\leqslant 0.5s$ $d\leqslant 0.5a$ 4 mm	8% $d\leqslant 0.4s$ $d\leqslant 0.4a$ 3 mm	4% $d\leqslant 0.3s$ $d\leqslant 0.3a$ 2 mm
5	条形气孔 虫形气孔	2015 2016	长缺欠 　对接焊缝 　角焊缝 任何条件下，条形气孔、虫形气孔的最大尺寸	$h\leqslant 0.5s$ $h\leqslant 0.5a$ 2 mm	不允许	不允许
			短缺欠 　对接焊缝 　角焊缝 任何条件下，条形气孔、虫形气孔的最大尺寸	$h\leqslant 0.5s$ $h\leqslant 0.5a$ 4 mm	$h\leqslant 0.4s$ $h\leqslant 0.4a$ 3 mm	$h\leqslant 0.3s$ $h\leqslant 0.3a$ 2 mm

(续表)

序号	缺欠名称	GB/T 6417.1~2—2005 代号	说 明	缺欠质量分级限值		
				一般 D	中等 C	严格 B
6	固体夹杂（铜夹杂除外）	300	长缺欠 　对接焊缝 　角焊缝 任何条件下，固体夹杂的最大尺寸	$h \leqslant 0.5s$ $h \leqslant 0.5a$ 2 mm	不允许	不允许
			短缺欠 　对接焊缝 　角焊缝 任何条件下，固体夹杂最大尺寸	$h \leqslant 0.5s$ $h \leqslant 0.5a$ 4 mm	$h \leqslant 0.4s$ $h \leqslant 0.4a$ 3 mm	$h \leqslant 0.3s$ $h \leqslant 0.3a$ 2 mm
7	铜夹杂	3024		不允许		
8	未熔合	401		允许，但只能是间断性的，而且不得造成表面开裂	不允许	
9	未焊透	402	（a）（b）（c）示意图：名义熔深、实际熔深	长缺欠不允许		
				短缺欠： $h \leqslant 0.2s$ 最大 2 mm	短缺欠： $h \leqslant 0.1s$ 最大 1.5 mm	不允许
10	角焊缝装配不良		被焊工件之间的间隙过大或不足 在有些场合下，间隙超过适当限值可能导致喉厚增加	$h \leqslant 1+$ $0.3a$ 最大 4 mm	$h \leqslant 0.5+$ $0.2a$ 最大 3 mm	$h \leqslant 0.5+$ $0.1a$ 最大 2 mm

(续表)

序号	缺欠名称	GB/T 6417.1~2—2005 代号	说　明	缺欠质量分级限值		
				一般 D	中等 C	严格 B
11	咬边	5011 5012	要求平滑的过渡	$h \leqslant 1.5$ mm	$h \leqslant 1.0$ mm	$h \leqslant 0.5$ mm
12	焊缝超高	502	要求平滑的过渡	$h \leqslant 1+0.25b$ 最大 10 mm	$h \leqslant 1+0.15b$ 最大 7 mm	$h \leqslant 1+0.1b$ 最大 5 mm
13	凸度过大	503	名义焊缝 实际焊缝	$h \leqslant 1+0.25b$ 最大 5 mm	$h \leqslant 1+0.15b$ 最大 4 mm	$h \leqslant 1+0.1b$ 最大 3 mm
14	角焊缝喉厚超过公称尺寸值		对于许多应用而言，喉厚超过公称尺寸不算缺陷 实际焊缝 名义焊缝	$h \leqslant 1+0.3a$ 最大 5 mm	$h \leqslant 1+0.2a$ 最大 4 mm	$h \leqslant 1+0.15a$ 最大 3 mm
15	角焊缝喉厚小于公称尺寸值		如果实际喉厚经更大的熔深补偿而与公称值相当，则外形上喉厚小于规定值的角焊缝不应看成是缺陷 名义焊缝 实际焊缝	长缺欠不允许 短缺欠： $h \leqslant 0.3+0.1a$ 最大 2 mm	短缺欠： $h \leqslant 0.3+0.1a$ 最大 1 mm	不允许

（续表）

序号	缺欠名称	GB/T 6417.1~2—2005 代号	说　明	缺欠质量分级限值		
				一般 D	中等 C	严格 B
16	下塌	504		$h \leqslant 1+0.1b$ 最大 5 mm	$h \leqslant 1+0.6b$ 最大 4 mm	$h \leqslant 1+0.3b$ 最大 3 mm
17	局部凸起	5041		允许	允许偶然性的局部凸起	
18	错边	507	这些限值涉及到偏离正确位置。除非另有规定，正确位置就是指中心线对齐一致 t 为较小的厚度	a. 板材及纵向焊缝		
				$h \leqslant 0.25t$ 最大 5 mm	$h \leqslant 0.15t$ 最大 4 mm	$h \leqslant 0.1t$ 最大 3 mm
				b. 环缝 $h \leqslant 0.5t$		
				最大 4 mm	最大 3 mm	最大 2 mm
19	未焊满下垂	511 509	要求圆滑过渡	长缺欠不允许		
				短缺欠		
				$h \leqslant 0.2t$ 最大 2 mm	$h \leqslant 0.1t$ 最大 1 mm	$h \leqslant 0.05t$ 最大 0.5 mm
20	角焊缝焊脚不对称	512	假设规定角焊缝应对称	$h \leqslant 2+0.2a$	$h \leqslant 2+0.15a$	$h \leqslant 1.5+0.15a$

(续表)

序号	缺欠名称	GB/T 6417.1~2—2005 代号	说明	缺欠质量分级限值		
				一般 D	中等 C	严格 B
21	根部收缩缩沟	515 5013	要求圆滑过渡	$h \leqslant 1.5$ mm	$h \leqslant 1$ mm	$h \leqslant 0.5$ mm
22	焊瘤	506		短缺欠允许	不允许	不允许
23	接头不良	517		允许	不允许	不允许
23	电弧擦伤	601		验收准则可能受热处理影响。是否允许取决于母材种类，特别是母材对裂纹的敏感性		
25	飞溅	602		允许	不允许	不允许
26	任一截面内的多重缺陷		$h_1 \cdot h_2 \cdot h_3 \cdot h_4 \cdot h_5 \leqslant \sum h$ $h_1 \cdot h_2 \cdot h_3 \cdot h_4 \cdot h_5 \cdot h_6 = \sum h$	短缺欠高度的最大总和 $\sum h$		
				$0.25t$ 或 $0.25a$ 最大 10 mm	$0.2t$ 或 $0.2a$ 最大 10 mm	$0.15t$ 或 $0.15a$ 最大 10 mm

注：表中：a—角焊缝的公称喉厚（角焊缝厚度）；b—焊缝余高的宽度；d—气孔的直径；h—缺欠尺寸（高度或宽度）；l—缺欠长度；s—对接焊缝公称厚度（或在不完全焊透的场合下规定的熔透深度）；t—壁厚或板厚；z—角焊缝的焊脚尺寸（在等腰直角三角形截面中 $z=\sqrt{2}a$，国内许多行业用 K 表示焊脚尺寸）。

6.5 破坏性检验

破坏性检验是从焊件或试件上切取试样，或以产品（或模拟体）的整体破坏做试验，以检验其各种力学性能，化学成分和金相组织等的试验方法。

6.5.1 焊缝金属及焊接接头力学性能试验

6.5.1.1 拉伸试验

拉伸试验用于评定焊缝或焊接接头的强度和塑性性能。抗拉强度和屈服强度的差值能定性说明焊缝或焊接接头的塑性储备量。伸长率和断面收缩率的比较可以看出塑性变形的不均匀程度,能定性说明焊缝金属的偏析和组织不均匀性,以及焊接接头各区域的性能差别。

焊缝金属的拉伸试验有关规定应按《焊缝及熔敷金属拉伸试验方法》(GB/T 2652—2008)标准进行。焊接接头的拉伸试验应按《焊接接头拉伸试验方法》(GB/T 2651—2008)标准进行。

6.5.1.2　弯曲试验

试验用于评定焊接接头塑性并可反映出焊接接头各个区域的塑性差别,暴露焊接缺欠,考核熔合区的接合质量。弯曲试验可分为横弯、纵弯、正弯、背弯和侧弯。侧弯试验能评定焊缝与母材之间的结合强度、双金属焊接接头过渡层及异种钢接头的脆性、多层焊的层间缺欠等。

焊接接头的弯曲试验有关规定应按《焊接接头弯曲试验方法》(GB/T 2653—2008)标准进行。

6.5.1.3　冲击试验

冲击试验用于评定焊缝金属和焊接接头的韧性和缺口敏感性。试样为V形缺口,缺口应开在焊接接头最薄弱区,如熔合区、过热区、焊缝根部等。缺口表面的光洁度、加工方法对冲击值均有影响。缺口加工应采用成型刀具,以获得真实的冲击值。V形缺口冲击试验应在专门的试验机上进行。根据需要可以做常温冲击、低温冲击和高温冲击试验。后两种试验需把冲击试样冷却或加热至规定温度下进行。冲击试样的断口情况对接头是否处于脆性状态的判断很重要,常常被用于宏观和微观断口分析。

焊接接头冲击试验有关规定应按《焊接接头冲击试验方法》(GB/T 2650—2008)标准进行。

6.5.1.4　硬度试验

硬度试验用于评定焊接接头的硬化倾向,并可间接考核焊接接头的脆化程度。硬度试验可以测定焊接接头的洛氏、布氏和维氏硬度,以对比焊接接头各个区域性能上的差别,找出区域性偏析和近缝区的淬硬倾向。硬度试验也用于测定堆焊金属表面硬度。

焊接接头和堆焊金属硬度试验有关规定应按《焊接接头硬度试验方法》(GB/T 2654—2008)的标准进行。

6.5.1.5　断裂韧度COD试验

断裂韧度COD试验用于评定焊接接头的COD(裂纹张开位移)断裂韧度,通常将预制疲劳裂纹分别开在焊缝、熔合线和热影响区,评定各区的断裂韧度。

断裂韧度COD试验应按《焊接接头裂纹张开位移(COD)试验方法》(JB/T 4291—1999)的标准进行。

6.5.1.6　疲劳试验

疲劳试验用于评定焊缝金属和焊接接头的抗疲劳强度及焊接接头疲劳裂纹扩展速率。过去评定焊缝金属和焊接接头的疲劳强度时,是按《焊缝金属和焊接接头的疲劳试验法》(GB/T 2656—1981)、《焊接接头脉动拉伸疲劳试验》(GB/T 13816—1992)和《焊接接头四点弯曲疲劳试验方法》(JB/T 7716—1995)等标准进行。测定焊接接头疲劳裂纹扩展速率,是按《焊接接头疲劳裂纹扩展速率试验方法》(GB/T 9447—1988)或《焊接接头疲劳裂纹扩展速率侧槽试验方法》(JB/T 6044—1992)等标准进行。从2005年起上述标准均已废止,没有新标准出来之前,可以参照金属材料疲劳试验方法的现行标准。而旧标准的一些试验方法仍有参考价值,应用时要加以说明。

6.5.2 焊接金相检验

焊接金相检验(或分析)是把截取焊接接头上的金属试样经加工、磨光、抛光和选用适当的方法显示其组织后,用肉眼或在显微镜下进行组织观察,并根据焊接冶金、焊接工艺、金属相图与相变原理和有关技术文件,对照相应的标准和图谱,定性或定量地分析接头的组织形貌特征,从而判断焊接接头的质量和性能,查找接头产生缺欠或断裂的原因,以及与焊接方法或焊接工艺之间的关系。金相分析包括光学金相和电子金相分析。光学金相分析包括宏观和显微分析两种。

6.5.2.1 宏观组织检验

宏观组织检验亦称低倍检验,直接用肉眼或通过20~30倍以下的放大镜来检查经侵蚀或不经侵蚀的金属截面,以确定其宏观组织及缺欠类型。能在一个很大的视域范围内,对材料的不均匀性、宏观组织缺欠的分布和类别等进行检测和评定。

对于焊接接头主要观察焊缝一次结晶的方向、大小、熔池的形状和尺寸,各种焊接缺欠如夹杂物、裂纹、未焊透、未熔合、气孔、焊道成形不良等,焊层断面形态,焊接熔合线,焊接接头各区域(包括热影响区)的界限尺寸等。

6.5.2.2 显微组织检验

利用光学显微镜(放大倍数在500~2 000之间)检查焊接接头各区域的微观组织、偏析和分布。通过微观组织分析,研究母材、焊接材料与焊接工艺存在的问题及解决的途径。例如,对焊接热影响区中过热组织形态和各组织百分数相对量的检查,可以估计出过热区的性能,并可根据过热区组织情况来决定对焊接工艺的调整,或者评价材料的焊接性等。

6.5.3 断口分析

断口分析是对试样或构件断裂后的破断表面形貌进行研究,了解材料断裂时呈现的各种断裂形态特征,探讨其断裂机理和材料性能的关系。

断口分析的目的有三:

(1) 判断断裂性质,寻找破断原因;

(2) 研究断裂机理;

(3) 提出防止断裂的措施。

因此,断口分析是事故(失效)分析中的重要手段。在焊接检验中主要是了解断口的组成,断裂的性质(塑性或脆性)及断裂的类型(晶间、穿晶或复合)、组织与缺欠及其对断裂的影响等。断口来源于冲击、拉伸、疲劳等试样的断口和折断试验法的断口;此外是破裂、失效的断口等。

断口分析一般包括宏观分析和微观分析两方面。前者指用肉眼或20倍以下的放大镜分析断口；后者指用光学显微镜或电子显微镜研究断口。宏观分析和微观分析不可分割，互相补充，不能互相代替。

宏观断口分析主要是看金属断口上纤维区、放射区和剪切唇三者的形貌、特征、分布以及各自所占的比例（面积），从中判断断裂的性质和类型。如果是裂纹，就可以确定裂纹源的位置和裂纹扩展的方向等。

微观断口分析的目的是为了进一步确认宏观分析的结果，它是在宏观分析基础上，选择裂纹源部位、扩展部位、快速破断区以及其他可疑区域进行微观观察。

6.5.4　化学分析与试验

6.5.4.1　化学成分分析

主要是对焊缝金属的化学成分进行分析，从焊缝金属中钻取试样是关键，除应注意试样不得氧化和沾染油污外，还应注意取样部位在焊缝中所处的位置和层次。不同层次的焊缝金属受母材的稀释作用不同。一般以多层焊或多层堆焊的第三层以上的成分作为熔敷金属的成分。

6.5.4.2　扩散氢的测定

熔敷金属中扩散氢的测定有45℃甘油法、水银法和色谱法三种。目前多用甘油法。按《熔敷金属中扩散氢测定方法》（GB/T 3965—1995）标准进行。但甘油法测定精度较差，正逐步被色谱法所替代。而水银法因污染问题而极少应用。

6.5.4.3　腐蚀试验

焊缝金属和焊接接头的腐蚀破坏有总体腐蚀、晶间腐蚀、刀状腐蚀、点腐蚀、应力腐蚀、海水腐蚀、气体腐蚀和腐蚀疲劳等。

6.6　非破坏性检验

非破坏性检验是不破坏被检对象的结构和材料的检验方法，它包括外观检查、压力（强度）试验，致密性试验和无损检测试验等。

6.6.1　外观检验

外观检验是用肉眼或借助样板或用低倍放大镜观察焊件，以发现表面缺欠以及测量焊缝的外形尺寸的方法。

焊件表面缺欠主要是：未熔合、咬边、焊瘤、裂纹、表面气孔等。在多层焊时，应重视根部焊道的外观质量。因为根部焊道最先施焊，散热快，最易产生根部裂纹、未焊透、气孔、夹杂等缺欠，而且还承受着随后各层焊接时所引起的横向拉应力；对低合金高强度钢焊接接头宜进行两次检查，一次在焊后即检查，另一次隔15~30天后再检查，看是否产生延迟裂纹；对含Cr、Ni、和V元素的高强钢或耐热钢若需作消除应力热处理，处理后也要观察是否产生再热裂纹。

焊接接头外部出现缺欠,通常是产生内部缺欠的标志,须待内部检测后才最后评定。焊接外形及其尺寸的检查,通常借助样板或量规进行。其评定标准详见 6.4 规定。

6.6.2 压力试验

压力试验又称耐压试验,它包括水压或气压试验。用于评定锅炉、压力容器、管道等焊接构件的整体强度性能、变形量大小及有无渗漏现象。

(1) 水压试验是以水为试验介质,使用的仪表设备有高压水泵,阀门和两个同量程的压力表等,试验时应按《蒸汽锅炉安全技术监察规程》和《压力容器安全技术监察规程》进行。

(2) 气压试验是以气体为试验介质,使用高压气泵、阀门、缓冲罐(稳压罐)、安全阀、两个同量程并经矫正的压力表等。由于气压试验的危险性比水压试验大,进行试验时必须按《压力容器安全技术监察规程》进行。

6.6.3 致密性检验

致密性检验又称密封性检验,是检查焊缝有无漏水、漏气和漏油等现象。

1. 气密性试验

气密性试验时将压缩空气压入焊接容器内,利用容器内外气体压力差,检查有无泄漏的试验方法。检验小容积的压力容器时,把容器浸于水槽中充气,若焊缝金属致密性不良,水中呈现气泡;检验大容积的压力容器时,容器充气后,在焊缝处涂肥皂水检验渗漏。

2. 氨气试验

对被检压力容器充以含有 10%(体积)氨气的混合压缩空气,不必把容器浸入水槽里,只在焊缝外面贴一条比焊缝宽约 20 mm 的浸过 5%硝酸汞水溶液的试纸,若焊缝区有泄漏,则试纸上的相应部位将呈现黑色斑纹。

3. 煤油试验

煤油试验适用于敞开的容器和储存液体的大型储器上焊缝检漏。具体做法是在焊缝便于观察和焊补的一侧的焊缝和热影响区表面上涂刷石灰水溶液或白垩水溶液,干后在焊缝另一侧涂刷煤油,一般刷 2～3 次,持续 15 min～3 h。若有穿透性缺欠,则煤油会渗透缝隙使涂有白色底基的粉面上呈现黑色斑痕。在规定时间内无发现油斑痕即为合格。

6.6.4 无损探伤

无损探伤又称无损检测(NDT)。是属于非破坏性检验的一类。它是不损被检查材料或成品的性能和完整性而检测其缺欠的方法。现代无损检测技术,不仅能判断缺欠是否存在,而且对缺欠的性质、形状、大小、位置、取向等做出定性、定量的评定,还能借此分析缺陷的危害程度,是一项使用非常方便、检验速度快而又不损伤成品的有用技术。

通常,人们将超声、射线、磁粉、渗透、涡流这五种方法称为常规无损探伤法;此外,正在不断发展的其他无损检测新技术有:声发射、工业CT、金属磁记忆、红外热成像和激光全息等。目前最常用的无损检测方法及其基本特点见表 6-5。

表6-5 主要无损检测(NDT)方法的适用性和特点

序号	检测方法	缩写	适用的缺欠类型	基本特点
1	超声波探伤法	UT	表面与内部缺欠	速度快,平面型缺欠灵敏度高
2	射线探伤法	RT	内部缺欠	直观,体积型缺欠灵敏度高
3	磁粉探伤法	MT	表面缺欠	仅适于铁磁性材料的构件
4	渗透探伤法	PT	表面开口缺欠	操作简单
5	涡流探伤法	ET	表层缺欠	适于导体材料的构件
6	声发射检测法	AE	缺欠的萌生与扩展	动态检测与监测

6.7 常见无损探伤方法质量评定

6.7.1 钢熔化焊焊缝超声波探伤

超声波探伤法(UT)是利用超声波探测材料表层和内部缺欠的无损检验方法。

6.7.1.1 检验等级

按焊缝质量要求,超声波检验等级分 A、B、C 三级。检验工作的完善程度,A 级最低,B 级一般,C 级最高;其难度系数按 A、B、C 顺序逐级增高。应按照工作的性质、结构、焊接方法、使用条件及承受载荷的异同,合理选定检验等级。各级的检验范围如下:

1. A 级检验

采用一种角度的探头在焊缝的单面双侧进行检验,只对允许扫查到的焊缝截面进行探测。一般不要求作横向缺欠的检验。母材厚度大于 50 mm 时,不得采用 A 级检验。

2. B 级检验

原则上采用一种角度探头,在焊缝的单面双侧进行检验,对整个焊缝截面进行探测。受几何条件的限制,可在焊缝的双面单侧采用两种角度探头进行探伤。母材厚度大于 100 mm 时,采用双面双侧检验。条件允许时,应作横向缺欠的检验。

3. C 级检验

至少要采用两种角度探头在焊缝的单面双侧进行检验,同时要作两个扫查方向和两种探头角度的横向缺欠检验。母材厚度大于 100 mm 时,采用双面双侧检验。其他附加要求是:对接焊缝余高要磨平,以便探头在焊缝上作平行扫查;焊缝两侧斜探头扫查过的母材部分,要用直探头作检查;焊缝母材厚度大于或等于 100 mm,窄间隙焊缝母材厚度大于或等于 40 mm 时,一般要增加串列式扫查。

一般说来,A 级检验适用于普通钢结构,B 级检验适用于压力容器,C 级检验适用于核容器与管道。

各级中的探伤面、探伤侧和探头角度见图 6-7 和表 6-6。

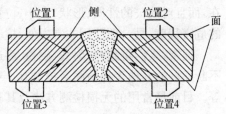

图 6-7 探伤面积和探伤侧

表 6-6 探伤面、侧和使用探头折射角

板厚/mm	探伤面			探伤方法	使用的探头折射角或 K 值
	A	B	C		
<25	单面单侧	单面双侧（1和2或3和4）或双面单侧（1和3或2和4）		直射法及一次反射法	70°(K2.5,K2.0)
>25～50					70°或60°(K2.5,K2.0,K1.5)
>50～100				直射法	45°或60°;45°和60°;45°和70°并用(K1或K1.5;K1和K1.5;K1和K2.0并用)
>100		双面双侧			45°和60°并用(K1和K1.5或K2.0并用)

6.7.1.2 缺欠评定与焊缝质量等级

1. 缺欠的评定

《焊缝无损检测超声检测技术、检测等级和评定》(GB/T 1345—2013)中规定：超过评定线(指图 6-8 中的 DAC 曲线)的信号应注意它是否具有裂纹等危害性缺欠特征。如有怀疑时，应采取改变探头角度、增加探伤面、观察动态波型，结合结构工艺特征作判定。如对波型不能准确判断时，应辅以其他检验作综合判定。当最大反射波幅位于Ⅱ区的缺欠，其指示长度不小于 10 mm 时，按 5 mm 计；当相邻两缺欠各向间距小于 8 mm 时，两缺欠指示长度之和作为单个缺欠的指示长度。

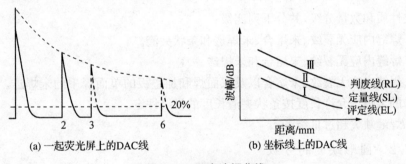

图 6-8 距离波幅曲线

2. 焊缝质量等级

将检验结果进行等级分类。《焊缝无损检测超声检测技术、检测等级和评定》(GB/T 11345—2013)规定：最大反射波幅位于Ⅱ区(定量线以上)的缺欠，根据缺欠指示长度按表 6-7 的规定予以评级；最大反射波幅不超过评定线的缺欠，均评为Ⅰ级；最大反射波幅超过评定线的缺欠，检验者判定为裂纹等危害性缺欠时，无论其波幅和尺寸如何，均评为Ⅳ级；反射波幅位于Ⅰ区的非裂纹性缺欠，均评为Ⅰ级；反射波幅位于Ⅲ区的缺欠，无论其指示长度如何，均评定为Ⅳ级；不合格的缺欠应予返修，返修区域修补后，返修部位及补焊受影响的区域，应按原探伤条件进行复验，复探部位的缺欠也按上述方法评定。

表 6-7 缺欠的等级分类(摘自 GB/T 11345—1989)

检验等级		A	B		C	
板厚/mm		8~50	8~300		8~300	
评定等级	Ⅰ	$\frac{\delta}{3}$ 最小12	$\frac{\delta}{3}$	最小10 最大30	$\frac{\delta}{3}$	最小10 最大30
	Ⅱ	$\frac{2\delta}{3}$ 最小12	$\frac{2\delta}{3}$	最小12 最大50	$\frac{\delta}{2}$	最小10 最大30
	Ⅲ	$<\delta$ 最小20	$\frac{3}{4}\delta$	最小16 最大75	$\frac{2\delta}{3}$	最小12 最大50
	Ⅳ	超过Ⅲ级者				

注:1. δ 为坡口加工侧母材板厚,母材板厚不同时,以较薄侧板厚为准。
2. 对管座角焊缝,δ 为焊缝截面中心线高度。

6.7.2 钢熔化焊对接接头射线探伤的焊缝质量分级

射线探伤(RT)是一种采用射线照射焊接接头,检查其内部缺欠的无损检测的方法。可用的射线较多,如 X 射线、α 射线、β 射线、γ 射线、电子射线和中子射线等。在射线检测的方法中,目前应用的主要有射线照相法、透视法(荧光屏直接观察法)和工业 X 射线电视法。

《金属熔化焊焊接接头射线照相》(GB/T 3323—2005)对焊缝质量作了如下分级:

6.7.2.1 按缺欠性质和数量分级

按缺欠性质和数量分级,共分下列四级:

Ⅰ级 焊缝内应无裂纹、未熔合、未焊透和条状夹渣。

Ⅱ级 焊缝内应无裂纹、未熔合和未焊透。

Ⅲ级 焊缝内应无裂纹、未熔合以及双面焊和加垫板的单面焊中的未焊透。不加垫板的单面焊中的未焊透允许长度按条状夹渣长度的Ⅲ级评定。

Ⅳ级 焊缝缺欠超过Ⅲ级者。

6.7.2.2 圆形缺欠的分级

长宽比小于或等于3的缺欠定义为圆形缺欠,它们可以是圆形、椭圆形、锥形或带有尾巴(在测定尺寸时应包括尾部)等不规则形状,包括气孔、夹渣和夹钨。圆形缺欠是以给定区域内缺欠点数进行分级的。而评定区域大小按母材厚度由表6-8确定,评定圆形缺欠时,应将缺欠尺寸按按表6-9换算成缺欠点数,而不计点数的缺欠尺寸见表6-10。表6-11是圆形缺欠按缺欠点数分级。

表 6-8 圆形缺欠的评定区尺寸 (mm)

母材板厚	≤25	25~100	>100
评定区尺寸	10×10	10×20	10×30

表 6-9 圆形缺欠的点数换算表

缺欠长径/mm	≤1	1~2	2~3	3~4	4~6	6~8	>8
点数	1	2	3	6	10	15	25

表 6-10 不计点数的缺欠尺寸 (mm)

母材板厚 δ	≤25	25～50	>50
缺欠长径	≤0.5	≤0.7	≤1.4%δ

表 6-11 圆形缺欠分级

评定区/mm	10×10		10×20		10×30	
母材厚/mm	≤10	10～15	15～25	25～50	50～100	>100
质量等级						
Ⅰ	1	2	3	4	5	6
Ⅱ	3	6	9	12	15	18
Ⅲ	6	12	18	24	30	36
Ⅳ	点数超出Ⅲ级者					

注：表中的数字是允许缺陷点数的上限。当圆形缺陷长径大于 1/2T 时，评为Ⅳ级。评定区应选在缺陷最严重部位。

6.7.2.3 条状缺欠的分级

长宽比大于 3 的气孔、夹渣和夹钨等缺欠定义为条状缺欠。这类缺欠是以夹渣长度进行分级，见表 6-12。

表 6-12 条状缺欠的分级

质量等级	单个夹渣最大长度/mm		条状夹渣总长/mm
Ⅱ	$T≤12$	4	在平行于焊缝轴线的任意直线上，相邻两缺欠间距均不超过 6T 的一组缺欠，其累计长度在 12T 焊缝长度内不超过 T。
	$12<T<60$	$\frac{1}{3}T$	
	$T≥60$	20	
Ⅲ	$T≤9$	6	在平行于焊缝轴线的任意直线上，相邻两缺欠间距均不超过 3T 的任一组缺欠，其累计长度在 6T 焊缝长度内不超过 T。
	$9<T<45$	$\frac{2}{3}T$	
	$T≥45$	30	
Ⅳ	大于Ⅲ级者		

注：表中"T"为该组缺陷中最长的长度。

6.7.2.4 未焊透的评级

不加垫板的单面焊中未焊透的允许长度应按表 6-12 条状缺欠的Ⅲ级评定；角焊缝的未焊透是指角焊缝的实际熔深未达到理论熔深值，也应按表 6-12 条状缺欠的Ⅲ级评定。设计焊缝系数小于等于 0.7 的钢管根部未焊透的分级按表 6-13 评定。

表 6-13 未焊透的分级 (mm)

质量等级	未焊透的深度		长度/mm
	占壁厚的百分数(%)	深度/mm	
Ⅱ	≤15	≤1.5	≤15%周长
Ⅲ	≤20	≤2.0	≤20%周长
Ⅳ	大于Ⅲ级者		

6.7.2.5 根部内凹和根部咬边的评级

钢管根部内凹和根部咬边缺陷的分级，见表6-14。

表6-14 根部内凹和根部咬边的缺陷分级

质量等级	根部内凹的深度		长度/mm
	占壁厚的百分数(%)	深度/mm	
Ⅰ	≤10	≤1	不限
Ⅱ	≤20	≤2	
Ⅲ	≤25	≤3	
Ⅳ	大于Ⅲ级者		

6.7.2.6 综合评级

在圆形缺欠评定区内，同时存在圆形缺欠和条状夹渣(或未焊透)时，应各自评级，将级别之和减去1(或三种缺陷评级之和减2)作为最终级别。

6.7.3 磁粉探伤磁痕等级

磁粉探伤是利用在强磁场中，铁磁性材料表层缺欠产生的漏磁场吸附磁粉的现象而进行的无损检验法(MT)。《无损检测 焊缝磁粉检测》(JB/T 6061—2007)根据缺欠磁痕的形态，把它分为圆型和线型两种。凡长轴与短轴之比小于3的缺欠磁痕称为圆型磁痕；长轴与短轴之比大于或等于3的称线型磁痕。然后根据缺欠磁痕的类型、长度、间距以及缺欠性质分为1、2、3三个等级，见表6-15。

当出现在同一条焊缝上不同类型或者不同性质的缺欠时，可选用不同的等级进行评定，也可选用相同的等级进行评定。评定为不合格的缺欠，在不违背焊缝工艺规定情况下，允许进行返修。返修后的检验和质量评定与返修前相同。

表6-15 焊缝磁粉检测显示的验收水平(摘自JB/T 6061—2007) (mm)

显示类型	验收水平		
	1	2	3
线状显示 $l=$显示长度	$l≤1.5$	$l≤3$	$l≤6$
非线状显示 $d=$主轴长度	$d≤2$	$d≤3$	$d≤4$

注：(1) 线状显示是长度大于三倍宽度的显示；非线状显示是长度小于或等于三倍宽度的显示。
(2) 验收水平2和3可规定用一个后缀"X"，表示所检测出的所有线状显示按1级进行评定。但对于小于原验收水平所表示的显示，其可探测性可能偏低。

6.7.4 渗透探伤缺欠显示迹痕的分级

渗透探伤是利用某些液体的渗透性等物理特性来发现和显示缺欠的无损探伤法(PT)。可检测表面开口缺欠。几乎适用所有材料和各种形状表面检查。因此法设备简单、操作方便、检测速度快，而且适用范围广而被广泛采用。

《无损检测焊缝渗透检测》(JB/T 6062—2007)根据缺欠迹痕的形态,把它分为为圆型和线型两种。凡长轴与短轴之比小于 3 的缺欠迹痕称为圆型迹痕;长轴与短轴之比大于或等于 3 的称线型迹痕。然后根据缺欠显示迹痕的类型、长度、间距以及缺欠性质分为 1、2、3 三等级,见表 6-16。

表 6-16 焊缝渗透检测显示的验收水平(摘自 JB/T 6062—2007) (mm)

显示类型	验收水平		
	1	2	3
线状显示 $l=$ 显示长度	$l \leqslant 2$	$l \leqslant 4$	$l \leqslant 8$
非线状显示 $d=$ 主轴长度	$d \leqslant 4$	$d \leqslant 6$	$d \leqslant 8$

注:(1) 线状显示是长度大于三倍宽度的显示;非线状显示是长度小于或等于三倍宽度的显示。
(2) 验收水平 2 和 3 可规定用一个后缀"X",表示所检测出的所有线状显示按 1 级进行评定。但对于小于原验收水平所表示的显示,其可探测性可能偏低。

6.8 钢结构焊接工程质量验收规范

根据《钢结构结构施工质量验收规范》(GB 50205—2001),检验批的合格质量主要取决于对主控项目和一般项目的检验结果。主控项目是对检验批的基本质量起决定性影响的检验项目,因此必须全部符合本规范的规定,这意味着主控项目不允许有不符合要求的检验结果,即这种项目的检查具有否决权。一般项目是指对施工质量不起决定性作用的检验项目。一般项目其检验结果应有 80% 及以上的检查点(值)符合本规范合格质量标准的要求,且最大值不应超过其允许偏差值的 1.2 倍。

6.8.1 一般规定

(1) 本规定适用于钢结构制作和安装中的钢构件焊接和焊钉焊接的工程质量验收。
(2) 钢结构焊接工程可按相应的钢结构制作或安装工程检验批的划分为一个或若干个检验批。
注:钢结构焊接工程检验批的划分应符合钢结构施工检验批的检验要求。考虑不同的钢结构工程验收批其焊缝数量有较大差异,为了便于检验,可将焊接工程划分一个或几个检验批。
(3) 碳素结构钢应在焊缝冷却到环境温度、低合金结构钢应在完成焊接 24 h 以后,进行焊缝探伤检验。
注:在焊接过程中、焊缝冷却过程及以后的相当长的一段时间可能产生裂纹。普通碳素钢产生延迟裂纹的可能性很小,因此规定在焊缝冷却到环境温度后即可进行外观检查。低合金结构钢焊缝的延迟时间较长,考虑到工厂存放条件、现场安装进度、工序衔接的限制以及随着时间延长,产生延迟裂纹的几率逐渐减小等因素,本规范以焊接完成 24 h 后外观检查的结果作为验收的论据。

(4) 焊缝施焊后应在工艺规定的焊缝及部位打上焊工钢印。

注：本条规定的目的是为了加强焊工施焊质量的动态管理，同时使钢结构工程焊接质量的现场管理更加直观。

6.8.2 钢构件焊接工程

6.8.2.1 主控项目

(1) 焊条、焊丝、焊剂、电渣焊熔嘴等焊接材料与母材的匹配应符合设计要求及国家现行行业标准《建筑钢结构焊接技术规程》(JGJ 81—2002)的规定。焊条、焊剂、药芯焊丝、熔嘴等在使用前，应按其产品说明书及焊接工艺文件的规定进行烘焙和存放。

检查数量：全数检查。

检验方法：检查质量证明书和烘焙记录。

注：焊接材料对钢结构焊接工程的质量有重大影响。其选用必须符合设计文件和国家现行标准的要求。对于进场时经验收合格的焊接材料，产品的生产日期、保存状态、使用烘焙等也直接影响焊接质量。本条即规定了焊条的选用和使用要求，尤其强调了烘焙状态，这是保证焊接质量的必要手段。

(2) 焊工必须经考试合格并取得合格证书。持证焊工必须在其考试合格项目及其认可范围内施焊。

检查数量：全数检查。

检验方法：检查焊工合格证及其认可范围、有效期。

注：在国家经济建设中，特殊技能操作人员发挥着重要作用。在钢结构工程施工焊接中，焊工是特殊工种，焊工的操作技能和资格对工程质量起到保证作用，必须充分予以重视。本条所指的焊工包括手工操作焊工、机械操作焊工。从事钢结构工程焊接施工的焊工，应根据所从事钢结构焊接工程的具体类型，按国家现行行业标准规程的要求对施焊焊工进行考试并取得相应证书。

(3) 施工单位对其首次采用的钢材、焊接材料、焊接方法、焊后热处理等，应进行焊接工艺评定，并应根据评定报告确定焊接工艺。

检查数量：全数检查。

检验方法：检查焊接工艺评定报告。

注：由于钢结构工程中的焊接节点和焊接接头不可能进行现场实物取样检验，而探伤仅能确定焊缝的几何缺欠，无法确定接头的理化性能。为保证工程焊接质量，施工单位必须在构件制作和结构安装施工前确定焊接工艺规范。本条规定了施工企业必须进行工艺评定的条件。

(4) 设计要求全焊透的一、二级焊缝应采用超声波探伤进行内部缺欠的检验，超声波探伤不能对缺欠做出判断时，应采用射线探伤，其内部缺欠分级及探伤方法应符合现行国家标准《焊缝无损检测超声检测技术、检测等级和评定》(GB/T 11345—2013)或《金属熔化焊焊接接头射线照相》(GB/T 3323—2005)的规定。

焊接球节点网架焊缝、螺栓球节点网架焊缝及圆管 T、K、Y 形点相贯线焊缝，其内部缺欠分级及探伤方法应分别符合国家现行标准《钢结构超声波探伤及质量分级法》(JG/T

203—2007)、《建筑钢结构焊接技术规程》(JGJ 81—2002)的规定。

一级、二级焊缝的质量等级及缺欠分级应符合表 6-17 的规定。

检查数量：全数检查。

检验方法：检查超声波或射线探伤记录。

表 6-17 一、二级焊缝质量等级及缺欠分级

焊缝质量等级		一级	二级
内部缺欠 超声波探伤	评定等级	Ⅱ	Ⅲ
	检验等级	B 级	B 级
	探伤比例	100%	20%
内部缺欠 射线探伤	评定等级	Ⅱ	Ⅲ
	检验等级	AB 级	AB 级
	探伤比例	100%	20%

注：探伤比例的计数方法应按以下原则确定：(1) 对工厂制作焊缝，应按每条焊缝计算百分比，且探伤长度应不小于 200 mm，当焊缝长度不足 200 mm 时，应对整条焊缝进行探伤；(2) 对现场安装焊缝，应按同一类型、同一施焊条件的焊缝条数计算百分比，探伤长度应不小于 200 mm，并应不少于 1 条焊缝。

根据结构的承载情况不同，现行国家标准《钢结构设计规范》(GB 50017—2003)中将焊缝的质量为分三个质量等级。内部缺欠的检测一般可用超声波探伤和射线探伤。射线探伤具有直观性、一致性好的优点，过去人们觉得射线探伤可靠、客观。但是射线探伤成本高、操作程序复杂、检测周期长，尤其是钢结构中大多为 T 形接头和角接头，射线检测的效果差，且射线探伤对裂纹、未熔合等危害性缺欠的检出率低。超声波探伤则正好相反，操作程序简单、快速，对各种接头形式的适应性好，对裂纹、未熔合的检测灵敏度高，因此世界上很多国家对钢结构内部质量的控制采用超声波探伤，一般已不采用射线探伤。

随着大型空间结构应用的不断增加，对于薄壁大曲率 T、K、Y 型相贯接头焊缝探伤，国家现行行业标准《建筑钢结构焊接技术规程》(JGJ 81—2002)中给出了相应的超声波探伤方法和缺欠分级。网架结构焊缝探伤应按现行国家标准《钢结构超声波探伤及质量分级法》(JG/T 203—2007)的规定执行。

本规范规定要求全焊透的一级焊缝 100% 检验，二级焊缝的局部检验定为抽样检验。钢结构制作一般较长，对每条焊缝按规定的百分比进行探伤，且每处不小于 200 mm 的规定，对保证每条焊缝质量是有利的。但钢结构安装焊缝一般都不长，大部分焊缝为梁—柱连接焊缝，每条焊缝的长度大多为 250~300 mm，采用焊缝条数计数抽样检测是可行的。

(5) T 形接头、十字接头、角接接头等要求熔透的对接和角对接组合焊缝，其焊脚尺寸不应小于 $t/4$；设计有疲劳验算要求的吊车梁或类似构件的腹板与上翼缘连接焊缝的焊脚尺寸为 $t/2$，且不应小于 10 mm。焊脚尺寸的允许偏差为 0~4 mm。

检查数量：资料全数检查；同类焊缝抽查 10%，且不应少于 3 条。

检验方法：观察检查，用焊缝量规抽查测量。

注：对T型、十字型、角接接头等要求焊透的对接与角接组合焊缝，为减少应力集中，同时避免过大的焊脚尺寸，参照国内外相关规范的规定，确定了对静载结构和动载结构的不同焊脚尺寸的要求。

（6）焊缝表面不得有裂纹、焊瘤等缺欠。一级、二级焊缝不得有表面气孔、夹渣、弧坑裂纹、电弧擦伤等缺欠，且一级焊缝不许有咬边、未焊满、根部收缩等缺欠。

检查数量：每批同类构件抽查10%，且不应少于3件；被抽查构件中，每一类型焊缝按条数抽查5%，且不应少于1条；每条检查1处，总抽查数不应少于10处。

检验方法：观察检查或使用放大镜、焊缝量规和钢尺检查，当存在疑义时，采用渗透或磁粉探伤检查。

注：考虑不同质量等级的焊缝承载要求不同，凡是严重影响焊缝承载能力的缺欠都是严禁的。本条对严重影响焊缝承载能力的外观质量要求列入主控项目，并给出了外观合格质量要求。由于一、二级焊缝的重要性，对表面气孔、夹渣、弧坑裂纹、电弧擦伤应有特定不允许存在的要求，咬边、未焊满、根部收缩等缺欠对动载影响很大，故一级焊缝不得存在该类缺欠。

6.8.2.2 一般项目

（1）对于需要进行焊前预热或焊后热处理的焊缝，其预热温度或后热温度应符国家现行有关标准的规定或通过工艺试验确定。预热区在焊道两侧，每侧宽度均应大于焊件厚度的1.5倍以上，且不应小于100 mm；后热处理应在焊后立即进行，保温时间应根据板厚按每25 mm板厚1 h确定。

检查数量：全数检查。

检验方法：检查预、后热施工记录和工艺试验报告。

注：焊接预热可降低热影响区冷却速度，对防止焊接延迟裂纹的产生有重要作用，是各国施工焊接规范关注的重点。由于我国有关钢材焊接试验基础工作不够系统，还没有条件就焊接预热温度的确定方法提出相应的计算公式或图表，目前大多通过工艺试验确定预热温度。必须与预热温度同时规定的是该温度区距离施焊部分各方向的范围，该温度范围越大，焊接热影响区冷却速度越小，反之则冷却速度越大。同样的预热温度要求，如果温度范围不确定，其预热的效果相差很大。

焊缝后热处理主要是对焊缝进行脱氢处理，以防止冷裂纹的产生，后热处理的时机和保温时间直接影响后热处理的效果，因此应在焊后立即进行，并按板厚适当增加处理时间。

（2）二级、三级焊缝外质量标准应符合表6-18的规定。三级对接焊缝应按二级焊缝标准进行外观质量检验。

检查数量：每批同类构件抽查10%，且不应少于3件；被抽查构件中，每一类型焊缝按条数抽查5%，且不应少于1条；每条检查1处，总抽查数不应少于10处。

检验方法：观察检查或使用放大镜、焊缝量规和钢尺检查。

表 6-18　二级、三级焊缝外观质量标准　　　　　　　　　　　　　　　　　　(mm)

项　目	允许偏差	
缺欠类型	二级	三级
未焊满(指不足设计要求)	≤$0.2+0.02t$,且≤1.0	≤$0.2+0.04t$,且≤2.0
根部收缩	每100.0焊缝内缺欠总长≤25.0	
咬边	≤$0.2+0.02t$,且≤1.0	≤$0.2+0.04t$,且≤2.0
弧坑裂纹	长度不限	
电弧擦伤	≤$0.05t$,且≤0.5;连续长度≤100.0,且焊缝两侧咬边总长≤10%焊缝全长	≤$0.1t$且≤1.0,长度不限
弧坑裂纹	——	允许存在个别长度≤5.0的弧坑裂纹
电弧擦伤	——	允许存在个别电弧擦伤
接头不良	缺口深度$0.05t$,且≤0.5	缺口深度$0.1t$,且≤1.0
	每1 000.0焊缝不应超过1处	
表面夹渣	——	深≤$0.2t$,长≤$0.5t$,且≤20.0
表面气孔	——	每50.0焊缝长度内允许直径≤$0.4t$,且≤3.0的气孔2个,孔距≥6倍孔径

注:表内 t 为连接处较薄的板厚。

(3) 焊缝尺寸允许偏差应符合表 6-19 的规定。

检查数量:每批同类构件抽查10%,且不应少于3件;被抽查构件中,每种焊缝按条数各抽查5%,但不应少于1条;每条检查1处,总抽查数不应少于10处。

检验方法:用焊缝量规检查。

表 6-19　对接焊缝及完全熔透组合焊缝尺寸允许偏差　　　　　　　　　　　(mm)

序号	项　目	允许偏差	
		一、二级	三级
1	对接焊缝余高 C	$B<20$:0~3.0 $B≥20$:0~4.0	$B<20$:0~4.0 $B≥20$:0~5.0
2	对接焊缝错边 d	$d<0.15t$, 且≤2.0	$d<0.15t$, 且≤3.0

注:焊接时容易出现的如未焊满、咬边、电弧擦伤等缺欠对动载结构是严禁的,在二、三级焊缝中应限制在一定范围内。对接焊缝的余高、错边,部分焊透的对接与角接组合焊缝及角焊缝的焊脚尺寸、余高等外型尺寸偏差也会影响钢结构的承载能力,必须加以限制。

(4) 焊出凹形的角焊缝,焊缝金属与母材间应平缓过渡;加工成凹形的角焊缝,不得在其表面留下切痕。

检查数量:每批同类构件抽查10%,且不应少于3件。

检验方法：观察检查。

注：为了减少应力集中，提高接头随疲劳载荷的能力，部分角焊缝将焊缝表面焊接或加工凹型。这类接头必须注意焊缝与母材之间的圆滑过渡。同时，在确定焊缝计算厚度时，应考虑焊缝外形尺寸的影响。

（5）焊缝感观应达到：外形均匀、成型较好，焊缝与焊缝、焊缝与基本金属间过渡较平滑，焊渣和飞溅物基本清除干净。

检查数量：每批同类构件抽查10％，且不应少于3件；被抽查构件中，每种焊缝按数量各抽查5％，总抽查处不应少于5处。

检验方法：观察检查。

6.8.3 焊钉（栓钉）焊接工程

6.8.3.1 主控项目

（1）施工单位对其采用的焊钉和钢材焊接应进行焊接工艺评定，其结果应符合设计要求和国家现行有关标准的规定。瓷环应按其产品说明书进行烘焙。

检查数量：全数检查。

检验方法：检查焊接工艺评定报告和烘焙记录。

注：由于钢材的成分和焊钉的焊接质量有直接影响，因此必须按实际施工采用的钢材与焊钉匹配进行焊接工艺评定试验。瓷环在受潮或产品要求烘干时应按要求进行烘干，以保证焊接接头的质量。

（2）焊钉焊接后应进行弯曲试验检查，其焊缝和热影响区不应有肉眼可见的裂纹。

检查数量：每批同类构件抽查10％，且不应少于10件；被抽查构件中，每件检查焊钉数量的1％，但不应少于1个。

检验方法：焊钉弯曲30°后用角尺检查和观察检查。

注：焊钉焊后弯曲检验可用打弯的方法进行。焊钉可采用专用的栓钉焊接或其他电弧焊方法进行焊接。不同的焊接方法接头的外观质量要求不同。本条规定是针对采用专用的栓钉焊机所焊接头的外观质量要求。对采用其他电弧焊所焊的焊钉接头，可按角焊缝的外观质量和外型尺寸要求进行检查。

6.8.3.2 一般项目

焊钉根部焊脚应均匀，焊脚立面的局部未熔合或不足360°的焊脚应进行修补。

检查数量：按总焊钉数量抽查1％，且不应少于10个。

检验方法：观察检查。

6.8.4 焊接H形钢

规范规定每条都为一般项目。

（1）焊接H形钢的翼缘板拼接缝和腹板拼接缝的间距不应小于200 mm。翼缘板拼接长度不应小于2倍板宽；腹板拼接宽度不应小于300 mm，长度不应小于600 mm。

检查数量：全数检查。

检验方法：观察和用钢尺检查。

注:钢板的长度和宽度有限,大多需要进行拼接,由于翼缘板与腹板相连有两条角焊缝,因此翼缘板不应再设纵向拼接缝,只允许长度拼接;而腹板或腹板缝应错开200 mm以上,以避免焊缝交叉和焊缝缺欠的集中。

(2) 焊接H型钢的允许偏差应符合表6-20的规定。

检查数量:按钢构件数抽查10%且不应少于3件。

检验方法:用钢尺、角尺、塞尺等检查。

表6-20 焊接H型钢的允许偏差   (mm)

项 目		允许偏差	图 例
截面高度 h	h<500	±2.0	
	500<h<1 000	±3.0	
	H>1 000	±4.0	
截面宽度 b		±3.0	
腹板中心偏移		2.0	
翼缘板垂直度 Δ		b/100,且不应大于3.0	
弯曲失高(受压构件除外)		L/1 000,且不应大于10.0	
扭曲		h/250,且不应大于5.0	
腹板局部平面度 f	t<14	3.0	
	t≥14	2.0	

本章小结

1. 焊接检验可分为破坏性检验、非破坏性检验和声发射检测三种,每种中又有若干具体检验方法,见图6-1所示。

2. 焊接生产中必须按图样、技术标准和检验文件以及订货合同的规定进行检验。

3. 依据焊接接头缺欠的种类、大小、数量、形态、分布及危害程度,具体评定焊接接头的质量优劣。

4. 根据《钢结构结构施工质量验收规范》,检验批的合格质量主要取决于对主控项目和一般项目的检验结果。

学习思考题

6-1 焊接检验可分为哪三种？每种各有哪些具体检验方法？

6-2 焊接生产中必须按图样、技术标准和检验文件以及订货合同的规定进行检验,其具体内容各包括什么？

6-3 根据《金属熔化焊接头缺欠分类及说明》(GB 6417.1—2005),可将熔焊缺欠分为哪六类？

6-4 焊缝金属及焊接接头力学性能试验有哪些内容？

6-5 什么是焊接的外观检验？如何进行？目的是什么？

6-6 常规无损探伤法的主要无损检测方法的适用性和特点有哪些？

6-7 在《钢结构结构施工质量验收规范》(GB 50205—2001)中,对检验批的主控项目和一般项目的检验结果各有哪些规定？

第 7 章　钢结构的焊接生产安全

学习目标

了解焊接用电特点,了解电流对人体的危害,掌握发生触电事故的原因,熟悉安全用电防护措施;熟悉焊接劳动卫生与防护。

焊接生产在安全与劳保工作中必须贯彻"安全第一,预防为主"的方针,以保障焊接作业人员的安全和健康,预防伤亡事故和职业病的发生。本章主要介绍焊接生产中的用电安全和焊接生产安全与防护。

7.1　安全用电

7.1.1　焊接用电特点

(1) 在现代焊接技术中,利用电能转变为热能来加热金属的方法,得到了最大的普及。一般说,电能加热的热源可分为电弧热、等离子弧热和电阻热等。用于焊接的电源需要满足一定的技术要求。而不同的焊接方法,对其电源的电压、电流等工艺性能的要求各有不同。例如电弧焊在引弧时需要供给较高的引弧电压即空载电压,而当电弧稳定燃烧时,电压会急剧下降到电弧电压即工作电压。目前我国生产的电弧焊机,一般直流电焊机的空载电压为 55~90 V,交流电焊机的空载电压为 60~80 V。过高的空载电压,虽然有利于电弧稳定燃烧,但对焊工操作时的安全是不利的,所以焊条手弧焊用的电焊机空载电压应控制在 90 V 以下。一般电焊机的电弧电压(工作电压)为 25~40 V,其焊接电流为 30~450 A。

(2) 在其他有特殊要求的焊接方法中,电源的空载电压相应提高,如氩弧焊、等离子弧焊时,由于保护气体对电弧的冷却作用等原因,需要较高空载电压。等离子弧焊要求电源的空载电压一般在 150~400 V 之间,工作电压在 80 V 以上。氩弧焊机采用高频振荡器,用以电离气体介质,帮助引弧,从而使电源的空载电压只有 65 V。二氧化碳电源的空载电压为 17~75 V,工作电压 15~42 V,焊接电流为 200~500 A。

(3) 电渣焊与电弧焊的区别首先在于工作期间不用电弧,因此,不必要求电源具备使电弧稳定燃烧的那些特殊性能。电渣焊电源空载电压较低,一般为 40~65 V。

(4) 接触焊所需电源功率的特点是在短时间内的低电压、大电流,电流通常为 500~20×10^4 A,电压则为 2~20 V。

注:国产焊接电源的输入电压为 220 V 或 380 V,频率为 50 Hz 的工业交流电。

7.1.2 电流对人体的危害

电流对人体的伤害有电击和电伤两种。

(1) 电击是指电流通过人体内部,破坏心脏、肺部及神经系统的工作。

(2) 电伤是电流的热效应、化学效应或机械效应对人体的伤害,其中主要的是间接或直接的电弧烧伤,或熔化金属溅出烫伤等。

另外电磁场生理伤害是指在高频电磁场的作用下,使人呈现头晕、乏力、记忆力减退、失眠、多梦等神经系统的症状。通常所说的触电事故基本上指电击,绝大部分触电死亡事故是电击造成的。

电流对人体的伤害程度,与流经人体的电流强度、持续时间及途径,电流的频率,人体的健康状况等有关。一般当人体通过 0.05 A 电流时,就有生命危险。0.1 A 电流通过人体在 1 s 时间内就足以使人致命。触电死亡是由于电流通过心脏引起心室颤动或停止跳动,中断全身血液循环而导致死亡的。通过人体的电流一般不能事先计算出来,因此,为确保安全用电条件,不按"安全电流"而是按"安全电压"来估计。安全电压要根据临界安全电流和人体电阻来计算。人体电阻的变化范围较大,一般为 800~50 000 Ω,若临界安全电流以 0.05 A 计,根据欧姆定律可知,大于 40 V 的电压对人体就有危险。因此,我国规定在比较干燥的正常环境下的安全电压为 36 V,潮湿而危险性又大的环境下的安全电压为 12 V。

电流通过人体的持续时间越长,则电击伤害程度就越严重。因为通电时间越长,人体电阻因出汗或其他原因而降低,导致通过人体的电流增大;另一方面人的心脏每收缩扩张一次,中间约有 0.1 s 的间歇,这 0.1 s 对电流最为敏感。如果电流持续时间超过 1 s,则必然会与心脏最敏感的间歇重合,造成很大危险。

一般认为,从左手到胸部,从手到脚的电流途径最为危险,因为有较多的电流通过心脏、肺部和脊髓等重要器官;其次是从手到手的电流途径;再其次就是从脚到脚,这很容易引起剧烈痉挛而摔倒,导致电流通过全身造成摔伤、坠落等严重的二次事故。

电流频率在 25~300 Hz 的交流电对心脏的影响最大;2 000 Hz 以上的交流电对心脏影响较小。工频交流电的频率为 50 Hz,对人来说是属于最危险的频率。另外,凡患有心脏病、神经系统疾病、结核病等病症的人,受电击伤害的程度都比正常人要重。

7.1.3 发生触电事故的原因

焊接时,触电事故可能发生于多种情况,但不外乎属于直接电击和间接电击两类。

(1) 直接电击是指直接触及电焊设备正常运行的带电体,或靠近高压电网和电器设备所发生的电击。发生直接电击的主要原因有:在更换焊条和操作中,手或身体某部接触到焊条、焊钳或其他带电部分,而脚或身体其他部分对地和金属结构之间又无绝缘;在接线或调节电焊设备时,手或身体碰到接线柱、极板等带电体;在登高焊接时触及或靠近高压网路引起的电击事故等。

(2) 间接电击是指触及意外带电体所发生的电击。意外带电体是指由于绝缘损坏或电气设备发生故障而导致意外带电的导体,如焊机外壳、电缆损坏等。发生间接电击的主要原因有:电焊设备由于受潮、超载运行或机械损伤等造成罩壳带电,人体碰触罩壳而触电;焊接变压器一、二次绕组间绝缘损坏时,手或身体触及二次回路的裸导体;操作过程中触及绝缘破损的电缆、开关等;由于用厂房的金属结构、管道、轨道等作为焊接回路而发生的触电事故等。

7.1.4 防护措施

为了防止在焊接操作中人体触及带电体的触电事故,可采用绝缘、屏护、间隔、自动断电和个人防护等安全措施。

绝缘不仅是保护电焊设备和线路正常工作的必要条件,也是防止触电事故的重要措施。电焊设备或线路的绝缘必须与所采用电压相结合,必须与周围环境和运行条件相适应。电工绝缘材料的电阻系数一般在 $10^9\Omega\cdot cm$ 以上。橡胶、胶木、瓷、石料、布等都是电焊设备和工具常用的绝缘材料。

屏护是采用遮拦、护罩、护盖、箱匣等把带电体同外界隔绝开来。对于电焊设备、工具和配电线路的带电部分,如果不便包以绝缘或绝缘不足以保证安全时,可采用屏护措施。例如,开关电器的可动部分一般不能包以绝缘,而需要屏护。

间隔就是保证与带电体的距离。为了防止人体触及焊机、电缆等带电体造成事故,或为了避免车辆及其他器具碰撞带电体造成事故等,在带电体与地面之间、带电体与其他设施和设备之间均需保持一定的安全距离。这在电焊设备和电缆的布设方面都必须按有关规定执行。

此外,电焊机上安全自动断电装置和加强个人防护等也都是防止人体触及带电体的重要安全措施。为防止电焊操作时在意外带电体上发生事故,一般可以采用保护接地或保护接零等安全措施。所谓意外带电体是指与电器设备有导电连接的导体,正常带电部分是绝缘的,由于绝缘破坏或其他原因而带电者,如电焊机外壳等。

7.1.4.1 焊钳和电缆的安全要求

(1) 焊钳是用来夹持焊条和传递电流的,是焊工的主要工具。它对焊工操作的方便与安全有直接的关系,焊钳必须符合下列要求。

① 焊钳应保证在任何斜度下都能夹紧焊条,而且更换焊条方便,能使焊工不必接触导电部分即可迅速更换焊条。

② 有良好的绝缘和隔热能力。由于电阻发热,特别是在使用较大电流的焊条手弧焊时,焊把往往发热烫手,因此手柄要有良好的绝热层。

③ 结构轻便、易于操作。焊钳的重量不应超过 400～700 g。

④ 焊钳与导线的连接应简便可靠。焊钳上的弹簧失效时应立即更换,钳口应经常保持清洁。

(2) 焊接电缆是连接电焊机和焊钳的绝缘导线,应具有优良的导电能力和良好的绝缘外皮。外包胶皮绝缘套要轻便柔软,能任意弯曲和扭转,便于操作。如果没有电缆时,可用同样断面的硬导线代替,但在焊钳处最少要用 2～3 m 电焊软线连接,否则不便于操作;焊机与电力网连接的电源线,由于其电压较高,除应保证有良好的绝缘外,长度越短越好,一般以不超过 2～3 m 为宜。如确需用较长的导线时,应采取间隔的安全措施,即应离地面 2.5 m 以上沿墙用瓷瓶布设,不得将导线拖在工作现场的地面上。焊机与焊钳连接导线的长度,应根据工作时的具体情况来决定。太长会增大电压降落,太短则操作不方便,一般以 20～30 m 为宜。焊接电缆应根据焊接电流的大小和所需导线的长度,按规定选用较大的截面积,以保证导线不致过热而损坏绝缘物。焊接电缆的过度超载,是绝缘损坏的重要原因之一。

焊接电缆的长度及截面积可根据表7-1来选择。

表7-1 焊接电流与导线截面积和长度的关系

导线截面积/mm² 最大焊接电流/A	电缆长度/m		
	15	30	45
200	30	50	60
300	40	60	80
400	50	80	100
600	60	100	

焊机的导线最好用整根的,中间不要有接头。如需用短线接长时,则接头部分不应超过两个。各接头部分应用铜导体做成,要坚固可靠。如接触不良,则会产生高温。要保证绝缘良好。严格禁止使用厂房的金属结构、管道、轨道或其他金属物体搭接起来作为导线使用。不得将焊接电缆放在电弧附近或炽热的焊缝金属上,避免高温烧坏绝缘层,同时也要避免碾压磨损等。

7.1.4.2 焊接电源的安全措施

(1) 焊接操作中人体可能碰触漏电焊接设备的金属外壳,为了保证安全,不发生触电事故,所有旋转式直流电焊机、交流电焊机、硅整流式直流电焊机以及其他焊接设备的机壳都必须接地。在电源为三相三线制或单相制系统中,应安设保护接地线;在电网为三相四线制中性点接地系统中,应安置保护性接零线。

(2) 接地装置广泛地用于自然接地极。如与大地有可靠连接的建筑物的金属结构;敷设与地下的水道及管路等。必须指出,氧气管道、煤气管道、液化气管道、乙炔管道等易燃易爆气体管道,严禁作为自然接地极。

(3) 接地电阻不得超过4 Ω。自然接地极电阻超过此数时,应采用人工接地极。必须强调,焊接变压器二次线圈一端接地或接零时,则焊件本身不应接地,也不应接零。如果焊件再接地或接零,一旦电焊回路接触不良,大的焊接工作电流可能会通过接地线或接零线,因而将地线或零线熔断。不但使人身安全受到威胁,而且易引起火灾。对此规范规定,凡是在有接地(或接零)线的工件上进行电焊时,应将焊件上的接地线(或接零线)暂时拆除,焊完后再恢复。在焊接与大地紧密相连的工件(如水道管路、房屋立柱等)上进行焊接时,如果焊件本身接地电阻小于4 Ω,则应将电焊机二次线圈一端的接地线(或接零线)的接头暂时解开,焊完后再恢复。总之,变压器二次端与焊件不应同时存在接地(或接零)装置。

(4) 电焊机的接地装置必须定期进行检查,以保证其可靠性。移动式焊机在工作前必须接地,并且接地工作必须在接通电力线路之前做好。接地时应首先将接地导线接到接地干线上,然后再将其接到设备上。拆除地线的顺序则与此相反,先将接地线从设备外壳或焊件上拆下,然后再解除与接地干线(或接地极)的连接。

(5) 焊机必须绝缘良好。绕组或线包引出线穿过设备外壳时应设绝缘板。如直接引出时,应用套管加强。穿过设备外壳的铜螺栓接线柱,应加设绝缘套和垫圈,并应用防护盖将它盖好。有插销孔分接头的焊机,插销孔的导体应隐蔽在绝缘板之内。

(6) 焊接变压器的一次线圈与二次线圈之间、引线与引线之间、绕组和引线与外壳之间,其绝缘电阻不得少于1 MΩ。自动焊机的轮子,亦要有良好的绝缘。

(7) 焊机的工作负荷应遵守设计规定,不得任意长时间超载运行。焊机应放置在干燥和通风的地方,如放在室外时,必须有防雨雪的遮护装置,以防降低或损坏焊机的绝缘而发生漏电。焊机放置点周围应保持整齐清洁。

7.1.4.3 安全操作

(1) 焊接工作前,应先检查焊机设备和工具是否安全。如焊机外壳的接地,焊机各接线点接触是否良好,焊接电缆的绝缘有无损坏等。

(2) 改变焊机焊头、更换焊件需要改接二次回线、转移工作地点、更换保险丝以及焊机发生故障需检修时,应切断电源开关才能进行。

(3) 推拉闸门开关时,必须戴皮手套。同时,焊工的头部需偏斜些,以防电弧火花灼伤脸部。

(4) 更换焊条时,焊工应戴上绝缘手套。对于空载电压和工作电压较高的焊接操作,如等离子弧焊、氢离子焊等,以及在潮湿工作场地操作时,还应在工作台附近地面铺上橡胶垫子。特别是在夏天,由于身体出汗后衣服潮湿,勿靠在焊件、工作台上,避免触电。

(5) 在容积小的舱室(如油槽、气柜等化工设备、管道和锅炉等)、金属结构以及其他狭小工作场所焊接时,触电的危险性最大,必须采取专门的防护措施。可采用橡皮垫或其他绝缘衬垫,并戴皮手套、穿胶底鞋等,以保障焊工身体与焊件间绝缘。不允许采用简易无绝缘外壳的电焊钳。

(6) 加强焊工的个人防护。个人防护用具包括完好的工作服、绝缘手套、绝缘套鞋及绝缘垫板等。

(7) 电焊设备的安装、修理和检查必须由电工进行,焊工不得自行拆修设备。

7.1.4.4 焊条的安全更换

电弧焊接时,焊工更换焊条需要在焊机处于空载电压的条件下进行。这是一件经常性的操作,为避免焊工在更换焊条时接触二次回线的带电体造成触电事故,可以安装电焊机空载自动断电保护装置,使更换焊条的工作在很低的电压下进行,避免触电危险,同时还可节省电力消耗。

7.1.4.5 水下电弧焊接安全措施

(1) 焊工要穿不透水的潜水服,戴干燥的橡皮手套,用橡皮包裹潜水头盔下颌部的金属纽扣。潜水盔上的滤光镜绞接在盔外面,可以开合,滤光镜涂色深度较陆地上要浅些。焊工必须定期检查自己的头盔及水下用具的金属部分,保证完好不受腐蚀。

(2) 电焊机必须接地。电缆接头要防水,特别要注意入水的部分,接地导线头表面要磨头,不要受腐蚀。

(3) 供电电缆上应装双极单投闸刀,应有外壳加以充分保护,位置应设在助手操作方便之处。

(4) 焊工工作时,电流一旦接通,切勿背向工件的接地点,把自己置于工作点与接地点之间,而应面向接地点,把工作点置于自己与接地点之间,这样才可避免潜水盔与金属用具受到电解作用而致损坏。

(5) 焊工切忌不可把电极尖端指向自己的潜水盔,任何时候都要注意不可使身体或工具的任何部分成为电路。

7.1.5 触电急救

触电都会发生神经麻痹、呼吸中断、心脏停止跳动等症状,外表上则呈现昏迷不醒的状态。但不应认为是死亡。可能是假死,要立即抢救。触电者的生命是否能得救,在绝大多数情况下,决定于能否迅速脱离电源和救护是否得法。拖延时间,动作迟缓和救护方法不当,都可能造成死亡。

7.1.5.1 解脱电源

触电事故发生后,电流即不断通过人体。为了使触电后能得到及时和正确的处理,以减少电流长时间对人体的刺激,并能立即得到医务抢救,迅速解脱电源是救活触电者的首要因素。

7.1.5.2 救治方法

触电者脱离电源后,应根据触电者的具体情况,迅速对症救治。触电急救最主要的救治方法是人工氧合。因为触电以后,呼吸系统和循环系统的正常工作遭到破坏,氧合过程可能中止,所以必须用人工恢复心脏跳动和呼吸二者之间相互配合的作用,这就是人工氧合。人工氧合包括人工呼吸和心脏挤压(即胸外心脏按摩)等两种方法。

(1) 人工呼吸是在触电者呼吸停止后应用的急救方法。各种人工呼吸法中,以口对口(鼻)人工呼吸法效果最好,而且简单易学,容易掌握。

施行人工呼吸时,应使触电者仰卧,头部尽量后仰,鼻孔朝天,下颚尖部与前胸部大致保持在一条水平线上。触电者颈部下方可以垫起,但不可在其头部下方垫放枕头或其他物品,以免堵塞呼吸道。

(2) 心脏挤压法是触电者心脏停止跳动后的急救方法。施行心脏挤压时,应使触电者仰卧在比较坚实的地面上,姿势与人工呼吸法相同。心脏跳动和呼吸是互相联系的。心脏跳动停止了,呼吸很快就会停止;呼吸停止了,心脏跳动也维持不了多久。一旦呼吸和心脏跳动都停止了,应同时进行人工呼吸和胸外心脏挤压。如果现场仅一个人抢救,两种方法应交替进行,每吹气2~3次,再挤压10~15次。

7.2 焊接劳动卫生与防护

焊接生产过程中主要产生气体和粉尘两种污染。在工业上得到应用并迅速推广的氩弧焊、等离子焊、CO_2气体保护焊等焊接工艺,由于其加工温度高(如等离子弧温高达16 000~33 000℃)、采用高频振荡器和存在放射性物质等,在操作中也会产生一系列的有害因素。焊接发生的有害因素与所采用的工艺方法、工艺规范以及焊接材料(焊条、焊丝、保护气体和焊件材料等)有关。大体可分为弧光辐射、有毒气体、粉尘、高频电磁场、射线和噪声等六类。

7.2.1 焊接有害因素的来源和危害

7.2.1.1 弧光辐射

焊接弧光辐射主要包括红外线、可见光线和紫外线。这些是由物体加热而产生的,属于热线谱。波长短于 290 nm 的紫外线是电弧温度在 3 000℃时产生的;电弧温度在 3 200℃时,紫外线波长可短于 230 nm。氩弧焊、等离子弧焊的温度越高,产生的紫外线波长越短。

焊条弧光辐射的光辐射作用到人体上,被体内组织吸收,引起组织的热作用、光化学作用或电离作用,致使人体组织发生急性或慢性的损伤。

1. 紫外线

适量的紫外线对人体健康是有益的,但焊接电弧产生的强烈紫外线的过度照射,对人体健康有一定的危害。

紫外线可分为长波(400～320 nm)、中波(320～275 nm)和短波(275～180 nm)。波长为 180～320 nm 的紫外线,是具有明显生物学作用的部分。尤其是 180～290 nm 的紫外线,具有强烈的生物学作用。焊条手弧焊、氩弧焊和等离子弧焊三种电弧的紫外线相比较见表 7-2。从表中可见,在波长 290 nm 以下,等离子弧焊的紫外线强度最大,其次是氩弧焊,焊条手弧焊最小。CO_2 气体保护焊的弧光辐射强度是焊条手弧焊的 2～3 倍。

表 7-2 焊条手弧焊、氩弧焊和等离子弧焊三种电弧的紫外线相比较

波长 λ/nm	相对强度		
	焊条手弧焊	氩弧焊	等离子弧焊
200～233	0.02	1.0	1.0
233～260	0.06	1.0	1.3
260～290	0.61	1.0	2.2
290～320	3.90	1.0	4.4
320～350	5.60	1.0	7.0
350～400	9.30	1.0	14.8

紫外线对人体的伤害是由于化学作用,它主要造成皮肤和眼睛的损害。皮肤受强烈紫外线作用时可引起皮炎、弥漫性红斑,有时出现小水泡、渗出液和浮肿,有烧灼感,发痒。皮肤对紫外线的反应,因其波长不同而异。较长波长的强烈紫外线作用于皮肤时,通常在 6～8 h 的潜伏期后出现红斑,持续 24～30 h,然后慢慢消失,并形成长期不退的色素沉着。波长较短的,红斑的出现和消失较快,疼痛较重,几乎不遗留色素沉着。作用强烈时伴有头痛、头晕、易疲劳、神经兴奋、发烧、失眠等。全身症状的产生是紫外线作用下细胞崩溃产物的体液性蔓延,以及紫外线对中枢神经系统直接作用的结果。

紫外线过度照射引起眼睛的急性角膜炎称为电光性眼炎。波长较短的紫外线,尤其是 320 nm 以下者,能损害结膜和角膜,有时甚至侵及虹膜和网膜。

发生的原因主要有:工作距离间隔太小,在操作过程中容易受临近弧光的照射;技术不熟练;在点燃电弧前尚未戴好面罩,或熄弧前过早揭开面罩;辅助工在辅助焊接时,配合不协调,在焊工点燃电弧时尚未准备保护(如戴护镜、偏头、闭眼等)而受到弧光的照射;防护镜片破损漏光;工作地点照明不足,看不清焊缝,以致先点火后戴面罩以及其他路过人员受突然的强烈照射等。

紫外线照射时,眼睛受伤害的程度,与照射时间成正比,与照射源的距离平方成反比,并且与光线的投射角度有关。光线与角膜成直角照射时作用最大,偏斜角度越大其作用越小。

强烈的紫外线短时间照射,眼睛即可致病。潜伏期一般在 0.5～24 h,多数在受照射后 4～12 h 发病。首先出现高度羞明、流泪、异物感、刺痛、眼睑红肿痉挛,并常有头痛和视物

模糊。一般经过治疗和护理,数日后即恢复良好,不会造成永久性损伤。

2. 红外线

对人体的危害主要是引起组织的热作用。波长较长的红外线可被皮肤表面吸收,使人产生热的感觉;短波红外线可被人体组织吸收,使血液和深部组织加热,产生灼伤。在焊接过程中,眼部受到强烈的红外线辐射,立即感到强烈的灼伤和灼痛,发生闪光幻觉。长期接触可能造成红外线白内障,视力减退,严重时能导致失明。此外还会造成视网膜灼伤。

氩弧焊的红外线强度约为焊条手弧焊的1.5～2倍,而等离子弧焊又大于氩弧焊。

3. 可见光线

焊接电弧的可见光线的光度,比肉眼正常承受的光度大约大到一万倍。当受到照射时眼睛疼痛,看不清东西,通常叫电焊"晃眼",在短时间内失去工作能力。

7.2.1.2 金属烟尘

焊接操作中的金属烟尘包括烟和粉尘。焊接材料和母材金属熔化时所产生的蒸气在空中迅速冷凝及氧化形成的烟,其固体微粒直径往往小于 $0.1\ \mu m$,直径在 $0.1\sim10\ \mu m$ 的金属固体微粒称为金属粉尘。漂浮于空气中的粉尘和烟等微粒,统称为气溶胶。

1. 金属烟尘的来源

焊接过程中金属元素的蒸发焊接火焰或电弧的温度在 3 000℃以上(弧柱的温度在 6 000℃以上),由表 7-3 所示的几种金属元素的沸点可以看出,尽管各种金属的沸点不同,但都低于弧柱的温度,在这样高的温度下,必定有金属元素要被蒸发。

表 7-3 几种金属元素的沸点

元 素	沸点/℃	元 素	沸点/℃
Fe	3 235	Cr	2 200
Mn	1 900	Ni	3 150
Si	2 600		

在电弧高温作用下分解的氧能对弧区内的液体金属和焊接材料熔化时蒸发的金属粉尘起氧化作用,生成氧化铁、氧化钙、二氧化硅等。液体金属的氧化物除了可能给焊缝造成夹渣等缺欠外,还会向操作现场蒸发和扩散。

焊条药皮是由一定数量及不同用途的矿石、铁合金、化工原料(有时还有有机物)混合组成。不管是酸性焊条还是碱性焊条,不同型号焊条的药皮成分变化较大,综合起来构成药皮的矿产化工原料和金属元素有大理石($CaCO_3$)、石英(SiO_2)、钛白粉(TiO_2)、锰铁、硅铁、纯碱(Na_2CO_3)、萤石(CaF_2)以及水玻璃等。焊接时金属元素蒸发氧化,变成各种有毒物质,形成气溶胶状态溢出,如三氧化二铁、氧化锰、二氧化硅、硅酸盐、氟化钠、氟化钙、氧化铬和氧化镍等。

焊接金属烟尘的成分及浓度主要取决于焊接工艺、焊材以及焊接规范。如焊铝时可产生铝粉尘,焊铜时可产生铜和氧化锌粉尘。焊接电流强度越大,粉尘浓度越高,根据采用厚药皮焊条焊接实验结果,当焊接电流为 120 A 时,每根焊条的发尘量为 0.45 g;电流为 150～160 A 时为 0.6 g;电流为 200 A 时为 0.83 g。表 7-4 为几种焊接(切割)方法的发尘量。

表 7-4 药皮原料的种类、名称及其作用

焊接方法		施焊时每分钟的发尘量 /mg·min^{-1}	每公斤焊接材料的发尘量/g·min^{-1}
焊条电弧焊	低氢型焊条(J507,ϕ4)	350～450	11～16
	钛钙型焊条(J422,ϕ4)	200～280	6～8
自保护焊	药芯焊丝(ϕ3.2)	2 000～3 500	20～25
CO_2焊	实心焊丝(ϕ1.6)	450～650	5～8
	药芯焊丝(ϕ1.6)	700～900	7～10
氩弧焊	实心焊丝(ϕ1.6)	100～200	2～5
埋弧焊	实心焊丝(ϕ5)	10～40	0.1～0.3

2. 金属烟尘的危害

焊接烟尘的成分复杂，不同焊接工艺的烟尘成分及其主要危害也有所不同。粉尘中的主要成分是铁、硅、锰。主要毒物是锰。铁、硅的毒性虽然不大，但其尘粒极细（5 μm 以下），在空气中停留的时间较长，容易吸入肺内。在焊接烟尘浓度较大的情况下，如果没有相应的排尘措施，长期接触就能引起焊工尘肺、锰中毒和焊工"金属热"等职业性危害。

尘肺是由于长期吸入超过一定浓度的能引起肺组织弥漫性纤维病变的粉尘所致的疾病。焊工尘肺的发病一般比较缓慢，多在接触焊接烟尘后 10 年，有的长达 15～20 年（指通风不良条件下）。主要表现为呼吸系统症状，有气短、咳嗽、咳痰、胸闷和胸痛；部分焊工尘肺患者可能有无力、食欲减退、体重减轻以及神经衰弱症候群（如头疼、头晕、失眠、嗜睡、多梦、记忆力减退等）表现，同时对肺功能也有影响。

锰中毒主要是由锰的化合物引起的。锰蒸气在空气中能很快氧化成灰色的一氧化锰（MnO）及棕红色的四氧化三锰（Mn_3O_4）烟。它主要作用于中枢神经系统和神经末梢，能引起严重的器质性病变。锰的氧化物和锰粉主要通过呼吸道吸入，也能经肠胃进入。锰进入肌体后在血液循环中与蛋白质相结合，以难溶的磷酸盐形式积蓄在脑、肝、肾、骨骼、淋巴结和毛发等处。焊接的锰中毒一般呈慢性过程，大都在接触 3～5 年以后，有的甚至长达 20 年才逐渐发病。

锰的粉尘分散度大，烟尘的直径微小，能迅速扩散，因此，在露天或通风良好场所不致形成高浓度。目前使用焊条的含锰量，酸性型为 8%～10%，碱性型为 6%～8%。但经测定，空气中锰浓度仍达 0.5～28.7 mg/m^3，如焊工长期吸入，尤其是在容器、管道内施焊，如缺乏防护措施，仍有可能产生锰中毒。因此，此项毒害仍不能忽视。

焊接金属烟尘中的氧化铁、氧化锰微粒和氟化物等物质均可引起焊工"金属热"反应。其典型症状为工作后寒战，继之发烧、倦息、口内金属味、喉痒、呼吸困难、胸痛、食欲不振、恶心、翌晨发汗后症状减轻但仍觉疲乏无力等。

7.2.1.3 有毒气体

在焊接电弧的高温和强烈紫外线作用下，在弧区周围形成多种有害气体，其中主要有臭氧、氮氧化物、一氧化碳和氟化氢。

1. 臭氧

空气中的氧在短波紫外线作用下，大量地被破坏，生成臭氧（O_3），其化学反应过程为：

$$2O_2 + 2O \xrightarrow{\text{短波紫外线}} 2O_3$$

特别是波长 200 nm 以下的紫外线,对氧分子的破坏能力最强。臭氧是一种淡蓝色的气体,具有刺激性气味。浓度较高时,一般成腥臭味;高浓度时,成腥臭味并略带酸味。臭氧是属于具有刺激性的有毒气体。臭氧对人体的危害主要是对呼吸道及肺有强烈刺激作用。臭氧浓度超过一定限度时,往往引起咳嗽、胸闷、食欲不振、疲劳无力、头晕、全身疼痛等。严重时,特别是在密闭容器内焊接而又通风不良时,尚可引起支气管炎。

臭氧浓度同焊接方式、焊材、保护气体、焊接规范等有关。熔化极气体保护焊的焊材和保护气体对臭氧浓度的影响见表 7-5。工艺参数对臭氧浓度的影响见表 7-6。

表 7-5 熔化极气体保护焊的焊材和保护气体对臭氧浓度的影响

保护气体	母材	臭氧产生量/$\mu g \cdot min^{-1}$	保护气体	母材	臭氧产生量/$\mu g \cdot min^{-1}$
Ar	铝	300	CO_2	碳钢	7
Ar	碳钢	73			

表 7-6 工艺参数对臭氧浓度的影响

焊接方法	保护气体	母材	电流/A	臭氧平均浓度[①]/$\times 10^{-6}$
焊条手弧焊	—	碳钢	250	0.22
	—	碳钢	450	0.16
粉芯焊丝电弧焊	—	碳钢	930	0.24
	CO_2	碳钢	1 100	0.23
钨极气体保护焊	Ar	碳钢	150	0.27
	Ar	不锈钢	150	0.17
	Ar	铝	150	0.15
	$Ar+2\%O_2$	碳钢	300	2.1
	$Ar+2\%O_2$	不锈钢	300	1.7
熔化极气体保护焊	Ar	铝	300	8.4
	$Ar+2\%O_2$	铝	300	6.1
	Ar	Al-5Mg	300	3.1
	$Ar+2\%O_2$	Al-5Mg	300	2.3
	Ar	Al-5Mg	300	14.2
	$Ar+2\%O_2$	Al-5Mg	300.	14.2

2. 氮氧化物

焊接操作中的氮氧化物是由于电弧高温作用下,引起空气中氮、氧分子分解,重新结合而形成的。氮氧化物的种类很多,主要有氧化亚氮(N_2O)、一氧化氮(NO)、二氧化氮(NO_2)、三氧化二氮(N_2O_3)、四氧化二氮(N_2O_4)及五氧化二氮(N_2O_5)等。这些气体因其氧化程度不同,具有不同的颜色(由黄白色到深棕色),毒性差异也较大。氮氧化物也属于具有刺激性的有毒气体,其毒性比臭氧小,氮氧化物对人体的危害主要是对肺有刺激作用。对肺组织产生强烈的刺激及腐蚀作用,可增加毛细血管及肺泡壁的通透性,引起肺水肿。氮氧化物中毒浓度以 NO_2 计算时,120 mg/m³ 可引起眼部刺激,接触几小时能忍受的浓度不超过 700 mg/m³。

慢性中毒时的主要表现为神经衰弱症候群，如头痛、头晕、食欲不振、倦怠无力、体重下降等。此后尚能引起上呼吸道黏膜的发炎、慢性支气管炎，同时可造成皮肤刺激及牙齿酸蚀症。急性中毒时，由于氮氧化物主要作用于呼吸道深部，所以中毒初期仅有轻微的咽和喉的刺激症状，往往不被注意，经过 4～6 h 的潜伏期或甚至 12～24 h 后，急性中毒的症状逐渐出现，此时也可能突然发生。中毒较轻者，肺部仅发生支气管炎。重度中毒时，咳嗽加剧，可发生肺气肿，呼吸困难、虚脱、全身软弱无力等。

影响产生氮氧化物浓度的因素，类同臭氧。在焊接实际操作中，氮氧化物单一存在的可能性很小，一般都是臭氧和氮氧化物同时存在，因此它们的毒性发生倍增，一般情况下，两种有毒气体同时存在比单一有毒气体存在时，对人体的危害作用提高 15～20 倍。

3. 一氧化碳

由于二氧化碳气体在电弧高温作用下发生分解，形成 CO、O_2 和 O，其分解速度随弧温的增高而加大。

CO 为无色、无臭、无味、无刺激性的气体，相对密度为 0.967，几乎不溶于水，与空气混合达 12.5% 时有爆炸性。CO 是一种窒息气体，它对人体的毒性作用是使氧在体内的运输或组织利用氧的功能发生障碍，造成组织缺氧，表现出缺氧的一系列症状和体征。CO 对人体的慢性影响是长期吸入低浓度 CO，可出现头疼、头晕、面色苍白、四肢无力、体重下降、全身不适等神经衰弱症候群。CO 急性中毒的表现为：轻度中毒时有头疼、眩晕、恶心、呕吐、全身无力、两腿发软，以至有昏厥感。立即离开现场，吸入新鲜空气，症状即可迅速消失；中度中毒时，除上述症状加重外，脉搏增快、不能行动、容易进入昏迷状态；严重中毒时，常因短时间内吸入高浓度的 CO 所致，可发生突然昏倒，迅速进入昏迷状态。并可能发生脑水肿、肺水肿、心肌损害、心律紊乱等症状。

4. 氟化氢

主要发生在焊条手弧焊。在低氢型焊条焊接中，涂料中含有萤石 CaF_2 和石英 SiO_2，在电弧高温作用下形成氟化氢气体。

氟及其化合物均具有刺激作用，其中以氟化氢作用更为明显。氟化氢为无色气体，相对密度 0.7，形成氢氟酸，二者的腐蚀性均强，毒性剧烈。氟化氢能迅速由呼吸道黏膜吸收，亦可经皮肤吸收而对全身产生毒性作用。吸入较高浓度的氟及氟化物气体或蒸气，可立即产生咽、鼻和呼吸道黏膜的刺激症状，引起鼻腔和黏膜充血、干燥、鼻腔溃疡等。严重时可发生支气管炎、肺炎。长期接触氟化氢（5～7 年以上）可发生骨质病变，大多数表现为骨质增厚（即骨质硬化），以脊柱、骨盆等躯干为显著，亦可向四肢长骨发展。

我国卫生标注规定氟化氢气体的最高允许浓度为 $1 mg/m^3$。

7.2.1.4 高频电磁场

非熔化极氩弧焊和等离子弧焊为了迅速引燃电弧，需由高频振荡器来激发引弧，所以，在引弧的瞬间（2～3 s）有高频电磁振荡存在。国内有些工厂自己安装的焊机，其高频振荡器有时是连续工作的，其结果是在操作期间始终有高频电磁场存在。

人体在高频电磁场作用下，能吸收一定的辐射能量，产生生物效应，主要是热作用。长期接触较大的高频电磁场，能引起植物神经功能紊乱和神经衰弱。表现为头昏、头痛、乏力、记忆力减退、食欲不振、失眠、多梦、嗜睡、心悸、胸闷、消瘦和脱发等。症状进一步发展可出现手足多汗、手指轻微震颤,心动过速或心动徐缓、窦性心律不齐等。血压在早期可有波动,严重者血压下降或上升(以血压偏低为多见)。

高频电磁强度的强弱受影响因素较多。辐射源的功率越大,场强越大,反之则越小;距离辐射源(如高频振荡器、振荡回路)越近,场强越大,反之则越小;此外还与振荡频率以及周围有无天线或反射无线电波的物品、高频部分的屏蔽程度等有关。场强越大,作用的时间越长,作用周期越短,对肌体影响越严重。一般说来,高频电磁场的生物活性随波长减小(或频率增加)而递增,即微波＞超短波＞短波＞中长波。辐射强度一般随着与辐射源距离的加大而迅速递减,因而对肌体的影响也迅速减弱。此外,焊接操作现场环境温度和是否存在有毒物体等都有一定影响。

焊接使用的高频振荡器频率属中波段,一般只在引弧时启动,引弧后自动切断。每次引弧时间只有 2～3 s,接触时间是断续的。在这样的工作条件下,虽然受高频辐射作用强度高于卫生标准几倍,但对人的肌体的影响较小,一般不足以造成危害。不过考虑到焊接操作地点的有害因素不是单一的,是比较复杂的,所以,仍有采取防护措施的必要。对于高频振荡器在操作过程中连续工作的,则必须采取可靠和有效的防护措施。

7.2.1.5 放射性物质

氩弧焊和等离子弧焊使用的钍钨极含有 1%～2.5% 的钍。钍及其衰变物为天然放射性物质,其中 α 射线占 90%,β 射线占 9%,γ 射线占 1%。应用钍钨棒施焊时,由于放射性气溶胶存在,并扩散到操作现场的空气中。通常以测量现场空气中 α 射线气溶胶浓度和各种物质表面 α 射线玷污情况来评价放射性物质对操作人员的危害程度。

放射性物质以两种形式作用于人体,即体外照射和体内照射。放射性物质侵入体内则发生体内照射,它可以通过呼吸系统和消化系统进入体内,以及通过皮肤渗透。贯穿辐射可照射整个身体和身体某一部位。

钍及其子体产物对肌体作用的主要形式是具有放射性的气溶胶(钍)和表面污染所造成的内照射;而依靠贯穿辐射所引起的外照射作用极微,一般可以不予考虑。

钍能长期阻留在体内,慢慢排除,有时完全不排除。接触放射性物质如果防护不当,肌体长期受到超容许剂量的外照射,或者放射性物质经常少量进入并积蓄在体内,则可引起慢性放射性病。主要表现在一般机能状态方面,可以看到明显的衰弱无力,对传染病的抵抗力显著下降,体重减轻等;在造血系统方面表现为白血病及再生不良性贫血等。

经过对氩弧焊和等离子弧焊的大量调查和测定证明,在焊接过程中,存在放射性的危害较小的,如钍钨棒的放射物质每分钟只有 17 个粒子,一般情况下不会形成危害性的外照射。同时钍钨棒在施焊时的消耗量也较低,如等离子弧焊用钍钨棒作为阴极时的烧损量为 0.02～0.04 g/min,因此,在作业车间内产生的放射性粉尘亦较少,也不会造成内照射的损伤。但有两种情况必须注意。一是在容器内施焊时,放射性气溶胶及钍射气大量存在,可能超过允许标准。二是使用钍棒时,为了施焊方便往往将棒端打磨成圆锥形,然后再使用。在打磨时工作地点以及存放钍钨棒地点的放射性气溶胶和放射性粉尘的浓度,可以达到或超过卫生标准。由于放射性气溶胶、钍粉尘等进入体内所引起的内照射,是个长期作用的问题,考虑到有些生产现场的放射性剂量接近或达到允许标准,有的尚较高(如储存钍钨棒的地点超出允许标准),所以对焊接过程中钍的有害影响应当引起重视并采取有效措施,避免钍的放射性烟尘进入体内。

7.2.1.6 噪声

等离子弧焊接和切割工艺过程中,由于工作气体和保护气体以一定的流速流动,经压缩的等粒子焰流从喷枪口高速(10 000 m/min)喷射出来,工作气体与保护气体不同流速的流层之间;气流与静止的固体介质质面之间;气流与空气之间等都在相互作用。这种作用可以产生周期性的压力起伏和振动及摩擦,产生了噪声。

噪声对人体的影响是多方面的,首先是听觉器官。强烈噪声和长时期暴露在一定强度噪声环境中,可以引起听觉障碍、噪声性外伤、噪声性耳聋等症状。此外,噪声对中枢神经系统和血管系统也有不良作用,引起血压升高、心跳过速等症状。还会使人感到厌倦、烦躁等。

7.2.2 焊接卫生防护措施

7.2.2.1 有毒气体的防护措施

1. 通风技术措施

通风是消除焊接尘度的危害和改善劳动条件的有力措施。它的任务在于使作业地带的气象条件符合卫生学的要求,创造良好的作业环境。

(1) 通风技术措施的设计要求

车间内施焊时,必须保证在焊接过程中所产生的有害物质及时排出,保证车间作业地带的气象条件良好、卫生;已被污染的空气,原则上不应排放到车间内。对于密闭容器内施焊时所产生的气体等物,因条件限制而必须排放到室内,亦应经过滤净化处理后,方可排放到室内;有害气体、金属氧化物等在抽排到室外大气之前,原则上应净化处理,否则将对大气产生污染;采用通风措施必须保证冬季室温在规定的范围内,保证采暖的需要;在设计通风技术措施时,要根据现场及工艺等具体条件,不得影响施焊和破坏保护性;应便于拆卸和安装,满足定期清理与修配的需要。

(2) 全面性通风

分为上抽排烟法、下抽排烟法、横向排烟法。上抽排烟法、下抽排烟法适用于新建车间,横向排烟法适用于老厂房的改造。

(3) 局部通风

分为送风与排气两种。局部送风是指使用电风扇直接吹散焊接烟尘和有毒气体的通风方法。这种方法目前虽有采用,尤其多见于夏季,但由于达不到排气的目的,只是暂时的将焊接区附近及操作地带的有害物质吹走,对操作地带的粉尘和有毒气体起到了一定的稀释作用,但却污染了整个车间内的空气。此外焊工前胸和腹部受电弧热辐射作用,后背受冷风吹袭,容易得关节炎、腰腿痛和感冒等疾病。所以此类方法不宜过多采用。

局部排气是目前所有各种类型的通风措施之中,使用效果良好、方便灵活、设备费用较少的有效措施。根据不同的焊接方法,工作场所和焊件等选择不同类型的排烟罩。

全面通风的设备投资大、运转费高,并且不能立即降低局部烟雾浓度,效果不显著,只能作为次要措施,应首先考虑局部通风。

2. 个人防护措施

加强个人防护措施,对防止焊接时产生的有毒气体和粉尘的危害有重要意义。

个人防护措施包括眼、耳、鼻、口、身各方面的防护用品,其中工作服、手套、鞋、眼镜、口罩、头盔和护耳器等属于一般防护用品，比较常用。通风焊帽属于特殊防护用品，用于通风不易解决的特殊作业场合，如封闭容器内的焊接作业；实践证明，这种措施是行之有效的，但只能用经过净化的压缩空气或无油压缩机供应。不能采用氧气，以免发生燃烧事故。

送风防护罩与头盔是在一般电焊工面罩或头盔的里面，于呼吸部位固定有一个轻金属或有机玻璃薄板制成的送风带。送风带上均匀密布着若干个送风小孔，新鲜的压缩空气经净化处理后由输气管送进送风带里，而后经小孔喷出。多余空气及呼出废气由里面自动逸出。

设计防护头盔的原则是：保证供气量充分，噪声小，要求送风带拐角处要圆滑，送风小孔大小适度，小孔直径可采用 1~2 mm 为宜，送风带表面处理良好；为保证送风带喷出之空气均匀密布，要求送风软管一侧的小孔直径大于另一侧孔径；送风软管气压力应为 0.5~1 kgf/cm²(1 kgf/cm²≈9.8 kPa)，以保证足够的供气量；在送风软管与头盔连接的一段，要求此段软管长度适宜，以 1.5~2 m 为佳。头盔的送风软管与过滤器出口的送风管之间，需以插管卡口连接。在头盔的送风软管下端，应设有个人供气调节阀，可根据不同人员进行细调。过滤器应设有压力调节阀。冬季使用时，应对所供压缩空气加温，一般可用电阻丝或暖气管路来预热。

送风头盔的防护效果鉴定见表 7-7。

表 7-7 送风头盔的防护效果鉴定 (mg·m⁻³)

有害物质名称	盔外浓度	盔内边缘浓度	国家允许浓度
氮氧化物	20.5	3.0	5
臭氧	12.4	0.12	0.2

由于盔内形成正压，盔外之有害气体不易进入盔内，从而保证了良好的防护效果。尤其在夏天，所供之压缩空气还给人以清新感觉。

对送风封闭头盔要求：重量轻；对头、面部无压迫感，大小适宜；头盔四周应紧密连接头披与盔裙。头披与盔裙一般以革制品或丝织品等耐蚀性的物质制成；头盔上的观察镜应装在弹力开启的镜框上，除了在施焊时防护弧光辐射外，在施焊调整时，可以打开观察镜，而不必取下头盔。要求镜的开启要灵活、方便，关闭后密封性好。供气系统必须有净化装置，压缩空气必须先行通过净化装置除去空气中的油污及灰尘，然后经压力调节阀的调节，以 5~12 N/cm² 压力送入盔内。在冬季时应将压缩空气预热，以防止焊工的呼吸系统受刺激。

使用实践证明，封闭型送风头盔的防护效果较理想。由于盔内空间的空气压力大，致使有害气体、粉尘及烟雾不能侵入盔内，起到了隔离作用。同时，由于头披与盔裙围罩在操作人员的头部、颈部和上胸，起到了保护作用，免受光辐射等危害。

考虑到穿戴比较麻烦，建议作为在密闭容器内施焊时专用。

送风口罩和送风面罩都是供给焊工呼吸用的，带有一定压力的新鲜空气，使呼吸呈正压，阻止尘毒的侵入。但是送风面罩不是密闭的，所以有时保护效率还不够理想，尤其是当工作地点狭小，焊接烟尘浓度高而四周充满烟雾时，保护效率更差。送风口罩由于密闭性较好，能够把口鼻全部罩起，焊接时可完全吸到送入的清洁空气，周围的有害气体和粉尘不能被吸入。口罩容积较小，输入的压力和流量不必很大。

送风口罩的结构要求有较好的密封性、柔软性和舒适感。使用这种口罩基本上闻不到臭氧气味。为保证送入气的清洁,送入的压缩空气应过滤,冬季还应加空气预热装置,使送入气的温度适当提高后再进入口罩内。

如果配口罩施焊,仍能闻到臭氧气味时,要检查口罩是否严密或分子筛是否失效。如分子筛已由原来的黑色变为灰蓝色,则说明已失效,应予更新。已失效的分子筛可放进高温炉内按上述温度重新活化再供使用。

个人防护措施及应用见表7-8。

表7-8 焊接、切割用个人保护措施

措 施	保护部位	品 种	说 明	用 途
眼镜	眼	镀钼眼镜	镜片镜架造型应能挡着正射、侧射和底射光。镜片料可用无机或有机合成材料	气、电焊工、辅助工
焊工头盔、面罩	眼鼻口脸	滤光玻璃片	头盔面罩材料:玻璃钢或钢纸,反射式玻璃片滤波范围 200~450 nm	电焊、等离子切割、碳弧气刨
口罩	口鼻	送风口罩 静电口罩 氯纶布口罩	静电滤料是带负电过氯乙烯纤维无纺薄膜。氯纶布阻尘率90%以上,阻力 2.6 mmHg (1 mmHg≈133.3 Pa)	防尘防毒用,如氩弧焊、钎焊
护耳器	耳	低熔点蜡处理的棉花 超细玻璃棉 软聚氯乙烯耳塞 硅橡胶耳塞 耳罩	降低噪声 29~30 dB	等离子喷镀、风铲清焊根
工作服	躯干、四肢	棉工作服	用于臭氧轻微的场合	一般电焊工
		非棉工作服	用于臭氧强烈的场合	氩弧焊、等离子切割
		石棉工作服	特殊高温作业	
通风焊帽	眼、鼻、口、脸、颈、胸	肩托式 头盔式	带活动翻窗,头披,胸围和送风系统	封闭容器和舱室内焊接作业
手套	手	棉、革、石棉		
绝缘鞋	足	普通胶鞋、棉胶鞋、皮靴		
鞋盖	足			飞溅强烈的场合

3. 改革工艺和焊条

焊接工艺实行机械化、自动化,不仅能降低劳动强度,并且可以大大减少焊工接触生产性毒物的机会,是消除焊接职业危害的根本措施。例如采用自动电弧焊代替手工操作,就可以消除强烈的弧光、有毒气体和粉尘的危害。

工业机械手是实现焊接过程全自动化的重要途径。工业机械手在焊接过程中的应用,将可以从根本上消除焊接有毒气体和粉尘对焊工的直接危害。

在保证产品技术条件的前提下,合理的设计与改革施焊材料,是一项重要的卫生防护措施。如合理的设计焊接容器,减少和消灭容器内部的焊缝;尽可能采用单面焊双面成形的新工艺。这样可以减少或避免在容器内部施焊的机会,使操作者减轻危害的影响。

采用无毒或毒性小的焊接材料代替毒性大的焊接材料,亦是预防职业性危害影响的比较合理的措施。例如焊条手弧焊产生的危害,多数与电焊条,尤其是焊条药皮的成分有关,因此,焊条的改革,对消除和减少焊条手弧焊的职业危害具有重要意义。

7.2.2.2 焊接弧光防护

焊接时,必须保护焊工的眼睛和皮肤免受弧光的辐射作用。为了防止电弧对眼睛的伤害,焊工在焊接时必须使用镶有特制的滤光镜片的面罩。面罩上镶有吸收式过滤镜片,过滤镜片的选择应按照焊接电流的强度根据表7-9来决定。这种面罩既可以透过它观察电弧,又可以吸收紫外线、红外线和强可见光,起保护皮肤和眼睛的作用。为了保护镜片,在它的外层再装上一个普通透明玻璃片。除了吸收式防护镜片以外,还有一种反射式防护镜片,能将有害的强烈弧光反射出去,达到保护眼睛的目的。

表7-9 滤光镜片的选择

滤光镜片色号	适用焊接电流范围/A	透光率/%		
		可见光线	红外线	紫外线
11	300～500	0.000 5～0.002	0.1	0
10	100～300	0.003 5～0.015	0.3	0
9	100以下	0.03～0.08	1.0	0
	电弧焊接的辅助工作和气焊工作	0.2～0.5 0.4～0.6		

密闭排烟罩观察窗的防护玻璃是由三层玻璃叠合在一起。第一层为吸收或反射紫外线专用玻璃,第二层为吸收或反射红外线专用玻璃;第三层为适度的黑玻璃。使用时第一、二层放入观察窗框内,依靠转轴可以打开。在施焊时,第三层与第一、二层重合,起到保护作用,灭弧后观察工件时,旋开黑玻璃,即可清楚地看见焊面,初步解决了既要保护眼镜,又要看清工件焊面的矛盾,但操作上比较麻烦。

面罩用暗色的钢纸板制成,或用涂黑色耐火漆的薄胶合板代替。在面罩的正前方做一长方形槽,滤光镜和普通透明玻璃即镶在槽里。透明玻璃烧坏或破裂后,应更换。禁止用任何其他种玻璃或一组有色玻璃来代替滤光镜,否则会使焊工眼睛受到伤害而得眼病。

为了预防焊工皮肤受到电弧的伤害,他们的防护服装应采用灰色或白色的帆布制成以反射弧光的照射。工作时袖口应扎紧,帆布或皮手套套在袖口外面。上衣不准扎在裤腰内,以免焊接火花灼伤皮肤。

此外,为了保护焊接地点附近工作人员不受弧光的危害,最好设有固定的焊接工作室,并备有布帘遮住工作室的门。对于临时性的焊接工作,应具备可移动的护板和屏风,在操作点周围设置防护屏。

绝对禁止在近处用眼睛直接观看弧光,也不得任意更换滤光镜片的色号。在未将面罩放到工作位置上之前不许点燃电弧,在电弧熄灭之前不许拿掉面罩。

另外,还要注意电气设备的弧光灼伤眼睛或其他部位,这通常是电焊钳上的焊条与工件短路时,接通或拉断焊机电源而发生弧光。因此在不操作时焊钳应悬空挂起或放在绝缘物上。

7.2.2.3 放射性防护

焊接的放射性防护主要是防止含钍的气溶胶等进入体内。其措施有:钍钨棒应有专用的储存设备,大量存放时应存于铁箱里,并安装排气管;合理的操作规范可以避免钍钨极过量烧损;采用密闭罩施焊时,在操作中不应打开罩体;手工操作时,必须戴送风防护头盔或采用其他有效措施;应备有专用砂轮来磨尖钍钨棒,砂轮机要安装除尘设备,砂轮机地面上的磨屑要经常做湿式扫除,并集中深埋处理;磨尖钍钨棒时应戴防尘口罩。接触钍钨棒后应以流动水和肥皂洗手,并经常清洗工作服及手套等。

7.2.2.4 噪声防护

在等离子弧焊、切割等焊接工艺中,必须对噪声采取防护措施。主要与等离子弧焊接工艺产生的噪声强度和工作气体的种类、流量等与工作参数的选择有关。因此,应在保证工艺正常进行、符合质量要求的前提下,选择一种低噪声的工作参数;由于这类噪声的高频性,须在焊枪喷出口部位装设小型消声器,用于降低噪声。

加强个人防护,使用隔音耳罩或隔音耳塞等个人防护器。耳罩的隔音性能优于耳塞,但造价较高,体积较大,戴用稍有不便。耳塞种类很多,它具有携带方便,经济耐用等优点。耳塞的隔音效能低频为10~15 dB,中频为20~30 dB,高频为30~40 dB。据实际使用证明,对防噪声危害有较好的效果。

在房屋结构、设备等部分采用吸声或隔声材料,均有较好效果。如对于采用密闭罩施焊者,在屏蔽上衬以消声材料,如石棉等,也有一定的效果。

7.2.2.5 高频电磁场的防护

这类防护主要有以下原则。

(1) 降低振荡频率

加大振荡器中元件的参数,也可在高频输出回路中,接一电感线圈。其缺点是在使用小电流时焊弧稳定性较差。

(2) 屏蔽把线及导线

采用细铜质金属编制软线,套在电缆胶管外面(焊把上装有开关线时,必须放在屏蔽线外面),一端接焊把,另一端接地(见图7-1)。此外,焊把至焊机的电缆线外面也要套上细铜质金属编织的软线。

采用分离式把柄时,将现有的普通焊枪,用有机玻璃或电木等绝缘材料另接出一个把柄(见图7-2),也有屏蔽高频电的作用,但效果不如屏蔽把线及导线理想。

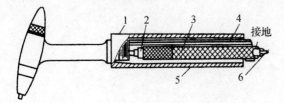

图7-1 金属编织线高频屏蔽焊把
1—把柄;2—电缆外胶管;3—金属编织线;
4—水管;5—铝薄屏蔽层;6—电缆线

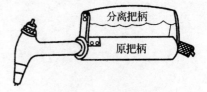

图7-2 分离把柄焊枪

在焊接时为保障带电工作的安全,同样要对高频回路及高电压导线加以良好绝缘。绝缘应有足够的抗阻强度,不能漏电。

本章小结

1. 电对人体的伤害有电击和电伤两种。
2. 触电事故主要有直接电击和间接电击两类。
3. 为了防止在焊接操作中人体触及带电体的触电事故,可采用绝缘、屏护、间隔自动断电和个人防护等安全措施。
4. 焊接发生的有害因素与所采用的工艺方法、工艺规范以及焊接材料有关,大体可分为弧光辐射、有毒气体、粉尘、高频电磁场、射线和噪声等六类。

学习思考题

7-1 什么是电击?什么是电伤?什么是电磁场生理伤害?
7-2 电流对人体的伤害程度与哪些因素有关?
7-3 什么是直接电击?发生直接电击的主要原因有哪些?
7-4 什么是间接电击?发生间接电击的主要原因有哪些?
7-5 施行人工呼吸和心脏挤压法救助触电者时应注意什么?
7-6 焊接卫生防护措施主要有哪些?

第8章 常见钢结构的焊接

> **学习目标**
>
> 了解常见钢结构梁、柱的截面形式,熟悉常见钢结构梁、柱的焊接技术。

8.1 概 述

8.1.1 梁、柱的截面形式

梁和柱是金属结构中的基本元件,是承受载荷的主要构件。其中,受力时承受弯曲的构件称为梁,承受压缩的构件称为柱。

梁和柱均是由钢板和型钢焊接成形构件。常见的是工字形(或 H 形)和箱形成截面的梁和柱。

8.1.1.1 工字形截面的梁和柱

工字形截面的梁和柱,都是由三块板组成,上、下为翼板,中间为腹板。仅仅在相互位置、薄与厚、宽与窄、有无筋板等方面有所区别。通过 4 条焊缝连接组成了工字形截面的梁和柱。若一根梁上受力情况不同时,可沿梁的长度方向上改变梁的截面,制成变截面梁。

8.1.1.2 箱形截面的梁和柱

箱形梁和柱的截面形状为长方形和正方形,由四块板焊接而成。

(1) 箱形梁适用于同时受水平、垂直弯矩或力矩的场合,因刚性大,能承受较大的外力作用,箱形梁多为封闭形的长方形状。

(2) 箱形柱截面多为正方形状,其壁厚较箱形梁厚,也是通过四条焊缝连结而成。

为了提高梁和柱的整体和局部刚性以及稳定性,常在其内部设置筋板和隔板来实现稳定性。梁中的筋板设置比较复杂,制造(主要是焊接)较困难。柱中的隔板,由于板较厚,箱体又是封闭的,所以,要想把壁板与筋板焊透,困难较大。

8.1.2 梁、柱焊接接头的坡口形式

根据梁、柱的结构特点和要求,所有拼接接头均为对接接头,腹板与翼板连接为 T 形角接头,方形截面箱形柱四块板间连接为 L 形角接接头。

8.1.2.1 拼板焊接坡口

由于大型梁和柱使用的板材均较厚,而且要求全焊透,无论哪种焊接方法,都要保证焊接质量和焊后的平直度。所以一般均选择 X 形坡口,如图 8-1 所示。

钢结构焊接技术

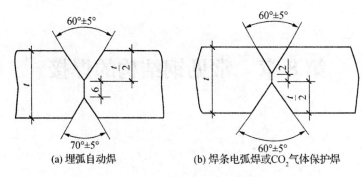

(a) 埋弧自动焊　　　　(b) 焊条电弧焊或CO_2气体保护焊

图 8-1　梁、柱拼板焊接坡口

8.1.2.2　腹板与翼板之间的"T"形角焊坡口

根据受力大小不同，腹板与翼板之间的"T"形角焊坡口有部分焊透和全焊透两种形式，见表 8-1。

表 8-1　腹板与翼板之间的"T"形角焊坡口

项目	坡口形式	示意图	适用条件
T形角接接头焊接坡口	部分焊透		当板厚≤18 mm，焊角尺寸≤12 mm 时，可不用开口。
			当板厚>18 mm，焊角尺寸>12 mm 的角焊缝，可采用部分焊透的角接接头，焊后引起的角变形较小些。
	全焊透		采用埋弧自动焊的角接接头
			采用焊条电弧焊或 CO_2 气体保护焊

(续表)

项目	坡口形式	示意图	适用条件
T形角接接头焊接坡口	全焊透	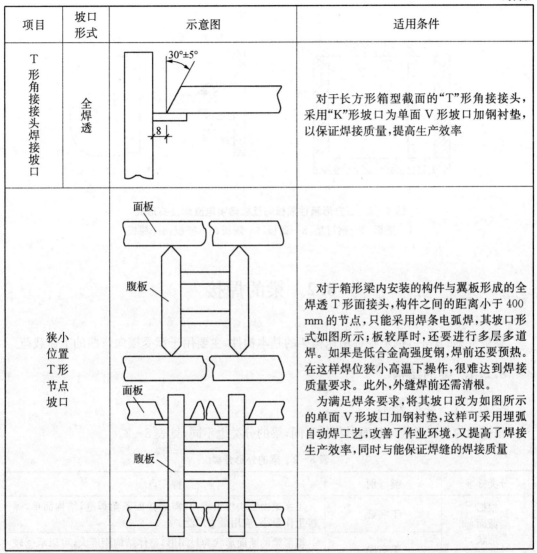	对于长方形箱型截面的"T"形角接接头,采用"K"形坡口为单面V形坡口加钢衬垫,以保证焊接质量,提高生产效率
狭小位置T形节点坡口			对于箱形梁内安装的构件与翼板形成的全焊透T形面接头,构件之间的距离小于400 mm的节点,只能采用焊条电弧焊,其坡口形式如图所示;板较厚时,还要进行多层多道焊。如果是低合金高强度钢,焊前还要预热。在这样焊位狭小高温下操作,很难达到焊接质量要求。此外,外缝焊前还需清根。 为满足焊条要求,将其坡口改为如图所示的单面V形坡口加钢衬垫,这样可采用埋弧自动焊工艺,改善了作业环境,又提高了焊接生产效率,同时与能保证焊缝的焊接质量

8.1.2.3 筋板与壁板的焊接坡口

正方形的箱形柱内筋板与壁板的T形角焊缝要求全焊透。对于最后一块壁板盖上去后,与筋板形成的一条T形角焊缝,无法进行焊条电弧焊,在实际生产中采用熔嘴电渣焊方法进行焊接,其坡口形式如图8-2所示。

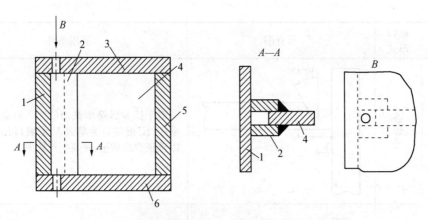

图 8-2　正方形箱柱隔板与壁板熔嘴电渣焊接头形式
1—壁板；2—钢衬垫；3—翼板；4—隔板；5—壁板；6—翼板

8.2　梁的焊接

梁是常见的焊件，也是各种用途构架的基本构件，主要用于承受横向弯曲的工作载荷。

8.2.1　梁的结构

8.2.1.1　梁的外形

根据梁的截面形状和断面形状的不同，梁的分类也不同，见表 8-2。

表 8-2　梁的外形分类

分类标准	类　别	特　点
根据截面形状分类	工字梁	工字梁由三块板组成，只需焊接四条角焊缝，结构简单，焊接工作量小，应用最为广泛。
	箱形梁	箱形梁的断面形状为封闭形，整体结构刚度大，可以承受较大外力。
根据断面形状分类	等截面梁	等截面梁的结构简单，制造方便。
	变截面梁	变截面梁主要是根据梁长度方向上的受力大小不同，通过改变盖板的厚度、腹板的宽度或腹板的外形来达到梁截面尺寸的变化。

8.2.1.2　劲板的设置

在大断面工字梁和箱形梁上，一般设有腹板纵向加劲板和竖向加劲板，以提高其整体稳定性。在设置竖向加劲板时，应注意以下几点：

（1）在加劲板靠近主角焊缝侧应进行切角，以避免加强筋的角焊缝与主要焊缝重叠相交；

（2）加劲板与受压侧盖板焊接角焊缝；

(3) 加劲板与受拉侧盖板应顶紧,并与盖板不进行焊接,为了保证其顶紧,有的设置楔形垫板。

8.2.1.3 梁的连接

1. 梁与梁的对接

梁与梁的对接包括上、下盖板的对接和梁腹板的对接,一般盖板的对接坡口冲上,平位施焊;腹板的对接焊缝立位施焊,腹板厚度较薄时,开单面坡口,如果腹板厚度较厚,可开双面坡口。

2. 梁与梁的T形连接

(1) 工字梁与工字梁的T形连接包括次梁盖板与主梁盖板的对接,以及横梁次板与主梁腹板的角接。工字梁与工字梁的T形连接,一般在主梁的两侧都有连接,如果只在主梁的一侧连接时,则需要在主梁的另一侧增加加劲板结构,以增加梁的刚度。

(2) 箱形梁的T形连接包括次梁盖板、腹板与主梁盖板间角焊缝。箱形梁与箱形梁的T形连接时,在正对次梁处主梁内侧需设置横向加劲板及隔板。

8.2.2 梁的焊接施工

8.2.2.1 工字梁的焊接施工

(1) 工字梁的组装。工字梁的组装方法分为卧式组装和立式组装,见表8-3。

表8-3 工字梁的组装方法

组装方法	操作要求	适用范围
卧式组装	卧式组装时需制作组装胎具。组装时需要将工字梁的腹板平置,再将两盖板装于腹板两侧,采用顶紧装置将盖板与腹板顶紧,然后进行定位焊接。	适于工字形杆件的批量组装
立式组装	立式组装就是将工字梁的一个盖板平置,然后将腹板竖向与盖板组对,形成T字形梁后,再将另一个盖板平置,将T字形梁翻身后,腹板与盖板组对。	适于少量大断面工字形杆件的组装

(2) 工字梁的焊接。工字梁焊接时应首先进行四条主角焊缝的焊接,一般采用埋弧焊的船位焊接,为了保证梁上的拱度,应先对下盖板侧的角焊缝进行焊接,然后焊接上盖板侧的角焊缝。待工形盖板的焊接变形修整后,再组装腹板上加劲肋,可采用CO_2气体保护焊焊接加劲肋的角焊缝,焊接时应从梁长度方向的中间向两端进行对称焊接,对于有顶紧要求的加劲板,应从顶紧端向另一端焊接。

8.2.2.2 箱形梁的焊接施工

1. 箱形梁的组装

箱形梁组装时,应先将一侧盖板置于平台上,然后组对隔板,接着组装两侧腹板形成槽形,焊接隔板的三面角焊缝,最后在槽形上组装另一盖板,形成箱形。

2. 箱形梁的焊接

(1) 主角焊缝的焊接。箱形杆件组成槽形后,可采用CO_2气体保护焊焊接隔板的三面角焊缝,应对称焊接,扣盖组成箱形后,焊接箱形的四条主角焊缝。主角焊缝一般采用埋弧焊,为了防止箱形杆件产生扭曲变形,四条主角焊缝应同向焊接,同一腹板侧两条主角焊缝需对称焊接。

(2) 焊缝坡口根部焊道的焊接。其焊接顺序如图8-3所示。为了便于埋弧焊焊接操作,也可以将2~3根截面相同的箱形杆件并排在平台上一起顶紧焊接,焊接时可利用刚性固定的方法,有利于控制杆件的扭曲变形。

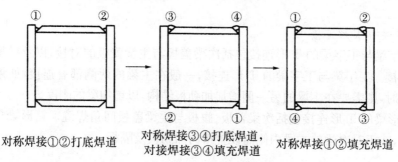

图8-3 箱形梁主角焊缝的焊接顺序

8.3 柱的焊接

8.3.1 柱的分类与结构组成

8.3.1.1 柱的分类

(1) 根据柱的截面形状分类,可分为等截面柱、实腹式截面柱和格构式截面柱。

① 等截面柱。等截面柱一般适于用作工作平台柱,无起重机或起重机起重量 $Q < 15$ t、柱距 $Z \leqslant 12$ m 的轻型厂房中的框架柱等,如图8-4所示。

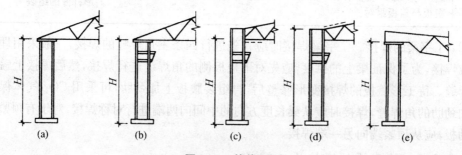

图8-4 等截面柱

② 实腹式截面柱。实腹式柱截面见图8-5。热轧工字钢[图8-5(a)]在弱轴方向的刚度较小(仅为强轴方向刚度的1/4~1/7),适用于轻型平台柱及分离柱柱肢等;焊接(或轧制)H型钢[图8-5(b)]为实腹柱最常用截面,适用于重型平台柱、框架柱、墙架柱及组合柱的分肢、变截面柱的上段柱等;型钢组合截面[图8-5(c)、(d)、(e)]可按强轴、弱轴方向不同的受力或刚度要求较合理地进行截面组合,适用于偏心受力并荷载较大的厂房框架柱的下

段柱等;十字形截面[图8-5(f)]适用于双向均要求较大刚度及双向均有弯矩作用时,其承载能力较大的柱,如多层框架的角柱以及重型平台柱等;当有观感或其他特殊要求时也可以采用管截面柱[图8-5(g)、(h)]。

③ 格构式截面柱。格构式组合柱截面见图8-6。当柱承受较大弯矩作用,或要求较大刚度时,为了合理用材宜采用格构式组合截面。

格构式组合截面一般由每肢为型钢截面的双肢组成,当采用钢管(包括钢管混凝土)组合柱时,也可采用三肢或四肢组合截面[图8-6(g)、(h)]。格构柱的柱肢之间均由缀条或缀板相连,以保证组合截面整体工作。

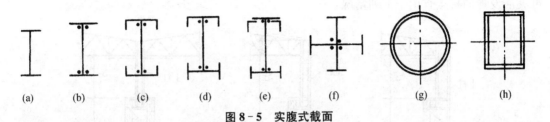

图8-5 实腹式截面

槽钢组合截面[图8-6(a)]可用于平台柱,轻型刚架柱及墙架柱等;带有H型钢或工字钢的组合截面[图8-6(b)~(e)]是有起重机厂房阶形变截面格构柱下段柱最常用的截面,图8-6(b)、(e)为边列柱截面,其双肢分别为支撑屋盖肢及支承起重机肢;图8-6(c)、(d)为中列柱截面,其双肢均为支撑起重机肢;钢管组合截面[图8-6(g)、(h)]分别为边列或中列厂房变截面柱所采用截面。

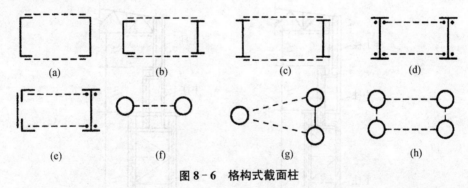

图8-6 格构式截面柱

(2) 根据断面形状的不同,柱可分为工字柱、梅花形柱、箱形柱和圆形柱等,其断面形状见图8-7。

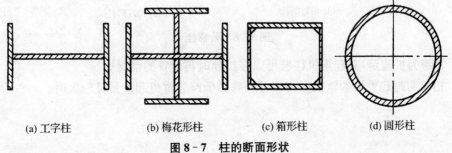

(a) 工字柱　　(b) 梅花形柱　　(c) 箱形柱　　(d) 圆形柱

图8-7 柱的断面形状

(3) 根据柱的结构可分为阶形柱和分离式柱。

① 阶形柱。阶形柱为单层工业厂房中的主要柱型,亦可分为实腹式柱[图 8-8(b)]和格构式柱[图 8-8(a)、(c)、(d)、(e)]两种。由于起重机梁(或起重机桁架)支撑在下段柱顶而形成上下段柱的阶形突然变化。其上段柱一般采用实腹式截面,下段柱当柱高不大($h \leqslant 1\,000$ mm)时,宜采用实腹式截面;而当柱高较大($h > 1\,000$ mm)时,为节约用材一般多采用格构式截面。

② 分离式柱。分离式柱(图 8-9),由支撑屋盖结构的厂房框(排)架柱与一侧独立承受起重机梁荷重的分离柱肢相组合而成。二者之间以水平板件铰接。分离式柱具有起重机肢可灵活设置的特点宜用于下列情况:

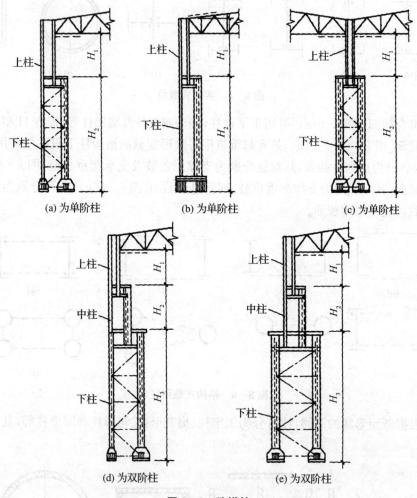

图 8-8 阶梯柱

a. 邻跨为扩建跨,其起重机柱肢可以在扩建时再设置的情况;
b. 相邻两跨起重机的轨顶标高相差悬殊而低跨起重机起重量又较大时。

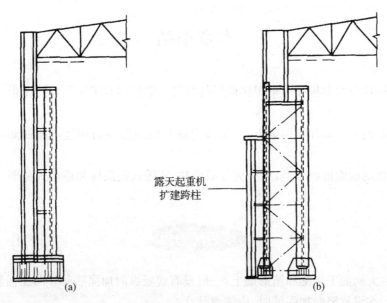

图 8-9 分离式柱

8.3.1.2 柱的结构组成

(1) 柱身。柱身具有支撑和横向连接的作用,工字柱的柱身横向连接主要有螺栓连接和焊接横梁连接两种方式。

① 螺栓连接。螺栓连接时,工字柱的在盖板、腹板和加强筋上加工螺栓孔,然后通过拼接板与横梁连接。

② 焊接横梁连接。焊接时,通过在柱身上焊接短横梁,然后横向连接杆件与短横梁进行对接焊或螺栓连接。

(2) 柱头。柱头主要与被支撑梁相连接,或与焊接端部封头板焊接。

(3) 柱脚。柱脚主要承受外力和整个柱的重量。柱脚需要具有较大的刚度,一般在柱脚处采用加强筋板补强,柱脚与基础通过螺栓或焊接与基础相连。

8.3.2 柱的焊接施工

8.3.2.1 实腹柱的焊接施工

工字形实腹柱和箱形实腹柱的焊接要求与工字梁和箱形梁的焊接要求相近,一般主角焊缝采用埋弧焊,加强筋或隔板采用 CO_2 气体保护焊。对于要求隔板四面全焊的箱形柱,最后采用电渣焊焊接隔板与盖板间的角焊缝。

8.3.2.2 格构柱的焊接

格构柱的焊接一般较简单,焊缝长度较短,组装定位后,主要采用焊条电弧焊或 CO_2 气体保护焊方法焊接,尽可能对称施焊。

本章小结

1. 梁和柱均是由钢板和型钢焊接成形的构件。常见的有工字形(或 H 形)和箱形截面的梁和柱。
2. 在大断面工字梁和箱形梁上,一般设有腹板纵向加强筋和竖向加强筋,以提高其整体稳定性。
3. 根据柱的截面形状分类,可分为等截面柱、实腹式截面柱和格构式截面柱。

8-1 在大断面工字梁和箱形梁上,一般设有腹板纵向加强筋和竖向加强筋,以提高其整体稳定性。在设置竖向加强筋时,应注意什么?

8-2 如何进行工字梁的焊接施工?

8-3 如何进行实腹柱、格构柱的焊接施工?

参考文献

[1] 伍广主编. 焊接工艺. 北京:化学工业出版社,2008
[2] 陈裕川主编. 焊接工艺设计与实例分析. 北京:机械工业出版社,2009
[3] 陈云祥主编. 焊接工艺. 北京:机械工业出版社,2002
[4] 苏明周主编. 钢结构. 北京:中国建筑工业出版社,2003
[5] 周绥平主编. 钢结构. 武汉:武汉工业大学出版社,1997
[6] 李顺秋主编. 钢结构制造与安装. 北京:中国建筑工业出版社,2005
[7] 于贺主编. 钢结构焊接操作技术与技巧. 北京:机械工业出版社,2014
[8] 陈祝年编著. 焊接工程师手册. 北京:机械工业出版社,2016
[9] 王国凡主编. 钢结构焊接制造. 北京:化学工业出版社,2004

参考文献

[1] (略)